中等职业教育专业技能课教材

中等职业教育建筑工程施工专业规划教材

建筑识图与构造

（第 2 版）

主 编 滕 春 茹望民

武汉理工大学出版社

·武 汉·

内 容 提 要

本书包括建筑识图基础知识、建筑构造和建筑工程图识读三个部分,系统地介绍了制图的基本知识、投影图、剖面图与断面图、建筑构造概论、基础与地下室、墙体、楼地层、楼梯、门窗构造、屋顶构造、变形缝、单层工业厂房和建筑工程图等内容。

本书可作为中等职业学校建筑工程施工、工程造价、建筑装饰、建筑设备等专业的教学用书,也可作为在职职工的岗位培训教材,还可作为工程技术人员的参考用书。

图书在版编目(CIP)数据

建筑识图与构造/滕春,茹望民主编. —2版. —武汉:武汉理工大学出版社,2020.1
ISBN 978-7-5629-5998-4

Ⅰ.①建… Ⅱ.①滕… ②茹… Ⅲ.①建筑制图-识图-中等专业学校-教材 ②建筑构造-中等专业学校-教材 Ⅳ.①TU204.21 ②TU22

中国版本图书馆 CIP 数据核字(2019)第 144550 号

项目负责人:张淑芳   责任编辑:张淑芳
责 任 校 对:夏冬琴   排   版:芳华时代
出 版 发 行:武汉理工大学出版社
社   址:武汉市洪山区珞狮路 122 号
邮   编:430070
网   址:http://www.wutp.com.cn
经   销:各地新华书店
印   刷:武汉市籍缘印刷厂
开   本:787×1092 1/16
印   张:17.5
字   数:437 千字
版   次:2020 年 1 月第 2 版
印   次:2020 年 1 月第 1 次印刷   总第 7 次印刷
印   数:3000 册
定   价:42.00 元

中等职业教育建筑工程施工专业规划教材

出 版 说 明

　　为了贯彻《国务院关于大力发展职业教育的决定》精神,落实《教育部关于进一步深化中等职业教育教学改革的若干意见》,适应中等职业教育对建筑工程施工专业的教学要求和人才培养目标,推动中等职业学校教学从学科本位向能力本位转变,以培养学生的职业能力为导向,调整课程结构,合理确定各类课程的学时比例,规范教学,促使学生更好地适应社会及经济发展的需要,武汉理工大学出版社经过广泛的调查研究,分析了图书市场上现有教材的特点和存在的问题,并广泛听取了各学校的宝贵意见和建议,组织编写了一套高质量的中等职业教育建筑工程施工专业规划教材。本套教材具有如下特点:

　　1.坚持以就业为导向、以能力为本位的理念,兼顾项目教学和传统教学课程体系;

　　2.理论知识以"必需、够用"为度,突出实践性、实用性和学生职业能力的培养;

　　3.基于工作过程编写教材,将典型工程的施工过程融入教材内容之中,并尽量体现近几年国内外建筑的新技术、新材料和新工艺;

　　4.采用最新颁布的《房屋建筑制图统一标准》、《混凝土结构设计规范》、《建筑抗震设计规范》、《建设工程工程量清单计价规范》等国家标准和技术规范;

　　5.借鉴高职教育人才培养方案和教学改革成果,加强中职、高职教育的课程衔接,以利于学生的可持续发展;

　　6.由骨干教师和建筑施工企业工程技术人员共同参与编写工作,以保证教材内容符合工程实际。

　　本套教材适用于中等职业学校建筑工程施工、工程造价、建筑装饰、建筑设备等专业相关课程教学和实践性教学,也可作为职业岗位技术培训教材。

　　本套教材出版后被多所学校长期使用,普遍反映教材体系合理,内容质量良好,突出了职业教育注重能力培养的特点,符合中等职业教育的人才培养要求。全套教材被列为教育部"**中等职业教育专业技能课教材**",其中《**建筑力学与结构**》被评为"中等职业教育创新示范教材",《**建筑材料及检测**》等 10 种教材被评为"**'十二五'职业教育国家规划教材**"。与此同时,随着各学校课程改革成果的完成,也对本套教材进行了必要的扩展和补充,并逐步涵盖建筑装饰、工程造价和园林技术等专业课程。

中等职业教育建筑工程施工专业规划教材编委会

武汉理工大学出版社

2016 年 1 月

第 2 版前言

随着改革开放的不断深化,中国已成为世界第二大经济体。伴随着绿色发展理念的落实,建筑业节能低碳、绿色生态、集约高效的技术体系正在不断完善,特别是绿色建筑、装配式建筑等相关产业政策已经得到实施。

"建筑识图与构造"是中等职业学校建筑工程施工、工程造价、建筑装饰等专业的一门必修课,旨在使学生了解现行新规范、新技术和国家相关产业政策要求,具备建筑施工图的识读能力和建筑构造的认知与表达能力,为学习建筑工程施工技术、建筑工程计量与计价等专业课程奠定基础。

本次修订过程中,建筑识图方面采用国家标准《房屋建筑制图统一标准》(GB/T 50001—2017)、《建筑抗震设计规范》(GB 50011—2010)(2016 版)等新规范编写;建筑构造方面注重低耗、高效、经济、环保、集成与优化的绿色建筑发展理念,在满足建筑使用功能的前提下,选用绿色建筑材料,应用建筑构造基本原理,使各种工程构造做法最大限度地实现节能与环境保护要求。按照这一思路对上一版教材内容进行了系统完善,删除了已被淘汰的构造做法,增加了建筑外墙外保温构造、装配式建筑外墙板构造、门窗节能及种植屋面构造等新技术,使之更加与时俱进,贴近工程实际。同时增加了更多工程图片,突出了理论知识的"实践性、应用性"。

本书修订内容中,建筑识图基础知识部分由山西省应用技术学校光秀梅高级讲师编写,建筑构造部分由山西省应用技术学校茹望民高级讲师编写,建筑工程图识读部分由山西省广播电视大学理工学院苏彤副教授编写,茹望民高级讲师进行了统稿。

本书可作为中等职业学校建筑工程施工专业及其他相关专业的教材,亦可供成教、函授、电大等同类专业学生选用,同时,也可以作为建筑业企业"八大员"岗位资格考试的复习参考用书。

由于我们的水平及时间和条件的限制,本书难免有疏漏之处,敬请读者谅解并予指正。

本书配有电子教案,选用本教材的老师请拨打 13971389897 或发电子邮件到 1029102381
@qq.com 索取。

编　者

2019 年 10 月

第1版前言

"建筑识图与构造"是中等职业学校建筑工程施工、工程造价、建筑装饰等专业必修的一门实践性很强的专业基础课。本书包括建筑识图基础知识、建筑构造和建筑工程图三部分,主要介绍建筑制图、投影、识图的基本知识以及民用建筑的构造组成和原理。通过本课程的学习,可使学生了解建筑工程图的图示方法和图示内容,具备一定的识读建筑工程图的能力。

本书在内容编排和形式设计上主要体现了以下几个特点:

(1)内容上力求淡化理论,以必需、够用为度,语言深入浅出,注重条理性,并配以大量详尽的图片,直观通俗,帮助学生更好地理解知识点。

(2)注重理论联系实际,适应目前中等职业教育现状。如"单元12建筑工程图"中,采用了一套实际工程中的某楼盘一栋5层坡屋面钢筋混凝土框架结构的住宅楼施工图,力求做到实际工程实例与理论教学相结合,突出了知识的应用性。

(3)采用最新的国家标准《房屋建筑制图统一标准》(GB/T 50001—2010)、《总图制图标准》(GB/T 50103—2010)、《建筑制图标准》(GB/T 50104—2010),力求反映目前建筑识图和构造方面的新规定、新成就。

本书由武汉市建设学校滕春和河南省建筑工程学校朱缨任主编,山西职业技术学院曹艳霞和天津市建筑工程学校张丽娟任副主编。具体的编写分工为:山西城乡建设学校呼丽丽编写单元1第1、2、3节和单元2第1、4、5、6节;张丽娟编写单元2第3节和单元3;滕春编写绪论、单元1第4节和单元2第2节;朱缨编写单元4、单元6;河南省建筑工程学校赵玲编写单元5、单元7;河南省建筑工程学校李慧敏编写单元8、单元9;山西城乡建设学校田建平编写单元10、单元11;山西省应用技术学校茹望民编写单元12;滕春和曹艳霞共同编写单元13。

书中加"*"的单元适用于相关管理岗位方向。

由于编者水平有限,书中难免存在错误和疏漏之处,恳请读者予以指正。

编　者

2011 年 7 月

目　　录

第一篇　建筑识图基础知识

第二篇　建筑构造

第三篇　建筑工程图识读

第一篇 建筑识图基础知识

0 绪 论

0.1 本课程的性质

"建筑识图与构造"是研究建筑工程施工图的图示方法、识读方法和建筑的构造组成以及各组成部分的构造原理的一门课程,是建筑工程施工、预算、监理、管理人员所必须具备的基本知识和基本技能,也是学好后续专业课所必须掌握的基础知识。

0.2 本课程的内容

(1) 建筑识图基础知识——建筑制图基本知识、正投影原理、建筑形体的表达方法。
(2) 房屋构造——民用建筑各组成部分(基础、墙或柱、楼地层、楼梯、屋顶和门窗)的构造原理和构造方法。
(3) 建筑工程图的识读——房屋建筑工程图中的国家标准,建筑工程图的图示方法、图示内容和识读方法。

0.3 本课程的任务

(1) 掌握正投影的基本原理和作图方法。
(2) 掌握有关建筑工程图的制图标准。
(3) 掌握建筑的构造组成以及各组成部分的构造原理和构造方法。
(4) 掌握建筑工程图的图示方法、图示内容和识读方法,并能熟练识读施工图纸。

0.4 本课程的学习方法

(1) 学习识图基础知识部分时,多绘制形体的投影图,分析投影图的形成,以提高作图和识图能力,提高空间想象能力。
(2) 学习房屋构造部分时,应与周围的建筑物相联系,及时将课本知识与工程实际结合起来,便于理解和记忆。多到施工现场参观,建立感性认识。
(3) 学习识读施工图部分时,应重点掌握各类施工图的作用、形成方法、图示内容和识读方法,并且尽量完整地识读一套施工图,系统地掌握整套施工图的识读方法。

单元 1 制图的基本知识

1. 熟悉常用制图工具和用品的使用方法。
2. 掌握房屋建筑制图标准的基本内容,如图幅、图框、标题栏、图线、字体、比例、尺寸标注等的要求。
3. 熟悉绘图步骤。
4. 了解计算机绘图原理。

学习建筑制图,必须掌握制图工具和用品的正确使用方法,并按照国家建筑制图标准的规定,正确地绘制出工程图样。

1.1 制图工具和用品

1.1.1 图板和丁字尺

图板是固定图纸和绘图的工具。板面要求光滑平整,工作边要平直。图板应避免受潮、暴晒、烘烤和重压,以防变形,不可用刀具在图板上刻划。固定图纸宜用透明胶带,不能用图钉固定,如图 1.1 所示。

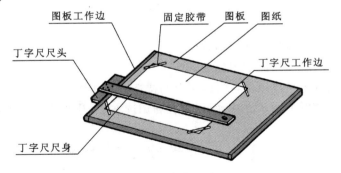

图 1.1 图板与丁字尺

图 1.2 丁字尺的使用

丁字尺是用来画水平线及配合三角板画垂线和斜线的工具,由互相垂直的尺头和尺身组成。画图时尺头内侧须紧靠图板的工作边,不能靠在其他侧边,上下推动丁字尺至需要的位置,左手紧压尺身,右手握笔沿丁字尺工作边从左向右画水平线,不能在尺身下边画线,如图 1.2 所示。丁字尺要悬挂保管,以防止尺身变形。

1.1.2　三角板

三角板是用以配合丁字尺画竖线和斜线的工具。绘图用的三角板是两块直角三角板,一块为 $45° \times 45° \times 90°$,另一块为 $30° \times 60° \times 90°$。画线时,使丁字尺尺头与图板工作边靠紧,三角板与丁字尺工作边靠紧,左手按住三角板和丁字尺,右手画竖线和斜线,如图 1.3 所示。

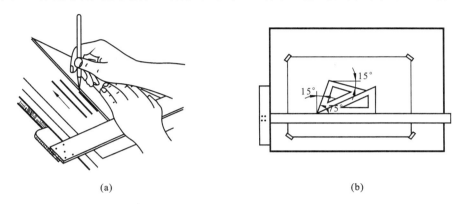

(a)　　　　　　　　　　　　　　　　　(b)

图 1.3　三角板与丁字尺的配合使用

(a) 三角板和丁字尺配合使用画竖线;(b) 三角板和丁字尺配合使用画斜线

1.1.3　比例尺

比例尺是直接用来放大或缩小图形用的绘图工具。常用的比例尺是三棱比例尺,上有六种不同的比例刻度,如 1:100、1:200、1:300、1:400、1:500、1:600,如图 1.4 所示。使用时不需换算,可直接在比例尺上量取尺寸。比例尺不可用作三角板或丁字尺画线。

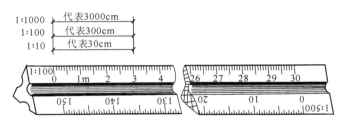

图 1.4　比例尺

1.1.4　圆规和分规

圆规用于画圆和圆弧。圆规有两个分肢,一肢为钢针,另一肢为活动插脚,可更换铅芯、鸭嘴和钢针,分别用于画铅笔圆、墨线圆和作分规使用。作图时针尖固定在圆心,右手食指和拇指捏住圆规旋柄,顺时针旋转。画较大圆时,应加延伸杆,使圆规两端都与纸面垂直,如图 1.5 所示。

分规用于截取线段、等分线段和量取线段。分规的两个分肢端部均为固定钢针,使用时应调平分规两针尖,如图 1.6 所示。

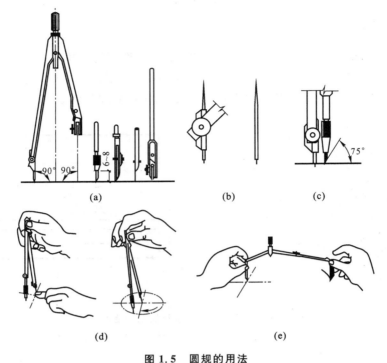

图 1.5　圆规的用法

(a)圆规及其插脚;(b)圆规上的钢针;(c)圆心钢针略长于铅芯;

(d)圆的画法;(e)画大圆时加延伸杆

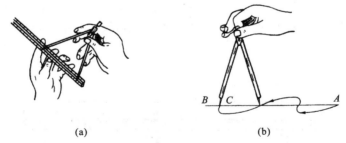

图 1.6　分规的用法

1.1.5　铅笔和绘图墨水笔

画图用的铅笔是专用的绘图铅笔。铅笔的铅芯有软硬之分,"H"表示硬铅芯,"H"前面的数字越大,铅芯越硬;"B"表示软铅芯,"B"前面的数字越大,铅芯越软;"HB"表示中等软硬度铅芯。常用的铅芯有 H~3H、HB、2B 等。铅笔通常应削成锥形或扁平形,从没有标志的一端开始使用,铅芯长 6~8 mm,上面锥形部分为 20~25 mm。画图时,应使铅笔垂直纸面,向运动方向倾斜 75°,如图 1.7 所示。

绘图墨水笔是画墨线或描图的工具,外形与普通钢笔相似,笔尖是一根细针管,因此又叫针管笔。针管直径有 0.18 mm、0.25 mm、0.35 mm、0.5 mm、0.7 mm、1.0 mm 等数种,用于绘制细线、中粗线和粗线,如图 1.8 所示。

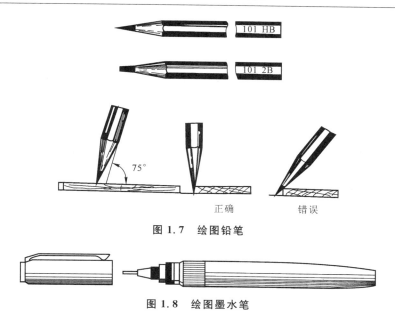

图 1.7　绘图铅笔

图 1.8　绘图墨水笔

1.1.6　其他

1.制图模板

为了提高制图速度和质量,将图样上常用的符号、图形刻在有机玻璃板上,做成模板,方便使用,如图 1.9 所示。

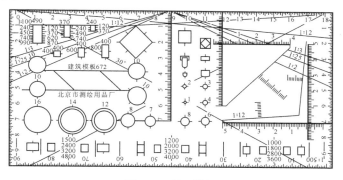

图 1.9　制图模板

2.擦图片

擦图片是用来修改图线的工具。修改图线时,为了防止擦除错误图线时影响相邻图线的完整性而使用擦图片。使用时将其覆盖在要修改的图线上,使修改的图线露出来,擦掉重画,如图 1.10 所示。

3.图纸

图纸有绘图纸和描图纸两种。绘图纸用于绘制铅笔图,要

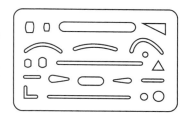

图 1.10　擦图片

求纸面洁白、平整,经橡皮擦拭后不易起毛;描图纸又称硫酸纸,是用于描图、作为复制蓝图底图的图纸,要求纸面洁白、透明度高。

除上述用品外,绘图用品还有橡皮擦、胶带纸、软毛刷、刀片、砂纸等。

1.2 建筑制图标准简介

工程图样是工程中最重要的技术语言,为了做到建筑工程制图统一、清晰,提高制图效率,满足设计及施工管理等方面的要求,国家发布并实施了建筑制图国家标准。我国现行的《房屋建筑制图统一标准》(GB/T 50001—2017)是在原《房屋建筑制图统一标准》(GB/T 50001—2010)的基础上修订,并于2017年9月27日发布,自2018年5月1日起实施。

本单元主要介绍《房屋建筑制图统一标准》(GB/T 50001—2017)、《建筑制图标准》(GB/T 50104—2010)中图幅和图框、标题栏、图线、字体、比例和尺寸标注等内容。

1.2.1 图幅和图框

1. 图幅

图幅即图纸宽度与长度组成的图面。"国标"规定图幅有 A0、A1、A2、A3、A4 五种规格,幅面尺寸大小如表 1.1 所示。

表 1.1 图幅及图框尺寸(mm)

幅面代号 尺寸代号	A0	A1	A2	A3	A4
$b \times l$	841×1189	594×841	420×594	297×420	210×297
c		10		5	
a			25		

注:表中 b 为幅面短边尺寸,l 为幅面长边尺寸,c 为图框线与幅面线间宽度,a 为图框线与装订边间宽度。

由此可以看出,各规格的图纸是由大到小依次对开得到的,如图 1.11 所示。

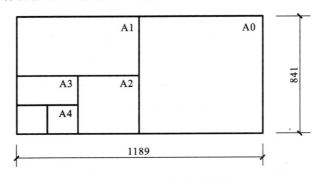

图 1.11 图纸幅面的划分

2. 图框

图纸中限制所绘图形的区域即为图框。不同幅面的图框尺寸不同,如表 1.1 所示。

图纸有横式和立式两种幅面。图纸以短边作垂直边称为横式幅面,以短边作水平边称为立式幅面。A0~A3 图纸宜横式使用,必要时也可立式使用。

为了定位方便,均应在图框各边长的中点处画出对中标志,如图 1.12、图 1.13 所示。

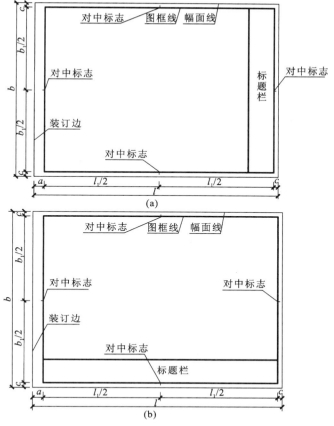

图 1.12　A0～A3 横式幅面

（a）A0～A3 横式幅面（一）；（b）A0～A3 横式幅面（二）

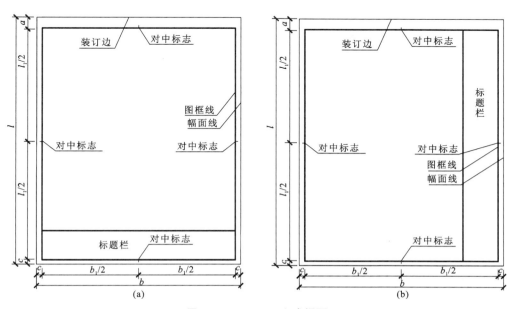

图 1.13　A0～A4 立式幅面

（a）A0～A4 立式幅面（一）；（b）A0～A4 立式幅面（二）

1.2.2　标题栏

图纸的右侧或下侧(图框线以内),必须画出标题栏(简称图标),用于书写与建筑工程图纸相关的主要信息,如设计单位名称、工程名称、注册师签章、项目经理签章、图号、签字区、会签栏等,如图 1.14 所示。可根据工程的需要确定其尺寸、格式及分区;学生制图作业用标题栏,同样可根据需要灵活确定其尺寸、格式及分区。

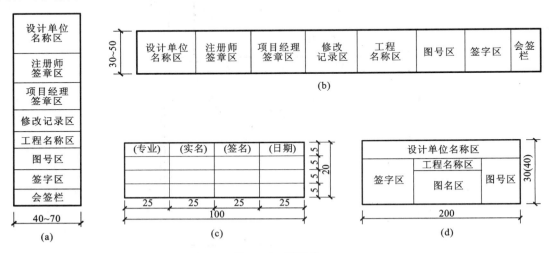

图 1.14　标题栏

(a) 标题栏(一);(b) 标题栏(二);(c) 标题栏(三);(d) 会签栏

1.2.3　图线

1.线型与线宽

为了使工程图样主次分明、清晰易懂,《房屋建筑制图统一标准》(GB/T 50001—2017)、《建筑制图标准》(GB/T 50104—2010)中对建筑工程图样中图线的名称、线型、线宽、用途都作了规定,如表 1.2 所示。

表 1.2　图线

名称		线型	线宽	用　途
实线	粗	——————	b	1.平、剖面图中被剖切的主要建筑构造(包括构配件)的轮廓线; 2.建筑立面图或室内立面图的外轮廓线; 3.建筑构造详图中被剖切的主要部分的轮廓线; 4.建筑构配件详图中的外轮廓线; 5.平、立、剖面的剖切符号
	中粗	——————	$0.7b$	1.平、剖面图中被剖切的次要建筑构造(包括构配件)的轮廓线; 2.建筑平、立、剖面图中建筑构配件的轮廓线; 3.建筑构造详图及建筑构配件详图中的一般轮廓线

续表 1.2

名称		线型	线宽	用　途
实线	中	——————	0.5b	小于 0.7b 的图形线、尺寸线、尺寸界限、索引符号、标高符号、详图材料做法引出线、粉刷线、保温层线、地面及墙面的高差分界线等
	细	——————	0.25b	图例填充线、家具线、纹样线等
虚线	中粗	— — — — —	0.7b	1. 建筑构造详图及建筑构配件不可见的轮廓线； 2. 平面图中的起重机(吊车)轮廓线； 3. 拟建、扩建建筑物轮廓线
	中	— — — —	0.5b	投影线，小于 0.5b 的不可见轮廓线
	细	- - - - - - -	0.25b	图例填充线、家具线等
单点长画线	粗	—— · —— · ——	b	起重机(吊车)轨道线
	细	— · — · — · —	0.25b	中心线、对称线、定位轴线
折断线	细	——／\———	0.25b	部分省略表示时的断开界线
波浪线	细	～～～	0.25b	部分省略表示时的断开界线；曲线形构间断开界限；构造层次的断开界限

注：地平线宽可用 1.4b。

　　每个图样应根据其复杂程度及比例大小先选定基本线宽 b，再根据表 1.3 确定相应的线宽组。

表 1.3　线宽组（mm）

线宽比	线宽组			
b	1.4	1.0	0.7	0.5
0.7b	1.0	0.7	0.5	0.35
0.5b	0.7	0.5	0.35	0.25
0.25b	0.35	0.25	0.18	0.13

2.图线的画法

（1）同一张图纸内，相同比例的图样应选用相同的线宽组。

（2）图纸的图框和标题栏线可采用表 1.4 的线宽。

表 1.4　图框和标题栏线的宽度（mm）

幅面代号	图框线	标题栏外框线	标题栏分格线
A0、A1	b	0.5b	0.25b
A2、A3、A4	b	0.7b	0.35b

（3）相互平行的图例线，其净间隙或线中间隙不宜小于 0.2 mm。

（4）虚线、单点长画线或双点长画线的线段长度和间隔宜各自相等。

（5）单点长画线或双点长画线，当在较小图形中绘制有困难时，可用实线代替。

（6）单点长画线或双点长画线的两端不应采用点，点画线与点画线交接或点画线与其他图线交接时，应采用线段交接。

（7）虚线与虚线交接或虚线与其他图线交接时，应采用线段交接。虚线为实线的延长线时，不得与实线相接。如图1.14所示。

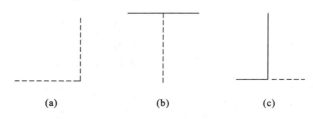

图1.15　虚线连接画法

（a）虚线与虚线交接；（b）虚线与实线交接；（c）虚线为实线延长线

（8）图线不得与文字、数字或符号重叠、混淆，不可避免时，应首先保证文字的清晰。

1.2.4　字体

工程图纸中书写的文字、数字或符号等，均应笔画清晰、字体端正、排列整齐；标点符号应清楚正确。

1.汉字

汉字宜优先写成长仿宋体，简化字书写应符合国家有关汉字简化方案的规定。长仿宋体的高度与宽度的关系应符合表1.5的规定，黑体字的宽度与高度应相同。

表1.5　长仿宋体字高宽关系（mm）

字高	20	14	10	7	5	3.5
字宽	14	10	7	5	3.5	2.5

书写长仿宋体字的要领是：横平竖直，起落分明，笔锋满格，布局均匀。如图1.16所示。

10号

排列整齐字体端正笔画清晰注意起落

7号

字体笔画基本上是横平竖直结构匀称写字前先画好格子

5号

阿拉伯数字拉丁字母罗马数字和汉字并列书写时它们的字高比汉字高小

3.5号

专业班级绘制描图审核校对序号名称材料件数备注比例重共第张工程种类设计负责人平立剖
侧截断面轴测示意主俯仰前后左右视向东南西北中心内外高低顶底长宽厚尺寸分厘米矩方

图1.16　长仿宋体汉字字例

2.数字和字母

拉丁字母、阿拉伯数字与罗马数字,可根据需要写成斜体或直体两种。如写成斜体字,其斜度应是从字的底线逆时针向上倾斜 75°。斜体字的高度与宽度应与相应的直体字相等,数字和字母的字高应不小于 2.5 mm,如图 1.17 所示。

(1) 拉丁字母

(2) 阿拉伯数字

(3) 罗马数字

$$I\ II\ III\ IV\ V\ VI\ VII\ VIII\ IX\ X$$

图 1.17　数字与字母示例

1.2.5　比例

1.比例的概念

图样的比例是指图形与实物相应要素的线性尺寸之比。绘制工程图时需要按合适的比例将其缩小或放大绘制在图纸上,图形尺寸标注实物的实际尺寸数值。

2.比例的书写要求

比例的符号为"：",应以阿拉伯数字表示,例如 1:1、1:50、1:100 等。比例的大小是指其比值的大小,如 1:50 大于 1:100。

比例宜注写在图名的右侧,与图名的基准线相齐平,比例的字高比图名的字高小 1 号或 2 号,如图 1.18 所示。

$$平面图\ {\scriptstyle 1:100} \qquad ② \ {\scriptstyle 1:20}$$

图 1.18　比例的注写

房屋建筑图常用的比例如表 1.6 所示,绘图时应根据图样的用途和复杂程度选择合适的比例。

表 1.6　常用比例

图名	比　例
总平面图	1:500、1:1000、1:2000
平面图、立面图、剖面图	1:50、1:100、1:150、1:200、1:300
局部放大图	1:10、1:20、1:25、1:30、1:50
详图	1:1、1:2、1:5、1:10、1:15、1:20、1:25、1:30、1:50

1.2.6 尺寸标注

尺寸标注是组成图纸的一个重要部分,是建筑施工的重要依据,因此尺寸标注应准确、完整、清晰。

1. 尺寸组成

图样上的尺寸由尺寸界线、尺寸线、尺寸起止符号和尺寸数字组成,如图 1.19 所示。

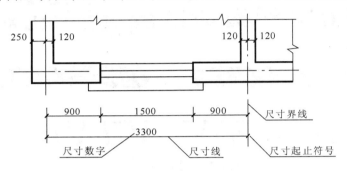

图 1.19 尺寸标注的组成

(1)尺寸界线

尺寸界线用细实线绘制,应与被注长度垂直,其一端应离开图样轮廓线不小于 2 mm,另一端宜超出尺寸线 2～3 mm。图样轮廓线可用作尺寸界线,如图 1.20 所示。

(2)尺寸线

尺寸线用细实线绘制,与被注长度平行,与尺寸界线垂直,两端宜以尺寸界线为边界,也可超出尺寸界线 2～3 mm,图样本身的任何图线均不得用作尺寸线。

(3)尺寸起止符号

尺寸起止符号用中粗斜短线绘制,其倾斜方向应与尺寸界线成顺时针 45°角,长度宜为 2～3 mm。半径、直径、角度和弧长的尺寸起止符号,宜用箭头表示,箭头的画法如图 1.21 所示。

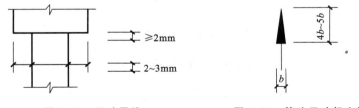

图 1.20 尺寸界线　　　　**图 1.21 箭头尺寸起止符号**

(4)尺寸数字

尺寸数字的单位除标高及总平面图以米为单位外,其余均以毫米为单位。

标注尺寸数字时,当尺寸线是水平线时,尺寸数字应写在尺寸线的上方中部,字头朝上;当尺寸线为竖直时,尺寸数字注写在尺寸线的左方中部,字头向左。当尺寸线为其他方向时,其注写方式如图 1.22(a)所示,若尺寸数字在 30°斜线区域内,也可按图 1.22(b)的形式注写。

尺寸数字如果没有足够的位置注写时,最外边的尺寸数字可以注写在尺寸界线的外侧,中间相邻的尺寸数字可以上下错开注写,也可引出注写,如图 1.23 所示。

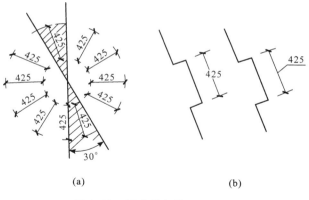

图 1.22   尺寸数字的注写方向

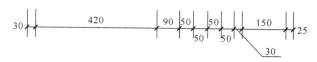

图 1.23   尺寸数字的注写位置

2．尺寸排列与布置

（1）尺寸宜标注在图样轮廓线以外，不宜与图线、文字及符号等相交，如图 1.24（a）所示；图线不得穿过尺寸数字，不可避免时应将数字处的图线断开，如图 1.24（b）所示。

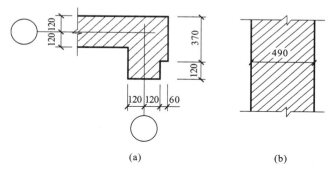

图 1.24   尺寸数字不能与图线相交

（2）相互平行的尺寸线，应从被注的图样轮廓线由近向远整齐排列，较小尺寸应离轮廓线较近，较大尺寸应离轮廓线较远，如图 1.25 所示。

（3）图样轮廓线以外的尺寸线，距图样最外轮廓之间的距离不宜小于 10 mm。平行排列的尺寸线的间距宜为 7～10 mm，并应保持一致，如图 1.25 所示。

（4）总尺寸的尺寸界线应靠近所指部位，中间的分尺寸的尺寸界线可稍短，但其长度应相等，如图 1.25 所示。

3．圆（圆弧）及球体的尺寸标注

圆及圆弧的尺寸标注，通常标注其直径和半径。

标注圆直径尺寸时，应在直径数字前加注符号"ϕ"。在圆内标注的直径尺寸线应通过圆心，两端画箭头指至圆弧，如图 1.26 所示。

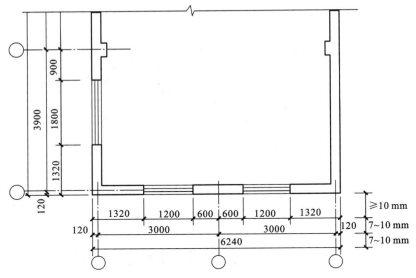

图 1.25　尺寸的排列

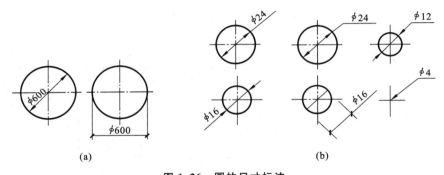

图 1.26　圆的尺寸标注

（a）圆直径标注方法；（b）小圆直径标注方法

标注圆弧半径时，应在半径数字前加注字母"R"。半径的尺寸线应一端从圆心开始，另一端画箭头指向圆弧，如图 1.27 所示。

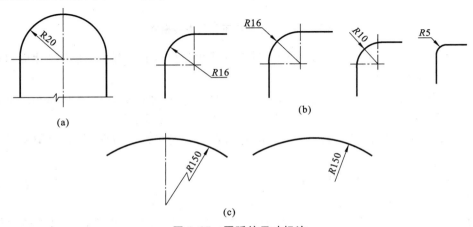

图 1.27　圆弧的尺寸标注

（a）半径标注方法；（b）小圆弧半径标注方法；（c）大圆弧半径标注方法

标注球体的半径或直径尺寸时,应在尺寸数字前加注符号"SR"或"S∅",注写方法与圆弧半径和圆直径的尺寸标注方法相同,如图 1.28 所示。

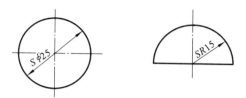

图 1.28 球体的尺寸标注

4.其他尺寸标注方法

(1)角度、弧长和弦长的尺寸标注

角度的尺寸线应以圆弧表示,该圆弧的圆心应是该角的顶点,角的两条边为尺寸界线,角度的起止符号以箭头表示,如没有足够位置画箭头,可用圆点代替,角度数字应沿尺寸线方向注写,如图 1.29(a)所示。

圆弧弧长的尺寸线应以与该圆弧同心的圆弧线表示,尺寸界线应指向圆心,起止符号用箭头表示,弧长数字上方应加注圆弧符号"⌒",如图 1.29(b)所示。

圆弧弦长的尺寸线应以平行于该弦的直线表示,尺寸界线应垂直于该弦,起止符号用中粗斜短线表示,如图 1.29(c)所示。

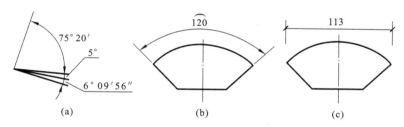

图 1.29 角度、弧长和弦长的尺寸标注

(2)坡度的标注

标注坡度时,应在坡度数字下加注坡度符号单面箭头,箭头应指向下坡方向,坡度也可用直角三角形形式标注,如图 1.30 所示。

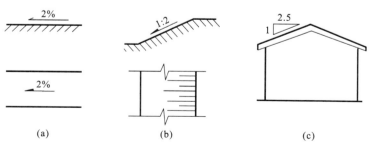

图 1.30 坡度标注

(3)等长尺寸简化标注

连续排列的等长尺寸,可用"等长尺寸×个数＝总长"或"等分×个数＝总长"的形式标注,如图 1.31 所示。

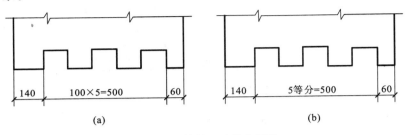

(a)　　　　　　　　　　　　(b)

图 1.31　等长尺寸简化标注

(4)杆件尺寸标注,可直接将尺寸数字沿杆件的一侧注写,如图 1.32 所示。

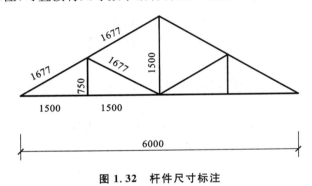

图 1.32　杆件尺寸标注

1.3　绘　图　步　骤

为了提高绘图的速度,保证绘图质量,应按以下步骤绘图。

1.3.1　绘图准备工作

(1)对所绘图样进行阅读了解,在绘图前做到心中有数。

(2)准备好所用的绘图工具和用品,并擦拭干净,图板上方应略微倾斜。

(3)将图纸用胶带纸固定在图板的左下方,使图纸的左边和下边到图板边缘的距离略大于丁字尺的宽度。

1.3.2　绘制底图

铅笔绘制底图宜用 H 或 2H 的铅笔画线,线条应轻、细、淡、准,便于修改,且按以下步骤进行:

(1)根据《房屋建筑制图统一标准》中图纸幅面的规定先画幅面线、图框线和标题栏。

(2)根据所绘图样的大小、比例、数量进行合理的图面布置,如图形有中心线,应先画中心线,并注意给尺寸标注留有足够的位置。

(3)画图时先画图形的主要轮廓线,再画细部。

（4）画尺寸线、尺寸界线和其他符号。

（5）检查后擦去多余的线条，完成全图底稿。

1.3.3　加深图线

铅笔加深图线时应符合国家标准的规定，做到粗细分明。

（1）加深图线，按照水平线从上到下、垂直线从左到右的顺序完成。

（2）加深尺寸线、尺寸界线，画尺寸起止符号，写尺寸数字。

（3）写图名、比例及文字说明。

（4）加深标题栏，并填写标题栏内的文字。

（5）加深图框线。

1.4　计算机绘图简介

20 世纪 70 年代以来，计算机图形学、计算机辅助设计（CAD）、计算机绘图在我国得到迅猛发展，除了国外一批先进的图形、图像软件如 AutoCAD 等得到广泛使用外，我国自主开发的一批国产绘图软件，如天正建筑 CAD 等也在设计、教学、科研、生产单位得到广泛使用。为适应新形势的需要，《房屋建筑制图统一标准》（GB/T 50001—2017）在 2010 版的基础上，修改补充了计算机辅助制图文件、计算机辅助制图文件图层、计算机辅助制图规则等相关技术内容。

1.4.1　计算机辅助制图文件

计算机辅助制图文件分为图库文件和工程计算机辅助制图文件。图库文件包括标准图、模板文件、通用参考图、详图、图例、图形数据库等，例如模板文件包含图框模板，可以在不同工程中重复使用；工程计算机辅助制图文件宜包括工程模型文件、工程图纸文件以及其他计算机辅助制图文件，工程计算机辅助制图文件是限定用于某一个工程的计算机辅助制图文件；其他计算机辅助制图文件是指为工程创建的清单、文本、数据库、图框等。

计算机辅助制图文件命名和文件夹（文件目录）构成应采用统一的规则，统一规则可对建筑工程相关图形与非图形信息进行有效的管理和利用，促进工程内及工程间信息沟通及再使用。

1.4.2　计算机辅助制图文件图层

图层命名应符合下列规定：

（1）图层可根据不同的用途、设计阶段、属性和使用对象等进行组织，但在工程上应具有明确的逻辑关系，便于识别、记忆、软件操作和检索；

（2）图层名称可使用汉字、拉丁字母、数字和连字符"-"的组合，但汉字与拉丁字母不得混用；

（3）在同一工程中，应使用统一的图层命名格式，图层名称应自始至终保持不变，且不得同时使用中文和英文的命名格式。

1.4.3　计算机辅助制图规则

（1）计算机辅助制图的方向与指北针应符合下列规定：

① 平面图与总平面图的方向宜保持一致；

② 绘制正交平面图时，宜使定位轴线与图框边线平行（图1.33）；

③ 绘制由几个局部正交区域组成且各区域相互斜交的平面图时，可选择其中任意一个正交区域的定位轴线与图框边线平行（图1.34）；

④ 指北针应指向绘图区的顶部（图1.33），在整套图纸中保持一致。

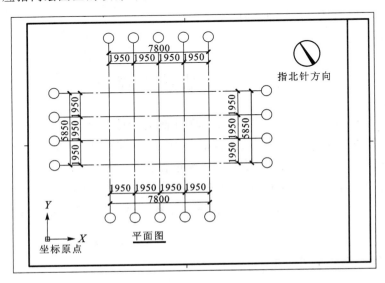

图1.33　正交平面图方向与指北针方向示意

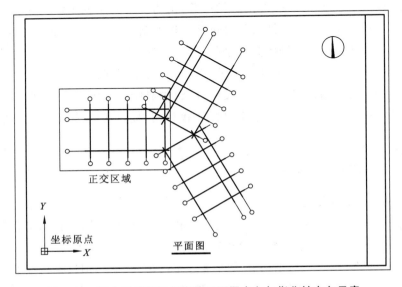

图1.34　正交区域相互斜交的平面图方向与指北针方向示意

（2）计算机辅助制图的坐标系与原点应符合下列规定：

① 计算机辅助制图时，可以选择世界坐标系或用户定义坐标系；

② 绘制总平面图工程中有特殊要求的图样时，也可使用大地坐标系；

③ 坐标原点的选择，应使绘制的图样位于横向坐标轴的上方和纵向坐标轴的右侧并紧邻坐标原点；

④ 在同一工程中，各专业宜采用相同的坐标系与坐标原点。

（3）计算机辅助制图的布局应符合下列规定：

① 计算机辅助制图时，宜按照自下而上、自左至右的顺序排列图样；宜优先布置主要图样（如平面图、立面图、剖面图），再布置次要图样（如大样图、详图）。

② 表格、图纸说明宜布置在绘图区的右侧。

（4）计算机辅助制图的比例应符合下列规定：

① 计算机辅助制图时，采用1:1的比例绘制图样时，应按照图中标注的比例打印成图。

② 计算机辅助制图时，宜采用适当的比例书写图样及说明中文字，但打印成图时应符合《房屋建筑制图统一标准》（GB/T 50001—2017）关于字体的规定。

1.4.4　协同设计

协同设计可分为三级，分别为文件级协同、图层级协同和数据级协同。协同设计宜采用图层级协同，明确互提资料的有效信息，简化互提资料的处理过程。当图层级协同的过滤条件未设置时，宜采用文件级协同。

协同设计的计算机辅助制图文件组织应符合下列规定：

（1）协同设计文件宜采用服务器集中存储、共享的管理模式。

（2）应根据工程性质、建设规模、复杂程度和专业需要，确定协同设计方式，并宜据此确定设计团队成员的任务分工。

（3）计算机制图文件应减少或避免设计内容的重复创建和编辑，条件许可时，宜使用计算机制图文件参照方式。

（4）专业之间的协同设计文件宜按功能划分为以下类型：

① 各专业共用的公共图纸文件；

② 向其他专业提供的资料文件；

③ 仅供本专业使用的图纸文件。

（5）专业内部的协同设计，宜将本专业的一个计算机制图文件中可多次复用的部分分解为若干零件图文件，并利用参照方式建立部件图文件与组装图文件之间的联系。

（6）采用数据级协同时，应根据设计团队成员的分工提前设定读取和写入参照文件的权限。

表1.7为常用工程图纸编号与计算机辅助制图文件名称举例。

表 1.7　常用工程图纸编号与计算机辅助制图文件名称举例

(a) 常用专业代码列表

专业	专业代码名称	英文专业代码名称	备　　注
通用	—	C	—
总图	总	G	含总图、景观、测量/地图、土建
建筑	建	A	—
结构	结	S	—
给水排水	给水排水	P	—
暖通空调	暖通	H	含采暖、通风、空调、机械
	动力	D	
电气	电气	E	—
	电讯	T	—
室内设计	室内	I	—
园林景观	景观	L	园林、景观、绿化
消防	消防	F	—
人防	人防	R	—

(b) 常用阶段代码列表

设计阶段	阶段代码名称	英文阶段代码名称	备　　注
可行性研究	可	S	含预可行性研究阶段
方案设计	方	C	—
初步设计	初	P	含扩大初步设计阶段
施工图设计	施	W	—
专业深化设计	深	D	—
竣工图编制	竣	R	—
设施管理阶段	设	F	物业设施运行维护及管理

(c) 常用类型代码列表

工程图纸文件类型	类型代码名称	数字类型代码
图纸目录	目录	0
设计总说明	说明	0
平面图	平面	1
立面图	立面	2
剖面图	剖面	3
大样图(大比例视图)	大样	4
详图	详图	5
清单	清单	6
简图	简图	6
用户定义类型一	—	7
用户定义类型二	—	8
三维视图	三维	9

实践与技能训练

线 型 练 习

（1）作业内容和条件

抄绘图 1.35 所给的线型练习图样。

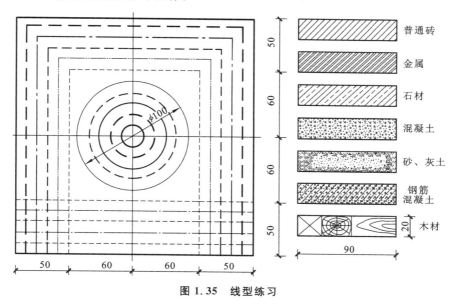

图 1.35　线型练习

（2）作业要求

① 比例：1:1。

② A3 横式图幅，用铅笔绘制。

③ 正确使用绘图工具和仪器。

④ 图面布置合理，尺寸标注正确。

⑤ 图面整洁，图线清晰，粗细分明。

单元 2 投 影 图

1. 熟悉投影的基本知识；
2. 掌握点、直线、平面的正投影特征；
3. 掌握基本形体、组合体的三面正投影特征及绘制方法；
4. 了解轴测投影的概念及正等轴测图的绘制方法。

2.1 投影的基本知识

建筑工程图样是根据投影的方法绘制的,掌握投影的基本原理和方法是制图与识读各种建筑工程图样的基础。

2.1.1 投影的概念

在日常生活中,人们经常能看到这样的现象:当光线照射物体的时候,就会在附近的地面或墙面上产生影子,这就是生活中的成影现象,如图 2.1 所示。

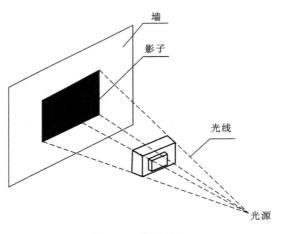

图 2.1 成影现象

人们根据这个现象,假设光线可以穿透物体(物体的面是透明的,而物体的轮廓线是不透明的),则物体的棱线都能在影子里反映出来,在此基础上归纳出了投影的原理及作图方法,如图 2.2 所示。

其中：

投影线——发自投影中心且通过被投影物上各点的直线。

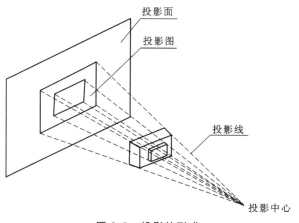

图 2.2　投影的形成

投影面——得到投影的面。

投影法——投影线通过物体向选定的面投影,并在该面上得到图形的方法。

投影图——用投影法画出的物体图形。

2.1.2　投影的分类

投影法可分为中心投影法和平行投影法。

1. 中心投影法

投影线汇交于一点的投影方法称为中心投影法。如图 2.3(a)所示,投影线从投射中心 S 射出,并通过形体上的各顶点与投影面形成交点,将这些交点连接起来就得到了形体的中心投影。用中心投影法作出的投影图,其大小与原形体不相等,不能正确反映物体的尺寸,一般只在绘制透视图时使用。

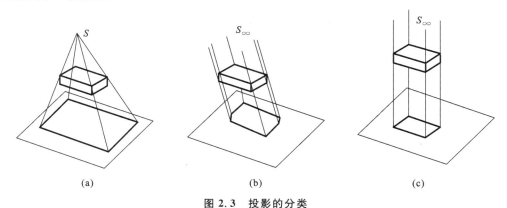

(a)　　　　　　　　　　　(b)　　　　　　　　　　　(c)

图 2.3　投影的分类

(a) 中心投影法;(b) 斜投影法;(c) 正投影法

2. 平行投影法

投影线互相平行的投影方法称为平行投影法。根据投影线与投影面之间是否垂直,平行投影法又分为斜投影法和正投影法。

(1) 斜投影法

投影线相互平行且与投影面倾斜的投影方法,称为斜投影法,如图 2.3(b)所示。斜投影法不能反映出物体的真实尺寸大小,一般在作轴测投影图时应用。

（2）正投影法

投影线相互平行且垂直于投影面的投影方法,称为正投影法,如图 2.3(c)所示。用正投影法画出的物体投影图,称为正投影图。因正投影图能反映出物体的真实形状和大小,度量性好,且作图方便,所以是工程制图中应用最广泛的图示方法。

2.1.3　正投影的基本性质

1.点的正投影特性

点的正投影仍然是点,而且在过该点垂直于投影面的投影线的垂足处。若多个点位于同一条投影线上,其投影重合于一点（规定:空间点用大写字母表示,其投影用同名小写字母表示,不可见点投影加括号）,如图 2.4 中,空间点 A、B、C 在投影面 H 上的投影为 $a(b、c)$。

2.直线的正投影特性

直线与投影面有三种位置关系:

（1）直线与投影面垂直　投影在投影面上积聚为一点,如图 2.4 中直线 DE 的投影 $d(e)$。

（2）直线与投影面平行　投影反映直线的实长,如图 2.4 中直线 FG 的投影 fg。

（3）直线与投影面倾斜　投影仍为直线,但长度缩短,如图 2.4 中直线 HJ 的投影 hj。

3.平面的正投影特性

平面与投影面也有三种位置关系:

（1）平面与投影面垂直　投影积聚为直线,如图 2.4 中,平面 $ABCD$ 的投影 $ab(cd)$。

（2）平面与投影面平行　投影反映实形,如图 2.4 中,平面 $EFGH$ 的投影 $efgh$。

（3）平面与投影面倾斜　投影与真实图形类似但面积缩小,如图 2.4 中,平面 $JKMN$ 的投影 $jkmn$。

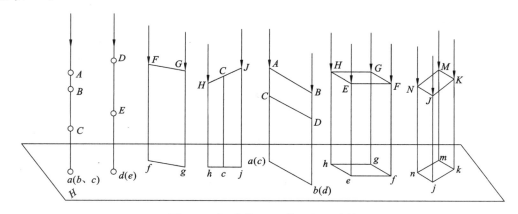

图 2.4　点、直线、平面的正投影特性

2.2　三面正投影

2.2.1　三面正投影图的形成

图 2.5 所示为空间 4 个不同形状的形体,它们在同一投影面上的投影图却是相同的,由此

可知,只用一个投影图无法完整地表示出形体的形状和大小。而有的形体用两个正投影图也不能反映其空间形状,如图 2.6 所示。

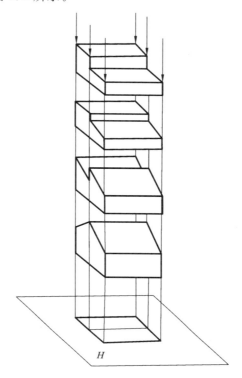

图 2.5 物体的一个正投影不能确定其空间形状

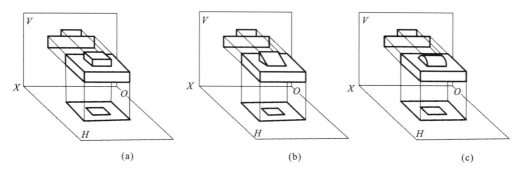

(a)　　　　　　　　　(b)　　　　　　　　　(c)

图 2.6 物体的两面投影不能确定其空间形状

通常将形体放在三个相互垂直相交的投影面所构成的三面投影体系中(图 2.7),用正投影法分别作形体在三个投影面的投影,这样能比较准确地表达形体的空间形状。三面投影体系中:

水平位置的投影面称为水平投影面,简称水平面,用字母 H 表示;

正立位置的投影面称为正立投影面,简称正立面,用字母 V 表示;

侧立位置的投影面称为侧立投影面,简称侧立面,用字母 W 表示。

三个投影面两两垂直相交,其交线 OX、OY、OZ 称为投影轴,交点 O 称为原点。OX 轴可表示形体长度方向,OY 轴可表示宽度方向,OZ 轴可表示高度方向。

形体在三面投影体系中的正投影称为三面投影图,如图 2.8 所示。

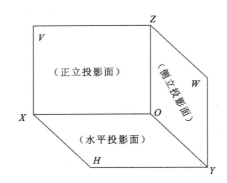

图 2.7　三面投影体系

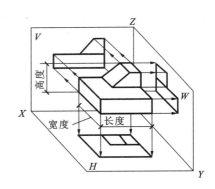

图 2.8　三面投影图

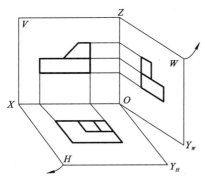

图 2.9　三面投影图的展开

2.2.2　三面正投影图的展开

由于三个投影面互相垂直，因此三个投影面不在同一个平面上。为了将三个投影图绘制在同一平面上，必须将垂直的三个投影面展开成一个平面。如图 2.9 所示，规定 V 面保持不动，将 H 面绕 OX 轴向下旋转 $90°$，将 W 面绕 OZ 轴向右旋转 $90°$，这样 H 面、W 面和 V 面处在同一个平面上，三个投影图就画在一张图纸上了。这时 OY 轴分为两条，一条为 OY_H 轴，一条为 OY_W 轴。

2.2.3　三面正投影图的投影规律

如图 2.10 所示，形体的水平投影反映形体的前后、左右关系，正面投影反映形体的上下、左右关系，侧面投影反映形体的上下、前后关系。

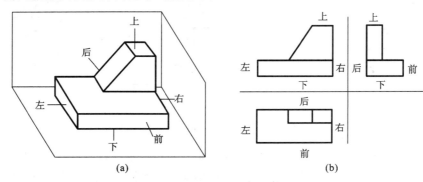

(a)　　　　　　　　　　　　　　　　(b)

图 2.10　三面投影图中形体的方位关系

展开后的三面投影图具有如下投影规律（图 2.11）：

长对正——正立投影与水平投影等长；

宽相等——水平投影与侧立投影等宽；

高平齐——正立投影与侧立投影等高。

即形体三面投影图规律符合三等关系"长对正、高平齐、宽相等"。

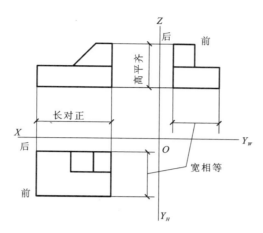

图 2.11 三面投影图的规律

2.2.4 三面正投影图的作图方法

绘制三面投影图时,一般先绘制 V 面投影图或 H 面投影图,然后再绘制 W 面投影图。具体步骤如下:

(1) 画出水平和垂直的十字相交线,作为投影轴,如图 2.12(a)所示。

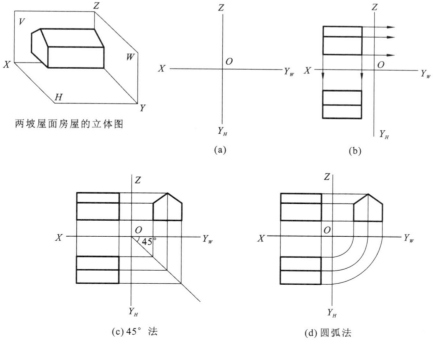

两坡屋面房屋的立体图

(a)　　　　　　(b)

(c)45°法　　　　　　(d)圆弧法

图 2.12 三面正投影作图

(2) 根据形体在三面投影体系中的放置位置,画出能够反映形体特征的 V 面投影图或 H 面投影图,如图 2.12(b)所示。

（3）由"长对正"的投影规律,画出 H 面投影图或 V 面投影图,如图 2.12(c)所示。

（4）由"高平齐"、"宽相等"(过原点 O 向右下方作 $45°$ 斜线,将 H 面投影的宽度过渡到 W 面上)的投影规律,画出 W 面投影图,如图 2.12(d)所示。

（5）加深图线,即完成三面投影图的绘制。

2.3　点、直线、平面的投影

2.3.1　点的投影

2.3.1.1　点的三面投影

在三面投影体系中,任取一空间点 A,自点 A 分别向三个投影面作垂线,三个垂足即是点 A 在三个投影面上的投影,如图 2.13(a)所示。规定空间点用大写字母表示,H 面投影用同名小写字母表示,V 面投影用同名小写字母加一撇表示,W 面投影用同名小写字母加两撇表示。A 点在 H 面、V 面、W 面上的投影分别为 a、a'、a''。

将三个投影面展开,即得 A 点的三面投影图,如图 2.13(b)、(c)所示。

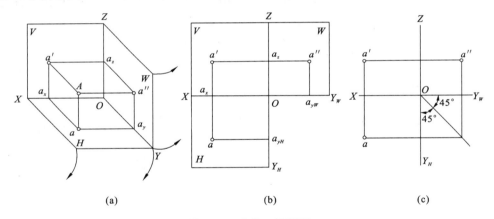

(a)　　　　　　　　　　(b)　　　　　　　　　　(c)

图 2.13　点的三面投影

(a)轴测图;(b)展开投影面;(c)投影图

2.3.1.2　点的投影规律

从点的三面投影图中可得出点的投影规律:

V 面投影 a' 和 H 面投影 a 的连线垂直于 OX 轴,即 $aa'\perp OX$;

V 面投影 a' 和 W 面投影 a'' 的连线垂直于 OZ 轴,即 $a'a''\perp OZ$;

H 面投影 a 到 OX 轴的距离等于 W 面投影 a'' 到 OZ 轴的距离,即 $aa_x=a''a_z$。

因此,在三面投影图中,如果已知点的任意两个投影,可以求出其第三个投影。

【例 2.1】　已知点 A 的 V 面投影 a' 和 H 面投影 a,求其 W 面投影 a''。

作图步骤如图 2.14 所示。

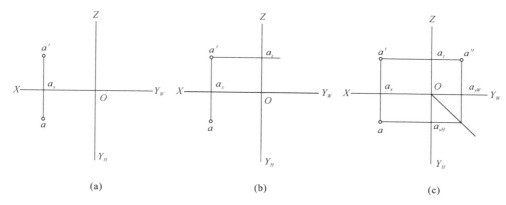

图 2.14　已知点的两面投影作第三投影

（a）已知点 A 的两投影 a、a'；（b）过 a' 作 OZ 轴的垂直线 $a'a_z$；（c）在 $a'a_z$ 的延长线上截取 $a''a_z = aa_x$，a'' 即为所求

2.3.1.3　特殊位置的点

如果点位于投影面上、投影轴上或原点，称其为特殊位置的点。如图 2.15 所示，点 A 是 H 面上的点，点 B 是 W 面上的点，点 C 是 V 面上的点，点 D 是 OZ 轴上的点，点 E 是 OX 轴上的点。

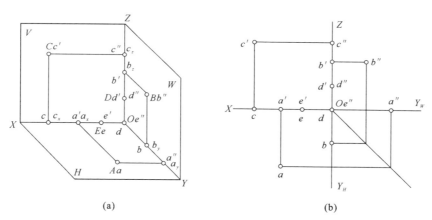

图 2.15　特殊位置的点

2.3.1.4　点的坐标

在三面投影体系中，空间点及其投影的位置，可以由点的坐标来确定。将三面投影体系看作空间直角坐标系，投影面 H、V、W 相当于坐标面，投影轴 OX、OY、OZ 相当于坐标轴，O 点相当于坐标原点，则空间一点 A 到三个投影面的距离，就是该点的三个坐标（用小写字母 x、y、z 表示）。

空间点 A 到 W 面的距离为 x 坐标，即 $Aa'' = Oa_x = x$；

空间点 A 到 V 面的距离为 y 坐标，即 $Aa' = Oa_y = y$；

空间点 A 到 H 面的距离为 z 坐标，即 $Aa = Oa_z = z$。

因此，空间点及其投影可用坐标表示，如点 A 的空间位置可表示为 $A(x, y, z)$；点 A 在 H、V、W 投影面上的投影可分别表示为 $a(x, y, 0)$、$a'(x, 0, z)$、$a''(0, y, z)$，如图 2.16 所示。

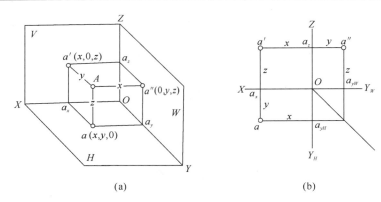

(a)   (b)

图 2.16 点的坐标

【例 2.2】 已知空间点 $A(20,15,10)$,求作 A 点的三面投影。

作法步骤如图 2.17 所示。

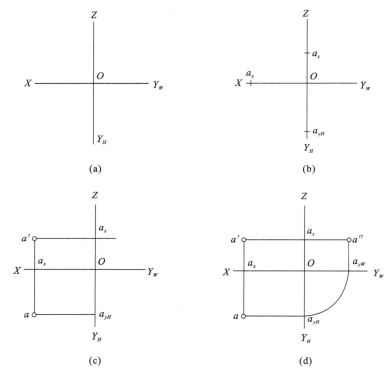

(a)   (b)

(c)   (d)

图 2.17 已知点的坐标求其投影

(a) 画出坐标轴;(b) 在 OX 轴上量取 $Oa_x = x = 20$,在 OY_H 轴上量取 $Oa_{yH} = y = 15$,在 OZ 轴上量取 $Oa_z = z = 10$;

(c) 过 a_x 作 OX 轴的垂线,过 a_z 作 OZ 轴的垂线,过 a_{yH} 作 OY_H 轴的垂线,得交点 a' 和 a;(d) 求 a''

2.3.1.5 两点的相对位置和重影点

(1) 两点的相对位置

通过点的投影图可以判断出两点在空间的相对位置,任一空间点都有上、下、左、右、前、后六个方位,如图 2.18 所示。

点在 H 面上的投影,可以反映出左右和前后的位置关系。

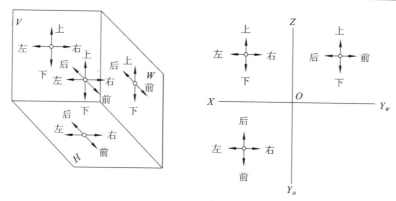

图 2.18 投影图上的方向

点在 V 面上的投影,可以反映出左右和上下的位置关系。

点在 W 面上的投影,可以反映出前后和上下的位置关系。

因此,通过方位的判断,可以确定出两点在空间的相对位置。

由图 2.19 中可判断:点 A 在点 B 的左下前方。

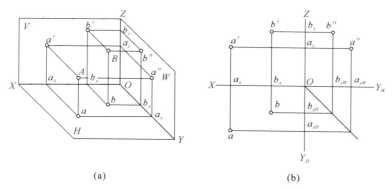

(a)   (b)

图 2.19 两点的相对位置

（a）直观图；（b）投影图

（2）重影点

如果空间两点位于某投影面的同一投射线上,则此两点在该投影面上的投影必定重合,此两点称为该投影面的重影点。离投影面较远的一个重影点是可见的,而较近的重影点则不可见。当点不可见时,应在其投影上加括号"（ ）"表示。

如图 2.20 所示,点 A、B 是对 H 面的重影点,点 C、D 是对 V 面的重影点。

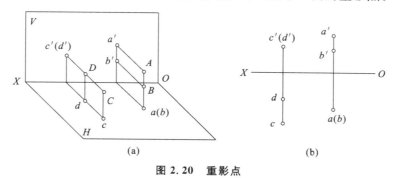

(a)   (b)

图 2.20 重影点

2.3.2 直线的投影

2.3.2.1 直线投影图的画法

两点确定一条直线,因此,想要作直线的三面投影,首先作出直线上两点在三个投影面上的投影,然后将各投影面上的两个投影点相连即可,如图 2.21 所示。

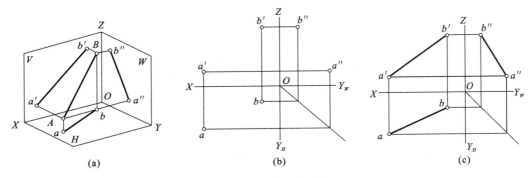

图 2.21 直线的投影

2.3.2.2 各种位置直线的投影

空间直线对投影面的相对位置可分为三种:投影面平行线、投影面垂直线和一般位置直线。

（1）投影面平行线 仅平行于某一个投影面,而倾斜于另两个投影面的直线。投影面平行线可分为三种:

水平线——平行于 H 面,倾斜于 V、W 面;

正平线——平行于 V 面,倾斜于 H、W 面;

侧平线——平行于 W 面,倾斜于 V、H 面。

投影面平行线的投影图和投影特性如表 2.1 所示。

表 2.1 投影面平行线

直线	直观图	投影图	投影特性
水平线			1. $a'b' /\!/ OX$，$a''b'' /\!/ OY_W$，且小于实长; 2. $ab=AB$，且倾斜于投影轴; 3. β、γ 反映直线对 V、W 面的倾角
正平线			1. $ab /\!/ OX$，$a''b'' /\!/ OZ$，且小于实长; 2. $a'b'=AB$，且倾斜于投影轴; 3. α、γ 反映直线对 H、W 面的倾角

续表 2.1

直线	直观图	投影图	投影特性
侧平线			1. $a'b' /\!/ OZ$，$ab /\!/ OY_H$，且小于实长； 2. $a''b'' = AB$，且倾斜于投影轴； 3. α、β 反映直线对 H、V 面的倾角

由表 2.1 可知，投影面平行线的投影特点是：直线在与其平行的投影面上的投影反映实长，但倾斜于投影轴；其倾斜的投影与投影轴的夹角反映直线对其他两个投影面的倾角（直线对 H、V、W 面的倾角分别为 α、β、γ）；另外两个投影面上的投影平行于投影轴，长度缩短。

（2）投影面垂直线　垂直于一个投影面，而平行于另两个投影面的直线。投影面垂直线可分为三种：

铅垂线——垂直于 H 面，平行于 V、W 面；

正垂线——垂直于 V 面，平行于 H、W 面；

侧垂线——垂直于 W 面，平行于 H、V 面。

投影面垂直线的投影图和投影特性如表 2.2 所示。

表 2.2　投影面垂直线

直线	直观图	投影图	投影特性
铅垂线			1. H 面投影 ef 积聚为一点； 2. $e'f' /\!/ OZ$，$e''f'' /\!/ OZ$； 3. $e'f' = e''f'' = EF$
正垂线			1. V 面投影 $e'f'$ 积聚为一点； 2. $ef /\!/ OY_H$，$e''f'' /\!/ OY_W$； 3. $ef = e''f'' = EF$
侧垂线			1. W 面投影 $e''f''$ 积聚为一点； 2. $ef /\!/ OX$，$e'f' /\!/ OX$； 3. $ef = e'f' = EF$

由表 2.2 可知,投影面垂直线的投影特点是:直线在与其垂直的投影面上的投影积聚为一点,另外两个投影面上的投影平行于同一投影轴,且反映实长。

【例 2.3】 已知正垂线 AB 长 20 mm,点 A 的坐标是$(15,0,20)$,求作直线 AB 的三面投影。

作图步骤如图 2.22 所示。

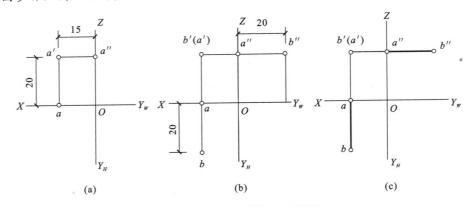

图 2.22 作正垂线的三面投影

(a) 根据点 A 的坐标作点 A 的投影;(b) 根据 AB 线的特性作 AB 的投影;(c) 完成并加深图线

(3) 一般位置直线 对三个投影面都倾斜的直线。一般位置直线的投影如图 2.23 所示。

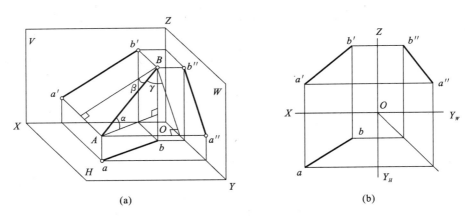

图 2.23 一般位置直线的投影

(a) 直观图;(b) 投影图

一般位置直线的投影特点:直线在三个投影面上的投影都倾斜于投影轴;比直线实长缩短;各个投影与投影轴的夹角也不反映空间直线与三个投影面夹角的大小。

根据直线的投影特征可以判断出各种直线的空间位置。若直线仅有一个投影倾斜于投影轴,该直线为投影面平行线;若直线的投影积聚为一点,该直线就是投影面垂直线;若直线有两个投影倾斜于投影轴,该直线是一般位置直线。

2.3.2.3 直线上点的投影

（1）点在直线上，那么该点的投影必定在该直线的同面投影上；反之，如果点的各个投影都在直线的同面投影上，则该点必在该直线上。

从图 2.24 可以看出，K 点在直线 AB 上。

（2）若直线上的点分线段成比例，则该点的各投影相应地分该线段的同面投影成相同的比例（定比性）。从图 2.24 可以看出，点 K 把线段 AB 分为 AK、KB 两段，则 $AK:KB=ak:kb=a'k':k'b'=a''k'':k''b''$。

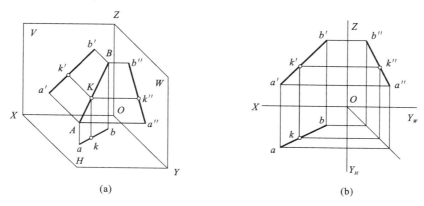

图 2.24　直线上点的投影

（a）直观图；（b）投影图

【例 2.4】 判别图 2.25 所示点 C、D、G、K、S 是否在相应的直线上。

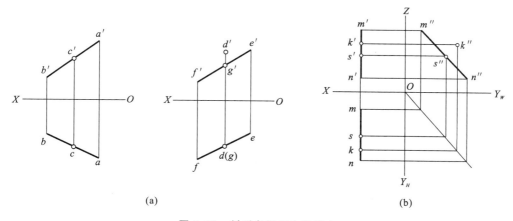

图 2.25　判别点是否在直线上

（a）一般位置直线；（b）侧平线

判断：点 C 在直线 AB 上，点 D 不在直线 EF 上，点 G 在直线 EF 上，点 K 不在直线 MN 上，点 S 在直线 MN 上。

【例 2.5】 如图 2.26（a）所示，已知直线 AB 的投影 ab 和 $a'b'$，直线上有一点 C，且 $AC:CB=3:2$，求点 C 的投影。

作图步骤如图 2.26 所示。

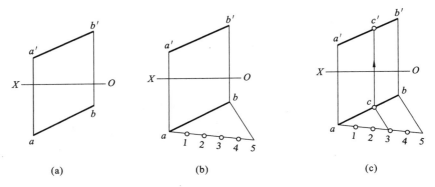

图 2.26　求直线 AB 上点 C 的投影

(a) 已知直线 AB 的投影 ab 和 $a'b'$；(b) 过 a 任意作一直线，在其上任取等长的五个单位，连接 $5b$；

(c) 过 3 作 $5b$ 的平行线交 ab 于 c，过 c 作 OX 轴的垂直线，交 $a'b'$ 于 c'，c、c' 即为点 C 的两个投影

2.3.3　平面的投影

2.3.3.1　平面投影图的画法

空间平面也是由点和线构成的，因此求作平面的投影，实质上就是作点和线的投影。

如图 2.27(a)所示，空间的一个 $\triangle ABC$，作出它的三个顶点 A、B 和 C 的三面投影，再分别将各同名投影连接起来，就得到 $\triangle ABC$ 的投影图，如图 2.27(b)所示。

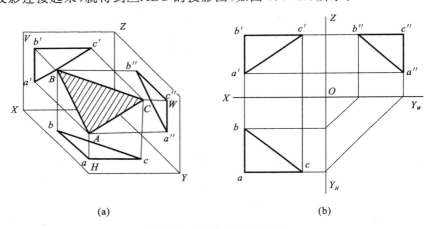

图 2.27　平面投影图的画法

(a) 立体图；(b) 投影图

2.3.3.2　各种位置平面的投影特性

空间平面对投影面的相对位置有三种情况：投影面平行面、投影面垂直面和一般位置平面。

(1) 投影面平行面　平行于一个投影面，同时垂直于另外两个投影面的平面。投影面平行面可分为：

水平面——平行于 H 面，同时垂直于 V、W 面；

正平面——平行于 V 面，同时垂直于 H、W 面；

侧平面——平行于 W 面，同时垂直于 H、V 面。

投影面平行面的投影图及投影特性如表 2.3 所示。

表 2.3　投影面平行面

平面	直观图	投影图	投影特性
水平面			1. H 面投影反映实形； 2. V 面投影和 W 面投影积聚为一条直线，且分别平行于 OX 轴、OY_W 轴
正平面			1. V 面投影反映实形； 2. H 面投影和 W 面投影积聚为一条直线，并分别平行于 OX 轴、OZ 轴
侧平面			1. W 面投影反映实形； 2. H 面投影和 V 面投影积聚为一条直线，并分别平行于 OY_H 轴、OZ 轴

　　由表 2.3 可知,投影面平行面的特性是:平面在它所平行的投影面上的投影反映实形;而在另外两个投影面上的投影积聚为直线,且平行于相应的投影轴。

　　(2) 投影面垂直面　垂直于一个投影面,同时倾斜于另外两个投影面的平面。投影面垂直面可分为:

　　铅垂面——垂直于 H 面,倾斜于 V、W 面;

　　正垂面——垂直于 V 面,倾斜于 H、W 面;

　　侧垂面——垂直于 W 面,倾斜于 H、V 面。

　　投影面垂直面的投影图及投影特性如表 2.4 所示。

表 2.4　投影面垂直面

平面	直观图	投影图	投影特性
铅垂面			1. H 面投影积聚为倾斜于投影轴的直线; 2. β、γ 反映平面与 V 面、W 面的倾角; 3. V 面和 W 面投影均为缩小的类似形

续表 2.4

平面	直观图	投影图	投影特性
正垂面	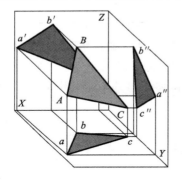		1. V 面投影积聚为倾斜于投影轴的直线； 2. α、γ 反映平面与 H 面、W 面的倾角； 3. H 面和 W 面投影均为缩小的类似形
侧垂面			1. W 面投影积聚为倾斜于投影轴的直线； 2. α、β 反映平面与 H 面、V 面的倾角； 3. H 面和 V 面投影均为缩小的类似形

　　由表 2.4 可知，投影面垂直面的特性是：平面在它所垂直的投影面上的投影积聚为一条与投影轴倾斜的直线，而在另外两个投影面上的投影为面积缩小的类似形。

　　（3）一般位置平面　　与三个投影面都倾斜的平面称为一般位置平面。一般位置平面在三个投影面上的投影都是缩小的类似形，无积聚投影，如图 2.28 所示。

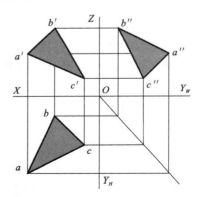

图 2.28　一般位置平面

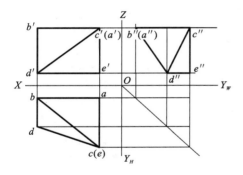

图 2.29　平面的空间位置识读

　　根据平面的投影特征可以判断出各种平面的空间位置。若平面在一个投影面上的投影为一平面，而在其他两个投影面上的投影积聚为平行于投影轴的直线，该平面就是投影面平行面；若平面在投影面上的投影积聚为一条与投影轴倾斜的直线，该平面就是投影面垂直面；若平面的三个投影面均无积聚投影，该平面是一般位置平面。

　　【例 2.6】　判断图 2.29 中平面 ABC、BCD、CDE 的空间位置。

判断：平面 ABC 的 H 面投影 abc 为三角形，V 面、W 面投影积聚为直线，故平面 ABC 为水平面；

平面 BCD 的三个投影均为三角形，故平面 BCD 为一般位置平面；

平面 CDE 的 H 面投影 $cd(e)$ 积聚为直线且倾斜于投影轴，故平面 CDE 为铅垂面。

2.3.3.3　平面上的直线和点

（1）如果直线通过平面上的两个点，则此直线在该平面上。由此可知，平面上直线的投影，必定是过平面上两已知点的同面投影的连线。

（2）如果点在平面内的一条直线上，则点在该平面上。

【**例 2.7**】　已知 $\triangle ABC$ 的两投影，过点 C 在 $\triangle ABC$ 平面内作一水平线 CE。

作图方法如图 2.30 所示。

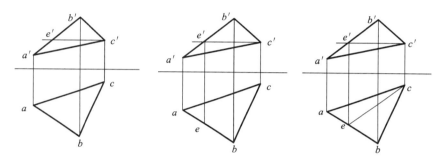

图 2.30　作平面上水平线的投影

（a）过 c' 作水平线 $c'e'$ 交 $a'b'$ 于 e'；（b）过 e' 向下引垂线与 ab 交于 e；（c）连接 c,e 即得 $\triangle abc$ 平面内一水平线 ce

【**例 2.8**】　已知 $\triangle ABC$ 上点 D 的正面投影 d'，求点 D 的水平投影 d。

作图方法如图 2.31 所示。

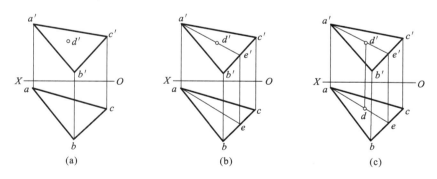

图 2.31　作平面上点的投影

（a）已知 $\triangle ABC$ 的投影及其平面上点 D 的正面投影；（b）连接 $a'd'$ 并延长交 $b'c'$ 于 e'，并作 ae；

（c）过 d' 作 OX 轴垂线交 ae 于 d，d 即为点 D 的水平投影

2.4　基本形体的投影

建筑物形状复杂多样，但往往都是由一些基本形体组合起来的。基本形体根据其表面的不同可分为平面体和曲面体。

2.4.1 平面体的投影

表面都是平面的形体是平面体,如图 2.32 所示长方体、棱柱体、棱锥体、棱台等。

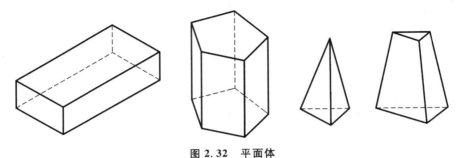

图 2.32 平面体

1. 长方体

将长方体放置在三面投影体系中,如图 2.33(a)所示,使长方体的前、后面平行于 V 面,上、下面平行于 H 面,左、右面平行于 W 面。长方体的三面正投影均为矩形,如图 2.33(b)所示。

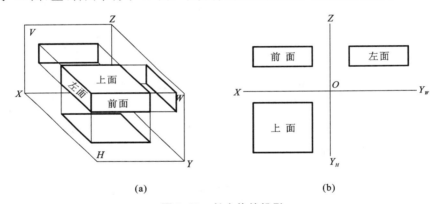

(a)   (b)

图 2.33 长方体的投影

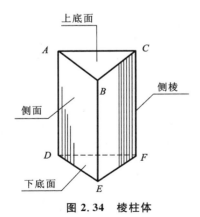

图 2.34 棱柱体

V 面的矩形反映长方体前、后面的实形,矩形的边框是上、下、左、右四个面的积聚投影;H 面的矩形反映上、下面的实形,矩形的边框是左、右、前、后四个面的积聚投影;W 面的矩形反映左、右面的实形,矩形的边框是上、下、前、后四个面的积聚投影。

2. 棱柱体

棱柱体是由两个互相平行且全等的上、下底面和矩形侧面组成,如图 2.34 所示。

将棱柱体放置在三面投影体系中,使其上、下底面平行于 W 面,其余各面均垂直于 W 面,如图 2.35(a)所示。

作该三棱柱的投影,可先作其 W 面投影。作 V、H 投影面的投影时,可先作其上、下底面的积聚投影,再作出侧表面的投影,如图 2.35(b)所示。

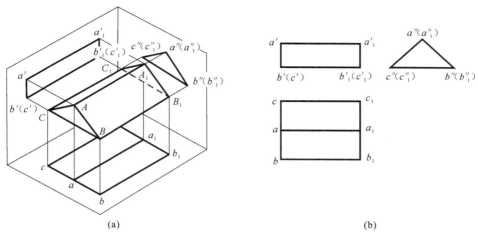

图 2.35 三棱柱的投影

(a) 直观图;(b) 投影图

3. 棱锥体

棱锥体是由一个底面和若干个侧面围成的,底面为多边形,侧面均为三角形,各条侧棱交于顶点,如图 2.36 所示。

如图 2.37(a)所示,将五棱锥放置于三面投影体系中,使其底面平行于 H 面。作五棱锥的投影时,先作出其 H 面投影。作 V 面、W 面的投影时,可先作其下底面的积聚投影和顶点投影,如图 2.37(b)所示。

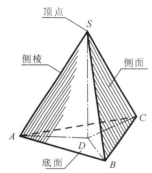

图 2.36 棱锥体

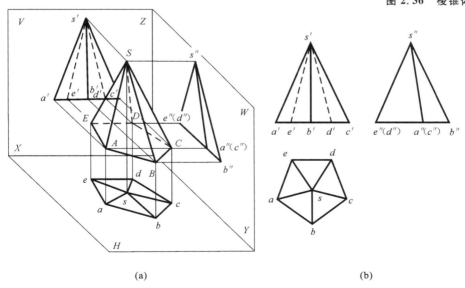

图 2.37 五棱锥的投影

(a) 直观图;(b) 投影图

4. 棱台

将棱锥体用平行于底面的平面切割去上部,余下的部分称为棱台。图 2.38(a)所示为一四棱台,将其置于三面投影体系中,直观图、投影图如图 2.38(b)、(c)所示。

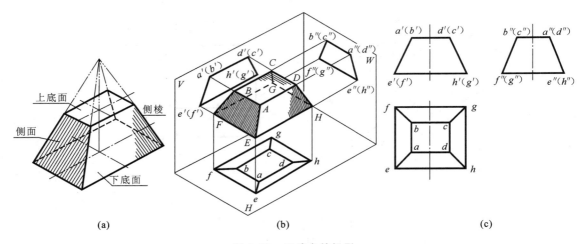

(a)　　　　　　　　　　(b)　　　　　　　　　　(c)

图 2.38　四棱台的投影

(a) 四棱台;(b) 直观图;(c) 投影图

2.4.2　曲面体的投影

表面由曲面或由曲面和平面围成的形体称为曲面体。

常见的曲面体有圆柱体、圆锥体、圆台、圆球等,如图 2.39 所示。

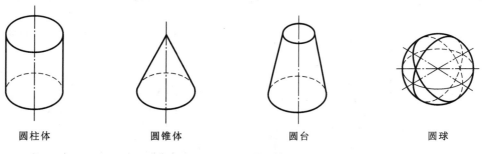

圆柱体　　　　　圆锥体　　　　　圆台　　　　　圆球

图 2.39　曲面体

1.圆柱体

圆柱体的表面是由上、下底面和圆柱面围成。上、下两个底面是两个相互平行且大小完全相同的圆;圆柱面可以看作是一直线绕与其平行的轴线旋转形成的曲面,旋转的直线称为母线,母线转到任意位置时称为素线,每一条素线都垂直于上、下底面,如图 2.40(a)所示。

将圆柱体放置在三面投影体系中,使其上、下底面平行于 H 面,圆柱面垂直于 H 面,如图 2.40(b)所示。

圆柱体的 H 面投影是一个圆,该圆是圆柱体上、下底面的实形,圆周是圆柱面的积聚投影。

圆柱体的 V 面投影是矩形,该矩形的上、下两条水平线分别是上、下底圆的积聚投影;矩形的左、右两边分别是圆柱面上最左和最右两条素线的投影,这两条素线是圆柱正面投影的可见部分与不可见部分的分界线,称为轮廓素线。

圆柱体的 W 面投影也是矩形,该矩形的上、下两条水平线分别是上、下底圆的积聚投影;

矩形的左、右两边分别是圆柱面上前、后两条轮廓素线的投影,如图 2.40(c)所示。

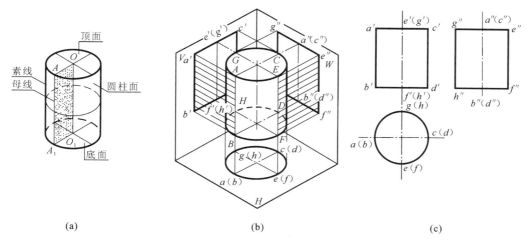

(a)　　　　　　　　　　(b)　　　　　　　　　　(c)

图 2.40　圆柱体的形成及投影

(a) 圆柱体的形成;(b) 直观图;(c) 投影图

2. 圆锥体

圆锥体是由一个底面和圆锥面围成。圆锥体的形成可以看作是直角三角形 SAO 绕其一直角边 SO 旋转而成,斜边 SA 称为母线,S 称为锥顶。圆锥上通过 S 点的任意直线称为圆锥面的素线,如图 2.41(a)所示。

将圆锥体放置在三面投影体系中,如图 2.41(b)所示,使其底面平行于 H 面。可先作圆锥的 H 面投影,即一个圆,这个圆可以表示圆锥体下底面的投影,也可以表示圆锥面的投影,其圆心为圆锥顶 S 的投影。

圆锥体的 V 面、W 面投影均为等腰三角形,等腰三角形的两等边表示圆锥面两条轮廓素线的投影,另一边表示底面的积聚投影,如图 2.41(c)所示。

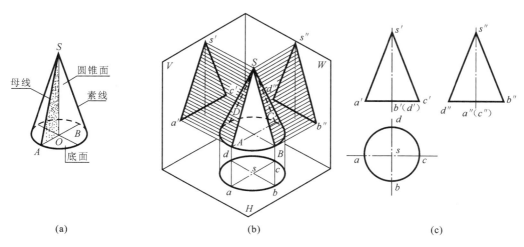

(a)　　　　　　　　　　(b)　　　　　　　　　　(c)

图 2.41　圆锥体的形成及投影

(a) 圆锥体的形成;(b) 直观图;(c) 投影图

3. 圆台

将圆锥体用平行于底面的平面切割去上部,余下的部分称为圆台,如图 2.42(a)所示。圆台由上、下底面和圆台面围成。

将圆台放置在三面投影体系中,使其上、下底面与 H 面平行,如图 2.42(b)所示。

圆台的 H 面投影为两个直径不等的同心圆,反映上、下底面的实形。圆台的 V 面、W 面投影都是等腰梯形,梯形的高为圆台的高,上底长度和下底长度分别是圆台上、下底圆的直径,两对边为相应轮廓素线的投影,如图 2.42(c)所示。

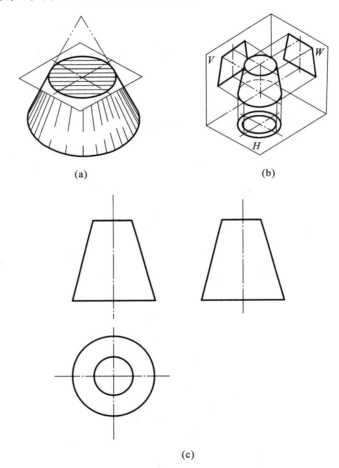

图 2.42　圆台的形成及投影

(a) 形成;(b) 直观图;(c) 投影图

4. 圆球

圆球是由球面组成的,如图 2.43(a)所示。圆球面可以看作是由一条圆母线以其直径为回转轴旋转而成。

将球体放置在三面投影体系中,其在三个投影面上的投影均为与圆球直径相等的圆,如图 2.43(b)所示。

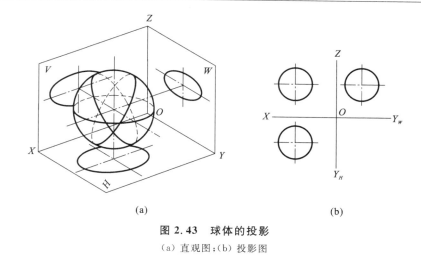

(a)　　　　　　　　　　　　　(b)

图 2.43　球体的投影

（a）直观图；（b）投影图

2.5　组合体的投影

由两个或两个以上的基本形体组合而成的形体叫作组合体。

2.5.1　组合体的类型

常见的形体组合方式有三种：

（1）叠加型　由两个或两个以上基本形体堆砌或拼合而成，如图 2.44 所示。

（2）切割型　由一个基本形体切割掉某些部分而成，如图 2.45 所示。

（3）混合型　由叠加型和切割型混合而成的组合体，如图 2.46 所示。

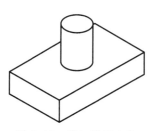

图 2.44　叠加型组合体

图 2.45　切割型组合体

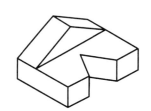

图 2.46　混合型组合体

2.5.2　组合体投影图的画法

在绘制组合体的投影图前，首先应对组合体进行形体分析：它们是由哪些基本形体组合而成？它们与投影面之间的关系如何？它们之间的相对位置如何？然后根据它们的组合方式作图。

要注意组合体在三面投影体系中的放置位置：

（1）一般应使形体复杂而且反映形体特征的面平行于 V 投影面。

（2）使作出的投影图虚线少，图形清楚。

【例 2.9】　作出图 2.44 所示叠加型组合体的投影图。

分析：该组合体由两个基本形体组合而成，下部为四棱柱，上部为圆柱体，作图过程如图 2.47 所示。

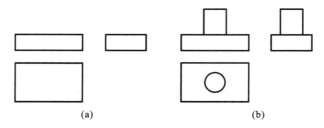

图 2.47 叠加型组合体投影图的作法

（a）作四棱柱的投影；（b）作圆柱体的投影

【例 2.10】 作出图 2.45 所示切割型组合体的投影图。

分析：该组合体由一圆柱体在其上端挖出一个槽而成。作图过程如图 2.48 所示。

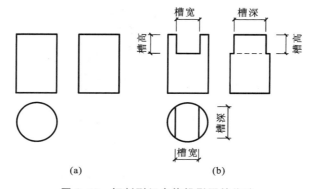

图 2.48 切割型组合体投影图的作法

（a）作圆柱体的投影；（b）作上部挖槽后的投影

【例 2.11】 作出图 2.46 所示组合体的投影图。

分析：该组合体是一个混合型组合体，它是由两个形体叠加而成的，上面的形体为一个三棱柱，下面的形体是挖去一个三棱柱的长方体。作图过程如图 2.49 所示。

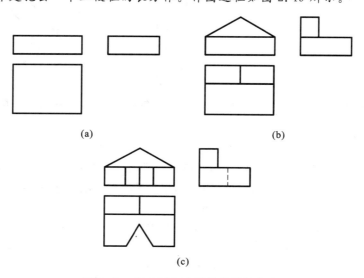

图 2.49 混合型组合体投影图的作法

（a）作长方体的投影；（b）作上部叠加三棱柱后的投影；（c）作下部切割掉三棱柱后的投影

2.6 轴 测 投 影

正投影图能够准确反映形体的形状和大小,作图简便,因此是工程图纸的主要图样。但是这种图缺乏立体感,在识读时必须把三个投影图联系起来才能想象出它的空间形状,要具备一定识图能力的人才能看懂,如图 2.50(a)所示。而轴测投影图能在一个投影图中同时反映形体的三维结构,立体感强,直观易懂,但其度量性差且绘制复杂,一般作为工程辅助图样,如图 2.50(b)所示。

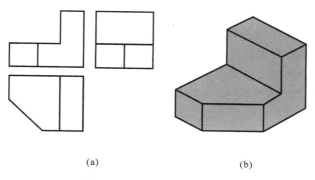

(a)   (b)

图 2.50   正投影图与轴测图

(a)正投影图;(b)轴测图

2.6.1   轴测投影的形成

轴测投影是平行投影的一种。用一组平行投射线按某一特定方向(不平行于任一坐标面的方向),将形体连同确定该形体的直角坐标轴一起投射到一个投影面上所得到的图形,称为轴测投影图,简称轴测图。如图 2.51 所示。

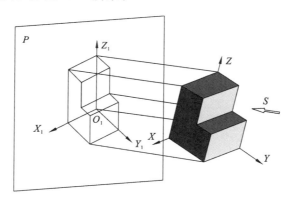

图 2.51   轴测投影的形成

(1)轴测投影面

轴测图所处的平面 P 称为轴测投影面。

(2)轴测轴

表示空间形体长、宽、高三个方向的直角坐标轴 OX、OY、OZ 在轴测投影面上的投影

O_1X_1、O_1Y_1、O_1Z_1 称为轴测投影轴,简称轴测轴。

（3）轴间角

两轴测轴之间的夹角 $\angle X_1O_1Y_1$、$\angle X_1O_1Z_1$、$\angle Y_1O_1Z_1$ 称为轴间角。

（4）轴向伸缩系数

轴测轴上的单位长度与相应坐标轴上的单位长度的比值,称为轴向伸缩系数。O_1X_1、O_1Y_1、O_1Z_1 的轴向伸缩系数分别用 p、q、r 表示,其中:

$$p=O_1X_1/OX, q=O_1Y_1/OY, r=O_1Z_1/OZ$$

2.6.2　轴测投影的特性

轴测图是用平行投影法得到的一种投影图,所以具有平行投影的投影特点:

（1）直线的轴测投影仍为直线。

（2）平行性。空间互相平行的直线,其轴测投影仍然互相平行。空间平行于坐标轴的直线,其轴测投影平行于相应的轴测轴。

（3）度量性。只有与坐标轴平行的线段才与相应的轴测轴发生相同的变形,其投影长度才可按轴向伸缩系数 p、q、r 量取确定。

2.6.3　轴测投影的分类

根据投影方向 S 与轴测投影面的夹角不同,轴测投影可分为两大类:

（1）正轴测图　投影方向与轴测投影面垂直得到的投影图,如图 2.52 所示。

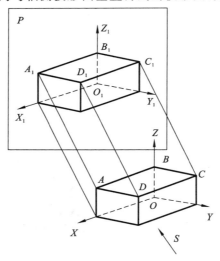

图 2.52　正轴测投影

（2）斜轴测图　投影方向与轴测投影面倾斜得到的投影图,如图 2.53 所示。

根据轴向伸缩系数的不同,每类轴测图又可分为三类:

（1）正（斜）等测轴测图,三个轴向伸缩系数均相等,即 $p=q=r$;

（2）正（斜）二等测轴测图,其中两个轴向伸缩系数相等,即 $p=q\neq r$、$p=r\neq q$ 或 $q=r\neq p$;

（3）正（斜）三等测轴测图,三个轴向伸缩系数都不相等,即 $p\neq q\neq r$。

常用轴测图的特性如表 2.5 所示。

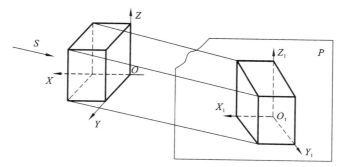

图 2.53　斜轴测投影

表 2.5　常用轴测图的特点

种类	特点	轴间角	轴向伸缩系数	轴测投影图
正等测	1. 三根投影轴与轴测投影面倾角相同； 2. 作图较方便	Z 120° 120° O 120° X Y	$p=q=r=0.82$，实际作图取简化系数；$p=q=r=1$	
正二测	1. 三根投影轴中两根投影轴（OX 与 OZ）与轴测投影面倾角相同； 2. 作图较繁，比较富有立体感	Z 97°10' 131°25' X O 131°25' Y	$p=r=0.94$，$q=0.47$。实际作图取简化系数 $p=r=1$，$q=0.5$	
正面斜二测	1. 形体中正面平行于轴测投影面； 2. 形体中正面为实形	Z 90° 135° X O 135° Y	$p=r=1$，$q=0.5$	
水平斜二测	1. 形体中水平面平行于轴测投影面； 2. 用作俯视图	Z 120° 150° X O 90° Y	$p=q=1$，$r=0.5$ 或 $r=1$	

2.6.4　正等轴测图的画法

2.6.4.1　正等轴测图的形成

当投射方向 S 垂直于轴测投影面 P，且形体的三个坐标轴对 P 面的倾角都相等的条件下，所得到的轴测投影图称为正等轴测图。此时其轴间角均为 $120°$，如图 2.54 所示。三条坐标轴与轴测投影面的夹角均为 $35°16'$，三个轴向伸缩系数为：$p=q=r=\cos35°16'\approx0.82$。为了作图方便，一般取 $p=q=r=1$，称为简化系数。

简化后所画的轴测图，平行于坐标轴的尺寸都放大了 1.22 倍，但这对表达形体的直观形象没有影响。图 2.55 所示为边长为 L 的正方体，分别以 1 和 0.82 的轴向伸缩系数画出的正等轴测图。

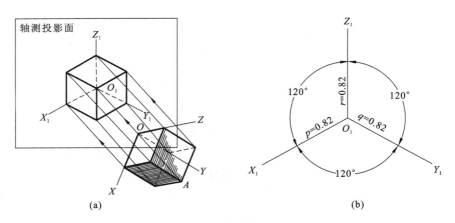

图 2.54　正等轴测图

（a）正等测轴测投影的形成；（b）轴向角和轴向伸缩系数

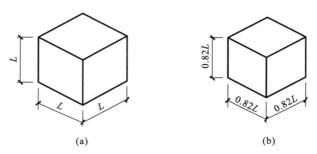

图 2.55　边长为 L 的正方体的正等轴测图

（a）轴向伸缩系数为 1；（b）轴向伸缩系数为 0.82

2.6.4.2　正等轴测图的画法

与正投影图相比，轴测投影图的作图要复杂得多，绘制轴测投影图通常按以下步骤进行：

① 为形体选取合适的直角坐标系。

② 根据轴间角画出轴测轴。

③ 根据轴测投影平行性、度量性的特点，确定空间形体各顶点的轴测投影。

④ 整理图形。连接相应线条，擦去多余图线，加深加粗轮廓线，完成轴测图。

绘制正等轴测图常用的方法有坐标法、叠加法和切割法等，但往往是几种方法混合使用。

（1）坐标法

坐标法是根据形体表面各点的位置直接作轴测图。

根据图 2.56（a）所示的正投影图作出长方体的正等轴测图，步骤如下：

① 在正投影图上确定出原点和坐标轴的位置，如图 2.56（a）所示；

② 画轴测轴，在 O_1X_1 和 O_1Y_1 上分别量取 a 和 b，作出长方体底面的轴测图，如图 2.56（b）所示；

③ 过长方体底面的各角点作 O_1Z_1 轴的平行线，量取高度 h，得长方体顶面各角点的轴测投影，如图 2.56（c）所示；

④ 连接各角点,擦去多余线条并加深,即得长方体的正等轴测图,如图 2.56(d)所示。

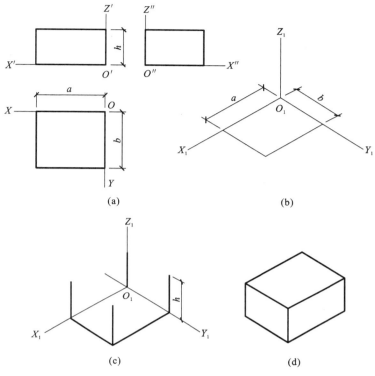

(a)　　　　　　　　　　　　　　(b)

(c)　　　　　　　　　　　　　　(d)

图 2.56　坐标法作长方体的正等轴测图

（2）切割法

切割法适用于作由简单形体切割得到的组合体的轴测图。画轴测图时,先画出基本形体的轴测图,然后将切割的部分画出,最后得到组合体的轴测图。

切割法作组合体的正等轴测图如图 2.57 所示。

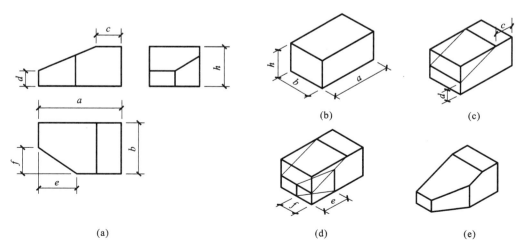

(a)　　　　　　　　　　(d)　　　　　　　　　　(e)

(b)　　　　　　　　(c)

图 2.57　切割法作组合体的正等轴测图

（3）叠加法

叠加法适用于作由多个形体叠加而形成的组合体的轴测图。画轴测图时，先取其中一个主要形体作基础，然后将其余形体逐个叠加。

叠加法作组合体的正等轴测图如图 2.58 所示。

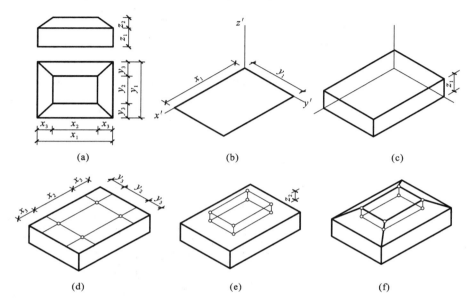

图 2.58　叠加法作组合体的正等轴测图

（a）已知投影图；（b）画基础底面；（c）画出棱柱上底；
（d）在棱柱顶面上画棱台上底的水平投影；（e）画出棱台上底；（f）连棱台侧棱

2.6.5　圆的轴测图画法

在轴测投影中，除斜轴测投影有一个面不发生变形外，一般情况下正方形的轴测投影都变成了平行四边形，平面上圆的轴测投影也都变成了椭圆，如图 2.59 所示。

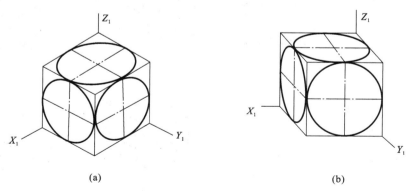

图 2.59　平行于投影面的圆的轴测图

（a）正等测；（b）斜二测

当圆的轴测投影是一个椭圆时,其作图方法通常是作出圆的外切正方形作为辅助图形,先作圆的外切正方形的轴测图,再用四心圆弧近似法作椭圆。如图 2.60 所示。

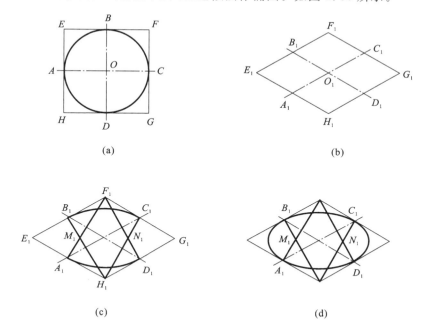

(a)   (b)

(c)   (d)

图 2.60　用四心圆弧近似法作圆的正等测图

(a) 在正投影图上定出原点和坐标轴位置,并作圆的外切正方形 $EFGH$;(b) 画轴测轴及圆的外切正方形的正等测图;

(c) 连接 F_1A_1、F_1D_1、H_1B_1、H_1C_1,分别交于 M_1、N_1,以 F_1 和 H_1 为圆心,F_1A_1 或 H_1C_1 为半径作大圆弧 $\overarc{A_1D_1}$ 和 $\overarc{B_1C_1}$;

(d) 以 M_1 和 N_1 为圆心,M_1A_1 或 N_1C_1 为半径作小圆弧 $\overarc{A_1B_1}$ 和 $\overarc{C_1D_1}$,即得平行于水平面的圆的正等测图

实践与技能训练

形体三面正投影图

(1) 作业内容和条件

根据图 2.61 所给的形体轴测图和尺寸,绘制形体的三面正投影图。

(2) 作业要求

① 比例自定。

② A3 横式图幅,铅笔线。

③ 图幅布置合理,尺寸标注正确。

④ 图面整洁清楚,图线粗细分明。

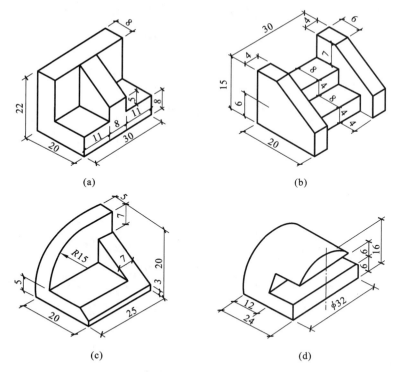

(a)　　　　　　　　　　　　　　　　(b)

(c)　　　　　　　　　　　　　　　　(d)

图 2.61　形体轴测图

单元 3 剖面图与断面图

正投影图中,可见轮廓线用实线表示,不可见轮廓线用虚线表示。当物体内部构造和形状较复杂时,投影图中就会出现许多虚线,实线和虚线交叉重合,很难表示清楚物体内部的构造,不易识读,且不利于标注尺寸。为了能在图中清晰地表示物体内部的形状和构造,减少图中虚线,使不可见轮廓线变成可见轮廓线,建筑制图中通常采用剖面图或断面图来表达。

3.1 剖 面 图

3.1.1 剖面图的概念

用一个假想的剖切平面将形体剖切开,移去位于观察者和剖切平面之间的部分,作出剩余部分的正投影图,叫作剖面图。如图 3.1 所示。

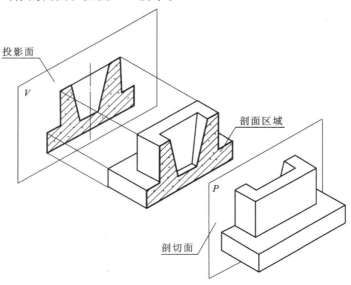

图 3.1 剖面图的形成

3.1.2 剖面图的画法

1. 剖面图的剖切符号

根据《房屋建筑制图统一标准》(GB/T 50001—2017)对剖面图的规定,剖切符号宜优先选择国际通用方法表示,如图 3.2(a)所示;也可采用常用方法表示,如图 3.2(b)所示。同一套图纸应选用一种表示方法。

采用国际通用剖视表示方法时,剖面剖切索引符号应由直径为 8～10 mm 的圆和水平直径以及两条相互垂直且外切圆的线段组成,水平直径上方应为索引编号,下方应为图纸编号,线段与圆之间应填充黑色并形成箭头表示剖视方向,索引符号应位于剖切线两端;断面及剖视详图剖切符号的索引符号应位于平面图外侧一端,另一端为剖视方向线,长度宜为 7～9 mm,宽度宜为 2 mm。剖面的编号宜由左至右、由下向上连续编排。

采用常用方法表示时,剖面的剖切符号应由剖切位置线及剖视方向线组成,均应以粗实线绘制,剖切位置线的长度宜为 6～10 mm;剖视方向线应垂直于剖切位置线,长度应短于剖切位置线,宜为 4～6 mm。图 3.2(b)中的 2—2 剖面即表示剖视方向向右。绘制时,剖视剖切符号不应与其他图线相接触。剖视剖切符号的编号宜采用粗阿拉伯数字,按剖切顺序由左至右、由下向上连续编排,并应注写在剖视方向线的端部,如 1—1、2—2 等。在剖面图的下方应写上带有编号的图名,如"×—×剖面图",如图 3.2(b)所示。

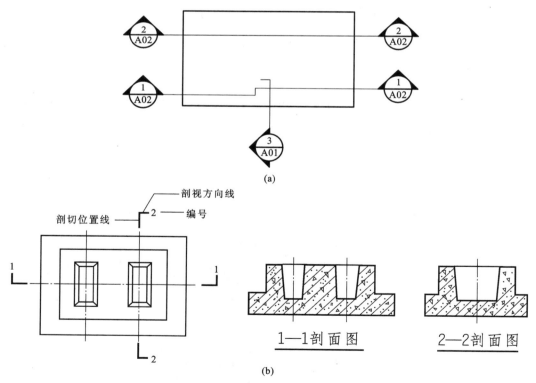

图 3.2 剖切符号标注

2. 剖面图中的线型

在剖面图中,被剖切面切到部分的轮廓线用粗实线绘制,剖切面没有切到、但沿投射方向可以看到部分的轮廓线用中实线绘制,一般不再画不可见轮廓线。

3.剖面图中的材料图例

剖面图中被剖切处的截面部分,应按国家标准规定画出形体相应的材料图例。若图上没有注明形体是何种材料时,截面轮廓线范围内用等间距的 45°细实线表示。

3.1.3　剖面图的种类

1.全剖面图

用一个剖切面将形体全部剖开后画出的剖面图称为全剖面图。它一般用于一个剖切面剖切后能把内部构造表达清楚的物体,如图 3.3 所示。

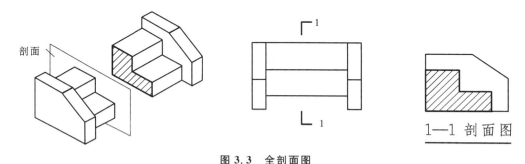

图 3.3　全剖面图

2.半剖面图

对称形体的剖切,可以以对称轴线为界,一半画外形,一半画剖面,称为半剖面图,如图 3.4(b)所示。它不仅可以表示出形体的外形,还可以表示出形体的内部构造。

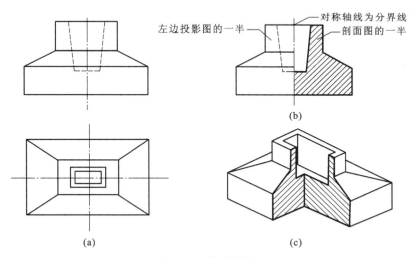

图 3.4　半剖面图

3.阶梯剖面图

用两个或两个以上的互相平行的剖切平面将形体剖切开,得到的剖面图称为阶梯剖面图。其剖切位置线的转折处应用两个端部垂直相交的粗实线画出。在转折处剖切所产生的形体的轮廓线在剖面图中不应该画出来,如图 3.5 所示。它一般用于一个剖切面无法将形体内部构造表达清楚的情况。

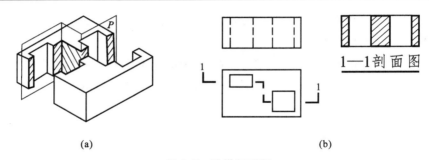

(a)   (b)

图 3.5　阶梯剖面图

(a) 直观图；(b) 剖面图

4. 局部剖面图和分层剖面图

当仅仅需要表达形体的某局部内部构造时，可以只将该局部剖切开，只作该部分的剖面图，称为局部剖面图。图 3.6 所示为基础局部剖面图，以表达基础的钢筋配置情况。

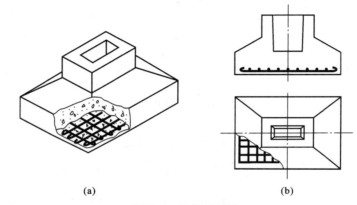

(a)   (b)

图 3.6　局部剖面图

(a) 直观图；(b) 投影图

对一些具有不同层次构造的建筑构件，可按实际需要，用分层剖切的方法获得剖面图，称为分层剖面图。图 3.7 所示是用分层剖面图表达地面的构造做法。

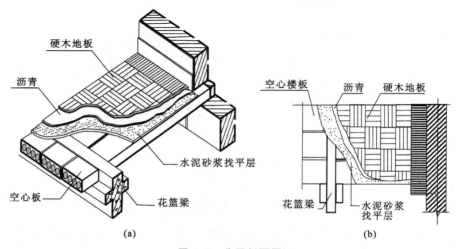

(a)   (b)

图 3.7　分层剖面图

(a) 直观图；(b) 投影图

　　画局部剖面图和分层剖面图时,外形与剖面之间以及剖面部分之间是以徒手画的波浪线为分界线,波浪线不应与任何图线重合。

3.2 断　面　图

3.2.1 断面图的概念

　　断面图是用假想的剖切平面将形体剖切后,仅画剖切面与形体相交部分的正投影。

3.2.2 断面图的画法

　　(1)断面图的剖切符号

　　断面图的剖切符号只用剖切位置线表示,剖切位置线为长度 6～10 mm 的粗实线;编号宜采用阿拉伯数字,注写在剖切位置线的一侧;编号所在的一侧为该断面的剖视方向,如图 3.8 所示。

　　(2)断面图的线型、图名注写和材料断面图例等,均与剖面图相同。

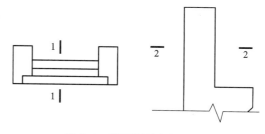

图 3.8　断面图的剖切符号

3.2.3 断面图的种类

1.移出断面图

　　断面图绘制在靠近形体的一侧或端部处,并按顺序依次排列,称为移出断面图。在移出断面图下方应注写与剖切符号相应的编号,如 1—1、2—2,如图 3.9 所示。

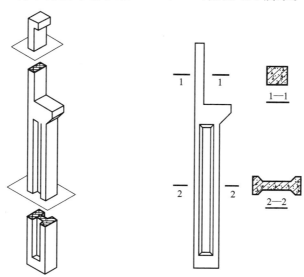

图 3.9　移出断面图

2.中断断面图

　　画等截面细长杆件时,常把断面图画在杆件假想的断开处,这种断面图称为中断断面图。这时不必标注剖切符号,断开处用折线表示。圆形杆件用曲线折断线表示。如图 3.10 所示。

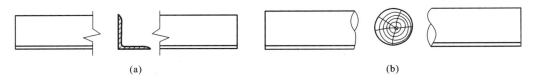

图 3.10　中断断面图

（a）角钢；（b）圆木

3．重合断面图

将断面图直接画在投影图中,二者重合在一起,称为重合断面图。重合断面图的轮廓线应用粗实线绘制,并在重合断面上画出材料图例。图 3.11（a）所示为一角钢的重合断面图,图 3.11（b）所示为钢筋混凝土梁板的重合断面图。

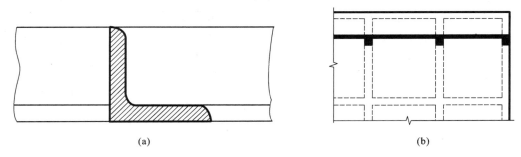

图 3.11　重合断面图

断面图与剖面图的区别表现在:

（1）概念不同。断面图只画被剖切的断面的投影,而剖面图则画形体被剖切后剩余部分的全部投影,如图 3.12 中台阶的剖面图与断面图。

（2）剖切符号不同。

（3）剖面图中包含断面图。

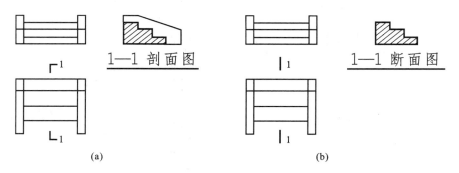

图 3.12　台阶剖面图与断面图的区别

（a）剖面图；（b）断面图

第二篇　建筑构造

单元4　建筑构造概论

1. 了解建筑的分类；
2. 熟悉民用建筑的等级；
3. 掌握民用建筑的构造组成；
4. 掌握建筑标准化和模数协调。

建筑构造的研究对象：组成建筑物实体的各种构、配件，特别是作为建筑物的围护、分隔系统，它们相互间的基本构成关系和相互连接的方式以及建造实现的可能性和使用周期中的安全性、适用性。

4.1　建筑的分类

4.1.1　按使用性质分类

1.民用建筑

供人们居住及进行社会活动等非生产性的建筑称为民用建筑。它又分为居住建筑和公共建筑。

（1）居住建筑

居住建筑是供人们生活起居用的建筑物，包括住宅、公寓、宿舍等，如图4.1所示。

住宅是构成居住建筑的主体，与人们的生活关系密切，量大面广，具有实现设计标准化、构件生产化、施工机械化等方面的要求和条件。

（2）公共建筑

公共建筑是供人们进行社会活动的建筑物。公共建筑的门类繁多，功能差异较大，主要包括办公、科教、文体、商业、医疗、邮电、广播、交通建筑等，如图4.2所示。主要有以下类型：

① 行政办公建筑　如各类办公楼、写字楼等；

② 文教建筑　如教学楼、图书馆、实验室等；

③ 医疗福利建筑　如医院、诊所、疗养院、养老院等；

④ 商业建筑　如商店、餐馆、食品店等；

⑤ 托幼建筑　指幼儿园、托儿所；

⑥ 体育建筑　如各类体育竞技场馆、体育训练场馆等；

⑦ 交通建筑　如各类航空港码头、汽车站、地铁站等；

⑧ 通信广播建筑　如电视台、电视塔、广播电台、邮电局、电信局等；

⑨ 旅馆建筑　如宾馆、招待所、旅馆等；

⑩ 展览建筑　如展览馆、博物馆、文化馆等；

⑪ 观演建筑　如电影院、音乐厅、剧院、杂技场等；

⑫ 园林建筑　如公园、动物园、植物园、各类城市绿化小品等；

⑬ 纪念性建筑　如纪念堂、陵园等。

⑭ 宗教建筑　如各种寺庙、教堂等。

大型公共建筑内部功能比较复杂，可能同时具备上述两个或两个以上的功能，一般称这类建筑为综合性建筑。

2. 工业建筑

供人们进行生产活动的建筑称为工业建筑，包括生产用建筑及辅助生产、动力、运输、仓储用建筑，如图 4.3 所示。

3. 农业建筑

供人们进行农牧业的种植、养殖、贮存等用途的建筑称为农业建筑，如图 4.4 所示。

图 4.1　某小区住宅

图 4.2　某体育馆

图 4.3　某机加工车间

图 4.4　某农业生态园

4.1.2　按主要承重结构的材料分类

1. 砖混结构

用砖墙（柱）、钢筋混凝土楼板及屋面板作为主要承重构件，属于墙承重结构体系。我国目前在居住建筑和一般公共建筑中大量采用这种结构形式，如图 4.5 所示。

2. 钢筋混凝土结构

用钢筋混凝土材料作为建筑的主要承重构件,属于骨架承重结构体系。大型公共建筑、大跨度建筑、高层建筑较多采用这种结构形式,如图 4.6 所示。

3. 钢结构

主要承重结构全部采用钢材,具有自重轻、强度高的特点。大型公共建筑和工业建筑、大跨度建筑和高层建筑经常采用这种结构形式,如图 4.7 所示。

4. 木结构

以木材为主要受力构件建造的结构,一般用榫卯、齿、螺栓、钉、销、胶等连接。适用于低层、规模较小的建筑,也是我国古代建筑中广泛采用的结构形式,如图 4.8 所示。

图 4.5　砖混结构

图 4.6　钢筋混凝土结构

图 4.7　钢结构

图 4.8　木结构

4.1.3　按建筑的层数或高度分类

1. 住宅建筑按照层数分类

1～3 层为低层;4～6 层为多层;7～9 层为中高层;10 层及 10 层以上为高层。七层及七层以上或住宅入口层楼面距室外设计地面的高度超过 16 m 以上的住宅必须设置电梯。

2. 其他民用建筑按建筑高度分类

建筑高度是指自室外设计地面至建筑主体檐口上部的垂直距离。

(1) 普通建筑　建筑高度不超过 24 m 的民用建筑和建筑高度超过 24 m 的单层民用建筑。

(2) 高层建筑　十层及十层以上的住宅,建筑高度超过 24 m 的公共建筑(不包括单层主体建筑)。

(3) 超高层建筑　建筑高度超过 100 m 的民用建筑。

4.1.4 按建筑的规模和数量分类

1. 大量性建筑

它是指建筑规模不大,但修建数量较多的建筑,如住宅、中小学教学楼、医院、中小型工厂等,如图 4.9 所示。

2. 大型性建筑

它是指建筑规模大,建造数量较少的建筑,如大型体育馆、大型剧院、航空港、大型工厂等,如图 4.10 所示。

图 4.9　某新农村别墅

图 4.10　某大型剧院

4.2　民用建筑的等级

4.2.1 耐久等级

1. 按建筑的耐久年限划分

建筑物耐久等级的指标是耐久年限,耐久年限的长短依据建筑物的重要性决定。影响建筑寿命长短的主要因素是结构构件的选材和结构体系。

以主体结构的正常使用年限分为下列四级:一级耐久年限 100 年以上,适用于重要建筑和高层建筑;二级耐久年限 50～100 年,适用于一般性建筑;三级耐久年限 25～50 年,适用于次要建筑;四级耐久年限 15 年以下,适用于临时性建筑。

2. 按建筑的重要性和规模划分

按照重要性、规模、使用要求的不同,建筑的工程等级以其复杂程度为依据,共分为六级,其具体划分如表 4.1 所示。

表 4.1　民用建筑的等级

工程等级	工程主要特征	工程范围举例
特级	(1) 列为国家重点项目或以国际性活动为主的高级大型公共建筑; (2) 有国家和重大历史意义或技术要求特别复杂的中小型公共建筑; (3) 30 层以上高层建筑; (4) 高大空间,有声、光等特殊要求的建筑	国宾馆、国家大会堂、国际会议中心、国际体育中心、国际贸易中心、大型国际航空港、国际综合俱乐部、重要历史纪念建筑,国家级图书馆、博物馆、美术馆、剧院、音乐厅,三级以上人防工程

工程等级	工程主要特征	工程范围举例
一级	（1）高级、大中型公共建筑； （2）有地区历史意义或技术要求复杂的中小型公共建筑； （3）16 层以上 29 层以下或高度超过 50 m（八度抗震设防区超过 36 m）的公共建筑； （4）建筑面积 10 万 m² 以上的居住区、工厂生活区	高级宾馆、旅游宾馆、高级招待所、别墅、省级展览馆、博物馆、图书馆、科学实验研究楼（包括高等院校）、高级会堂、高级俱乐部、大型综合医院、疗养院、医疗技术楼、大型门诊楼、大中型体育馆、室内游泳馆、室内滑冰馆、大城市火车站、航运站、候机楼、综合商业大楼、高级餐厅、四级人防、五级平战结合人防等
二级	（1）中高级、大中型总高不超过 50 m（八度抗震设防区不超过 36 m）的公共建筑； （2）技术要求较高的中小型建筑； （3）建筑面积不超过 10 万 m² 的居住区、工厂生活区； （4）16 层以上 29 层以下的住宅	大专院校教学楼、档案楼、礼堂、电影院、省级机关办公楼、300 床位以下（不含 300 床位）医院、疗养院、地市级图书馆、文化馆、少年宫、俱乐部、排演厅、报告厅、风雨操场、中等城市汽车客运站、中等城市火车站、邮电局、多层综合商场、风味餐厅、高级小住宅等
三级	（1）中级、中型公共建筑； （2）高度不超过 24 m（八度抗震设防区小于 13 m）、技术要求简单的建筑以及钢筋混凝土屋面、单跨小于 18 m（采用标准设计小于 21 m）或钢结构屋面单跨小于 9 m 的单层建筑； （3）7 层以上 15 层以下有电梯住宅或框架结构的建筑	重点中学、中等专科学校、教学实验楼、电教楼、旅馆、饭馆、招待所、浴室、邮电所、门诊部、百货楼、托儿所、幼儿园、综合服务楼及一二层商场、多层食堂、小型车站等
四级	（1）一般中小型公共建筑； （2）7 层以下无电梯住宅、宿舍及砖混结构建筑	一般办公楼、中小学教学楼、单层食堂、单层汽车库、消防车库、消防站、蔬菜门市部、粮站、杂货店、阅览室、理发室、公共厕所等
五级	一、二层单功能及一般小跨度结构建筑	一、二层单功能及一般小跨度结构建筑

注：大、中、小型工程划分，大型≥10000 m²，中型 3000～10000 m²，小型≤3000 m²。

4.2.2　耐火等级

对建筑产生破坏作用的外界因素很多，如火灾、地震、战争等，其中火灾是主要因素。由于每一栋建筑都存在发生火灾的可能性，而且一旦发生火灾将对建筑及使用者的生命财产造成巨大的威胁。为了提高建筑对火灾的抵抗能力，在建筑构造上采取措施控制火灾的发生和蔓延就显得非常重要。

1. 燃烧性能

燃烧性能是指建筑构件在明火或高温辐射的情况下能否燃烧及燃烧的难易程度。建筑构件按照燃烧性能分成非燃烧体（或称不燃烧体）、难燃烧体和燃烧体。

（1）非燃烧体

它是指用非燃烧材料制成的构件。非燃烧材料系指在空气中受到火烧或高温作用时不起火、不燃烧、不碳化的材料，如建筑中采用的金属材料和天然或人工的无机矿物材料。

（2）难燃烧体

它是指用难燃烧材料制成的构件或用燃烧材料制成而用非燃烧材料作保护层的构件。难燃烧材料系指在空气中受到火烧或高温作用时难起火、难微燃、难碳化，当火源移走后燃烧或微燃立即停止的材料，如沥青混凝土、经过防火处理的木材、用有机物填充的混凝土和水泥刨花板等。

（3）燃烧体

它是指用燃烧材料制成的构件。燃烧材料系指在空气中受到火烧或高温作用时立即起火或微燃，且火源移走后仍继续燃烧或微燃的材料，如木材等。

2.耐火极限

耐火极限是指对任一建筑构件按时间、温度标准曲线进行耐火试验，从受到火的作用时起，到失去支持能力，或发生穿透性裂缝，或背火一面温度升高到 220 ℃时所延续的时间。单位为小时。

建筑物的耐火等级取决于房屋主要构件的耐火极限和燃烧性能。现行《建筑设计防火规范》(GB 50016—2014)(2018 版)将民用建筑的耐火等级划分为四级，其划分方法见表 4.2。

表 4.2 不同耐火等级建筑相应构件的燃烧性能和耐火极限(h)

构件名称		耐火等级			
		一级	二级	三级	四级
墙	防火墙	不燃性 3.00	不燃性 3.00	不燃性 3.00	不燃性 3.00
	承重墙	不燃性 3.00	不燃性 2.50	不燃性 2.00	难燃性 0.50
	非承重外墙	不燃性 1.00	不燃性 1.00	不燃性 0.50	可燃性
	楼梯间和前室的墙 电梯井的墙 住宅建筑单元之间的墙 和分户墙	不燃性 2.00	不燃性 2.00	不燃性 1.50	难燃性 0.50
	疏散走道两侧的隔墙	不燃性 1.00	不燃性 1.00	不燃性 0.50	难燃性 0.25
	房间隔墙	不燃性 0.75	难燃性 0.50	难燃性 0.50	难燃性 0.25
柱		不燃性 3.00	不燃性 2.50	不燃性 2.00	难燃性 0.50
梁		不燃性 2.00	不燃性 1.50	不燃性 1.00	难燃性 0.50
楼板		不燃性 1.50	不燃性 1.00	不燃性 0.50	可燃性
屋顶承重构件		不燃性 1.50	不燃性 1.00	可燃性 0.50	可燃性
疏散楼梯		不燃性 1.50	不燃性 1.00	不燃性 0.50	可燃性
吊顶(包括吊顶搁栅)		不燃性 0.25	难燃性 0.25	难燃性 0.15	可燃性

注：① 除本规范另有规定者外，以木柱承重且以不燃烧材料作为墙体的建筑物，其耐火等级应按四级确定。
　　② 住宅建筑构件的耐火极限和燃烧性能可按现行国家标准《住宅建筑规范》(GB 50368—2005)的规定执行。

建筑的分级是根据其重要性和对社会生活的影响程度来划分的。通常重要建筑的耐久年限长、耐火等级高，这样就导致建筑构件和设备的标准高，施工难度大，造价也高。因此应当根据建筑的实际情况，合理地确定建筑的耐久年限和防火等级。

4.3　民用建筑的构造组成概述

建筑物的主要组成部分包括楼地层、墙或柱、基础、楼梯、屋顶、门窗,如图 4.11 所示,它们在建筑的不同部位发挥着不同的作用。

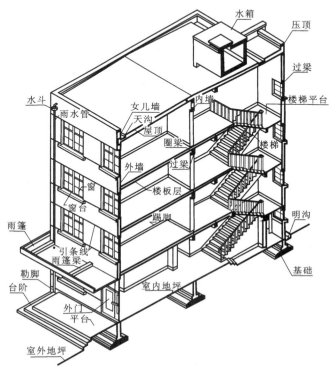

图 4.11　民用建筑的构造组成

（1）基础　建筑物最下部的承重构件,承担建筑的全部荷载,并把这些荷载均匀有效地传给地基。基础是建筑物的重要组成部分,应具有足够的承载力、刚度,并能抵抗地下各种不良因素的侵袭。

（2）墙体和柱　墙体是建筑物的承重和围护构件。墙体具有承重要求时,它承担屋顶和楼板层传来的荷载,并传给基础。外墙还具有围护功能,应具备抵御自然界各种因素对室内侵袭的能力。内墙具有在水平方向划分建筑内部空间、创造适用的室内环境的作用。墙体通常是建筑中自重最大、用材料和资金最多、施工量最大的组成部分,作用非常重要。因此,墙体应具有足够的承载力、稳定性、良好的热工性能及防火、隔声、防水、耐久性能。柱也是建筑物的承重构件,在框架承重结构中,柱是主要的竖向承重构件。

（3）楼地层　它是楼房建筑中的水平承重构件。楼地层包括首层地面和中间的楼板层,楼板层同时还兼有在竖向划分建筑内部空间的功能。楼板承担建筑的楼面荷载并把这些荷载传给墙或梁,同时对墙体起水平支撑的作用。楼板层应具有足够的承载力、刚度,并应具备防火、防水、隔声的性能。

（4）楼梯　它是楼房建筑的垂直交通设施,供人们平时上下和紧急疏散时使用。楼梯在宽度、坡度、数量、位置、布局形式、防火性能等方面均有严格的要求。

（5）屋顶　它是建筑顶部的承重和围护构件,一般由屋面、保温（隔热）层和承重结构三部分组成,其中承重结构承担屋面荷载和自重,而屋面和保温（隔热）层抵御自然界不利因素侵袭。

（6）门窗　门主要起内外交通联系、分隔房间和围护的作用,并能进行采光和通风。由于门是人和家具、设备进出建筑及房间的通道,因此应有足够的宽度和高度,其数量和位置也应符合有关规范的要求。窗的主要作用是采光和通风,同时也是围护结构的一部分,在建筑立面形象中也占有相当重要的地位。门窗属于非承重构件。

房屋除了上述几个主要组成部分之外,对不同使用功能的建筑还有一些附属的构件和配件,如阳台、雨篷、台阶、散水、通风道等,这些构配件也可以称为建筑的次要组成部分。

4.4　建筑标准化和建筑模数协调

4.4.1　建筑标准化

建筑标准化的内容主要包括两个方面:首先是应制定各种法规、规范、标准和指标,使设计有章可循;其次是在诸如住宅等大量性建筑的设计中推行标准化设计。

实施建筑标准化的目的是合理利用原材料,促进构配件的通用性和互换性,实现建筑工业化,以取得最佳经济效果。

随着现代工业技术的发展,装配式建筑标准化应用程度越来越高,由于其建造速度快,而且生产成本较低,迅速在我国各地得到推广应用。

1. 装配式建筑的概念和特点

装配式建筑是指建筑的部分或全部构件在工厂预制完成,然后运输到施工现场,将构件通过可靠的连接方式组装而建成的建筑,如图4.12所示。其主要特点有:

（1）大量的建筑部品由工厂生产加工完成,构件种类主要有外墙板、内墙板、叠合板、阳台、空调板、楼梯、预制梁、预制柱等。

（2）现场大量的装配作业,比原始现浇作业大大减少。

（3）采用建筑、装修一体化设计、施工,理想状态是装修可随主体施工同步进行。

（4）设计的标准化和管理的信息化,构件越标准,生产效率越高,相应地构件成本就会下降,配合工厂的数字化管理,整个装配式建筑的性价比会越来越高。

（5）符合绿色建筑的要求。

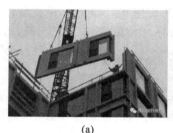  

|　　　　（a）　　　　　　　　　　　（b）　　　　　　　　　　　（c）|

图 4.12　装配式建筑构件
（a）预制外墙板;（b）预制梁;（c）预制楼梯段

（6）节能环保。

2.装配式建筑分类

（1）从建筑材料划分

可分为装配式钢结构建筑、装配式钢筋混凝土建筑和装配式木结构等装配式建筑。

（2）从使用功能划分

可分为装配式工业建筑与装配式民用建筑，其中民用建筑，又分为公共建筑和住宅建筑。

3.装配式建筑标准化

装配式混凝土建筑设计必须符合国家政策、法规及地方标准的规定。在满足建筑使用功能和性能的前提下，采用模数化、标准化、集成化的设计方法，使建筑的各种构配件、部品和构造连接技术实行模块化组合与标准化设计，建立合理、可靠、可行的建筑技术通用体系，实现建筑的装配化建造。

（1）模数化设计

装配式建筑标准化设计的基础是模数化设计，是以基本构成单元或功能空间为模块采用基本模数、扩大模数、分模数的方法，实现建筑主体结构、建筑内装修以及部品部件等相互间的尺寸协调。

（2）标准化设计

装配式混凝土建筑的标准化设计是采用模数化、模块化及系列化的设计方法，遵循"少规格、多组合"的原则，使建筑基本单元、连接构造、构配件、建筑部品及设备管线等尽可能满足重复率高、规格少、组合多的要求。建筑的基本单元模块通过标准化的接口，按照功能要求进行多样化组合，建立多层级的建筑组合模块，形成可复制可推广的建筑单体。

（3）集成化设计

装配式建筑系统性集成包括建筑主体结构的系统与技术集成、围护结构的系统及技术集成、设备及管线的系统及技术集成以及建筑内装修的系统及技术集成。建筑主体结构系统可以集成建筑结构技术、构件拆分与连接技术、施工与安装技术等，并将设备、内装专业所需要的前置预留条件均集成到建筑构件中；围护结构系统应将建筑外观与围护性能相结合，考虑外窗、遮阳、空调隔板等与预制外墙板的组合，可集成承重、保温和外装饰等技术；设备及管线系统可以应用管线系统的集约化技术与设备能效技术，保证系统的集成高效；建筑内装修系统应采用集成化的干法施工技术，可以采用结构体与装修体相分离的 CSI（中国的支撑体住宅）住宅建筑体系，做到安装快捷、无损维修、优质环保。

4.4.2　建筑模数协调标准

《建筑模数协调标准》（GB/T 50002—2013）主要是由于设计单位、施工单位、构配件生产厂家等是各自独立的企业，为协调建筑设计、施工及构配件生产之间的尺度关系，达到简化构件类型、降低建筑造价、保证建筑质量、提高施工效率的目的而设置。

在设计（设计标准化）中遵守统一的模数制，有利于构件的标准化和通用性、互换性，有利于工业化生产，有利于构件的定位及相互间协调和连接。

1.建筑模数

建筑模数是选定的标准尺度单位作为建筑空间、建筑构配件、建筑制品以及有关设备尺寸相互协调中的增值单位。

2.基本模数

基本模数是模数协调中选用的基本单位,其数值为 100 mm,符号为 M,即 1 M=100 mm。整个建筑物及其一部分或建筑组合构件的模数化尺寸应为基本模数的倍数。

3.导出模数

导出模数由基本模数导出,分为扩大模数和分模数。

(1)扩大模数:是基本模数的整数倍。扩大模数基数为 2M、3M、6M、9M、12M 等,其相应的尺寸分别是 200、300、600、900、1200(mm)等。

(2)分模数:是基本模数的分数值,一般为整数分数。分模数基数为 M/10、M/5、M/2,其相应的尺寸分别是 10、20、50(mm)。

4.模数数列及应用

模数数列是以选定的模数基数为基础而展开的模数系统,它可以保证不同建筑及其组成部分之间尺度的协调统一,有效地减少建筑尺寸的种类,并确保尺寸具有合理的灵活性。建筑物的所有尺寸除特殊情况之外,均应满足模数数列的要求。

模数数列应根据功能性和经济性原则确定。建筑物的开间或柱距,进深或跨度、梁、板、隔墙和门窗洞口宽度等分部件的截面尺寸宜采用水平基本模数和水平扩大模数数列,且水平扩大模数数列宜采用 $2n$M、$3n$M(n 为自然数)。建筑物的高度、层高和门窗洞口高度等宜采用竖向基本模数和竖向扩大模数数列,且竖向扩大模数数列宜采用 nM。构造节点和分部件的接口尺寸等宜采用分模数数列,且分模数数列宜采用 M/10、M/5、M/2。

4.4.3　建筑标准化的有关规定

装配式建筑遵循工业化生产的设计理念,推行模数协调和标准化设计,其基本原则就是要坚持"建筑、结构、机电、内装"一体化和"设计、加工、装配"一体化,即从模数统一、模块协同,少规格、多组合,各专业一体化考虑。要实现平面标准化、立面标准化、构件标准化和部品标准化。

1.几种尺寸及其相互关系

为保证设计、生产、施工各阶段建筑制品、构配件等有关尺寸间的统一与协调,必须明确标志尺寸、构造尺寸、实际尺寸的定义及其相互关系。

(1)标志尺寸:用以标注建筑物定位轴线之间的距离(跨度、柱距、层高等)以及建筑制品、建筑构配件、组合件、有关设备位置界限之间的尺寸。标志尺寸必须符合模数数列的规定,如图 4.13 所示。

(2)构造尺寸:指生产、制造建筑构配件、建筑组合件、建筑制品等的设计尺寸。一般情况下,构造尺寸为标志尺寸减去缝隙或加上支承尺寸,如图 4.13 所示。

(3)实际尺寸:指建筑构配件、建筑组合件、建筑制品等生产制作后的实有尺寸。实际尺寸与构造尺寸之间的差数应符合建筑公差的规定。

2.定位轴线

定位轴线是用来确定建筑物主要结构构件位置及其标志尺寸的基准线,同时也是施工放线的基线。用于平面时称为平面定位轴线;用于竖向时称为竖向定位轴线。

(1)平面定位轴线及编号

平面定位轴线应设横向定位轴线和纵向定位轴线。

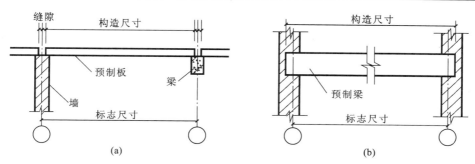

图 4.13　几种尺寸间的关系

(a)构件标志尺寸大于构造尺寸;(b)构件标志尺寸小于构造尺寸

横向定位轴线的编号用阿拉伯数字从左至右顺序编写;纵向定位轴线的编号用大写的拉丁字母从下至上顺序编写,如图 4.14 所示。

定位轴线也可分区编号,注写形式为"分区号-该区轴线号",如图 4.15 所示。

当平面为圆形或折线形时,轴线的编写分别按图4.16所示方法进行。

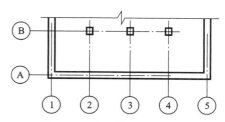

图 4.14　定位轴线及编号

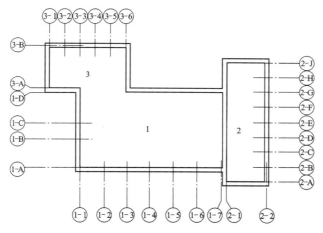

图 4.15　定位轴线分区编号

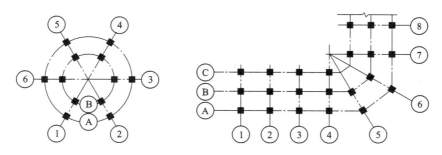

图 4.16　圆形或折线形定位轴线及编号

(2)混合结构建筑定位轴线的标定

承重外墙顶层墙身内缘与定位轴线的距离应为 120 mm,如图 4.17(a)所示;承重内墙顶层墙身中心线应与定位轴线相重合,如图 4.17(b) 所示。

　　楼梯间墙的定位轴线与楼梯的梯段净宽、平台净宽有关,可有三种标定方法:楼梯间墙内缘与定位轴线的距离为 120 mm,如图 4.17(c) 所示;楼梯间墙外缘与定位轴线的距离为 120 mm;楼梯间墙的中心线与定位轴线相重合。

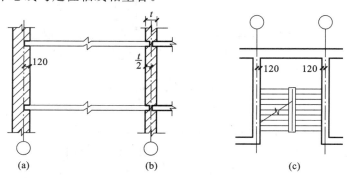

图 4.17　混合结构建筑定位轴线及标定

（3）框架结构建筑定位轴线的标定

中柱定位轴线一般与顶层柱截面中心线相重合,如图 4.18(a) 所示。边柱定位轴线一般与顶层柱截面中心线相重合或位于距柱外缘 250 mm 处,如图 4.18(b) 所示。

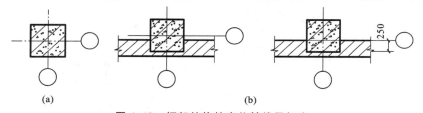

图 4.18　框架结构柱定位轴线及标定

(a)中柱;(b)边柱

（4）非承重墙定位轴线的标定

除了可按承重墙定位轴线的规定定位之外,还可以使墙身内缘与平面定位轴线相重合。

（5）标高及建筑构件的竖向定位

① 标高的种类及关系

·绝对标高:又称绝对高程或海拔高度。

·相对标高:根据工程需要而自行选定的基准面;作为标高零点,建筑物各部分相当于基准面的标高为相对标高。

·建筑标高:楼地层装修面层的标高。

·结构标高:楼地层结构表面的标高。

② 建筑构件的竖向定位

·楼地面的竖向定位:楼地面的竖向定位应与楼地面的上表面重合,即用建筑标高标注,如图 4.19 所示。

·门窗洞口的竖向定位:门窗洞口的竖向定位与洞口结构层表面重合,为结构标高,如图 4.19 所示。

·屋面的竖向定位:屋面的竖向定位应为屋面结构层的上表面与距墙内缘 120mm 处或与墙内缘重合处的外墙定位轴线的相交处,即用结构标高标注,如图 4.20 所示。

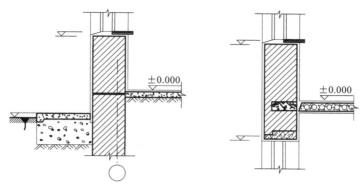

图 4.19　楼地面、门窗洞口的竖向定位

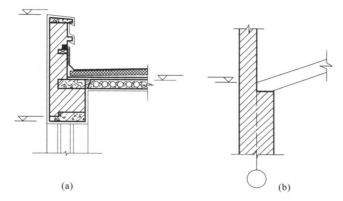

(a)　　　　　　　　　　　　　　　　　(b)

图 4.20　屋面、檐口的竖向定位

(a)平屋顶；(b)坡屋顶

4.4.4　建筑构造相关概念

横向:指建筑物的宽度方向。

纵向:指建筑物的长度方向。

横向轴线:平行于建筑物宽度方向设置的轴线,用以确定横向墙体、柱、梁、基础的位置。

纵向轴线:平行于建筑物长度方向设置的轴线,用以确定纵向墙体、柱、梁、基础的位置。

开间:两相邻横向定位轴线之间的距离。

进深:两相邻纵向定位轴线之间的距离。

层高:指层间高度,即地面至楼面或楼面至楼面的高度。

净高:指房间的净空高度,即地面至顶棚下皮的高度。它等于层高减去楼地面厚度、楼板厚度和顶棚高度。

建筑高度:指室外地坪至檐口顶部的总高度。

建筑朝向:建筑的最长立面及主要开口部位的朝向。

建筑面积:指建筑物各层水平面积的总和,由使用面积、辅助面积和结构面积组成。

使用面积:指建筑物各层平面中直接为生产和生活使用的净面积。

辅助面积:指建筑物各层平面中为辅助生产或辅助生活所占的净面积,例如居住建筑物中的楼梯、走道、厕所、厨房所占的面积。

结构面积:指建筑物各层平面中墙、柱等结构所占的面积。

单元 5 基础与地下室

教学目标

1. 掌握基础与地基的作用；
2. 掌握基础的分类；
3. 掌握地下室的组成及其防潮、防水处理。

5.1 基础的作用与分类

5.1.1 基础的作用及与地基的关系

房屋无论大小、高低，都要建造在土层上面，这个受力的土层就是地基。地基承受由基础传来的整个建筑物的荷载，地基不是建筑物的组成部分。而基础是建筑物地面以下的承重构件，它承受建筑物上部结构传下来的全部荷载，并把这些荷载与基础自身荷载一起传给地基，因此，基础是建筑物的重要组成部分。在工程设计与施工中，基础应满足一定的强度、刚度、耐久性和经济性等方面的要求；地基应有一定的承载力，满足强度、变形及稳定性方面的要求。

地基分为天然地基和人工地基两大类。在设计地基时，直接承受基础荷载的一定厚度的土层称为持力层，持力层以下的土层称为下卧层，如图 5.1 所示。地基所能承受荷载的能力称为地基的承载力。凡天然土层具有足够的承载能力，不需经过人工加固，可直接在其上部建造房屋的土层称为天然地基。当土层的承载力较差或虽然土层质地较好，但上部荷载过大时，为使地基具有足够的承载能力，应对土层进行加固，这种经过人工处理的土层称为人工地基。

人工地基的加固处理的方法有压实法、换土法、打桩法等。

（1）压实法 利用重锤（夯）、碾压（压路机）和振动法将土层压实。这种方法简单易行，对提高地基承载力收效较

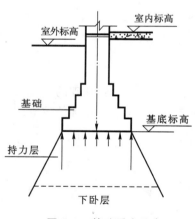

图 5.1 基础受力示意

大，如图 5.2(a)、(b)所示。

（2）换土法 当地基土为淤泥、冲填土、杂填土及其他高压缩性土时，应采用换土法。换土所用材料宜选用中砂、粗砂、碎石或级配石等空隙大、压缩性低、无侵蚀性的材料。换土范围由计算确定，如图 5.2(c)、(d)所示。

（3）打桩法 在建筑物荷载大、层数多、高度高、地基土又较松软时，一般应采用桩基。常见的桩基有支撑桩(柱桩)、钻孔桩、振动桩、爆扩桩等，如图 5.2(e)、(f)所示。

图 5.2　常见人工地基加固处理方法
(a)机械碾压；(b)重锤夯实；(c)机械换土；(d)人工换土；(e)振动桩；(f)钻孔桩

5.1.2　基础的埋置深度

基础的埋置深度(简称埋深)是指从室外设计地坪到基础底面的垂直距离,如图 5.3 所示。其中,室外地坪分自然地坪与设计地坪,自然地坪是指施工地段的原有地坪,而设计地坪是按设计要求在工程竣工后场地经垫起或下挖后的地坪。当基础埋深大于或等于 5 m 时,称为深基础;当基础埋深小于 5 m 时,称为浅基础。由于浅基础构造简单、施工方便、造价较低,在满足地基稳定和变形要求的基础上,应优先选用浅基础。

在一般情况下,基础的埋深应不小于 0.5 m,以防建筑物的荷载将基础四周的土壤挤出,使基础产生滑移而失去稳定,同时避免基础受到地面水的侵蚀及机械破坏的影响。

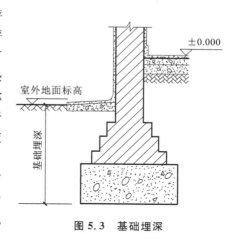

图 5.3　基础埋深

5.1.3　影响基础埋深的因素

选择基础埋置深度实际上就是选择合适的地基持力层。影响基础埋深的因素主要有以下几点:

(1)建筑物上部荷载的大小和性质。多层建筑一般根据地下水位及冻土深度等来确定埋深尺寸。

(2)工程地质条件。基础底面应尽量选在常年未经扰动而且坚实平坦的土层或岩石上,俗称"老土层"。

(3)水文地质条件。确定地下水的常年水位和最高水位,以便选择基础的埋深。一般宜将基础落在地下常年水位和最高水位之上,这样可不需进行特殊防水处理,节省造价,还可防止或减轻地基土层的冻胀。当地下水位较高,基础不得不埋于地下水位以下时,基础的底面应尽量设在全年最低地下水位以下200 mm处,以避免地下水位的变化对基础造成不利影响。

(4)地基土壤冻胀深度。应根据当地的气候条件了解土层的冻结深度,一般将基础的垫层部分做在土层冻结深度以下。否则,冬天土层的冻胀力会把房屋拱起,产生变形;天气转暖,冻土解冻时又会产生陷落。

(5)相邻建筑物基础的影响。新建建筑物的基础埋深不宜深于相邻的原有建筑物的基础;但当新建基础深于原有基础时,两基础间的距离应满足相关规范的要求,否则要采取一定的措施加以处理,以保证原有建筑物的安全和正常使用。

5.1.4　基础的分类

基础的类型很多,通常是根据基础的材料、构造形式和受力性质等方面来划分。从基础的材料来划分,可分为砖基础、灰土基础、毛石基础、混凝土基础、钢筋混凝土基础等;从基础的构造形式可分为条形基础、独立基础、井格基础、筏板基础、箱形基础、桩基础等;从基础的受力性质来划分,可分为刚性基础(无筋扩展)和柔性基础(扩展)。

其中,刚性基础是指由抗压强度较高,而抗弯和抗拉强度较低的材料建造的基础。所用材料有砖、灰土、毛石、混凝土、三合土等,适用于多层民用建筑。在刚性基础中,墙或柱传来的压力是沿一定角度分布的,这个角叫压力分布角,又称刚性角(α),刚性基础底面宽度应根据材料刚性角决定。由于地基承载能力有限,为了使基础单位面积所传递的力与地基能承受的能力相适应,可采用台阶式的形式逐渐扩大基础的传力面积,这种做法称为"大放脚",如图5.4(a)、(b)所示。柔性基础是指用抗弯和抗拉强度都很高的材料建造的基础,一般用钢筋混凝土制成,如图5.4(c)所示。这种基础适用于上部结构荷载比较大、地基承载力差、用刚性基础不能满足要求的情况下。

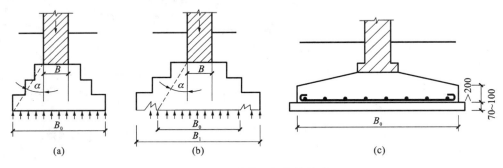

图5.4　刚性基础与柔性基础

(a)受力在刚性角范围以内的砖基础;(b)宽度超过刚性角范围而破坏的砖基础;(c)钢筋混凝土基础

5.2　基础的构造

5.2.1　独立基础

该种基础一般用于柱子下面,一根柱子一个基础,往往单独存在,所以称为独立基础。它可以用砖、石材砌筑和钢筋混凝土材料制作,基础形状为方形或矩形,如图5.5所示。当建筑上部采用框架结构承重时,其下部基础采用独立基础,柱间墙体可支撑在基础梁上;当建筑上部为墙承重结构时,也可采用独立基础,可减少土方开挖和便于管道穿过。

图 5.5　独立基础

5.2.2　条形基础

条形基础是指基础长度远远大于宽度的一种基础形式。该类基础适用于砖混结构房屋,如住宅、教学楼、办公楼等多层建筑。按上部结构分为墙下条形基础和柱下条形基础,如图5.6所示。

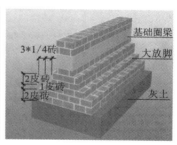

图 5.6　条形基础

其中,墙下条形基础多采用砖基础或混凝土基础。砖基础由垫层、大放脚、基础墙三部分组成,具体砌法有等高式和间隔式两种,如图 5.7 所示。当采用混凝土基础时,一般有阶梯形和锥形两种,混凝土基础的刚性角为 45°,宽高比应不小于 1∶1 或 1∶1.5,如图 5.8 所示。

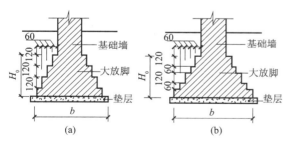

图 5.7　砖基础构造
(a)等高式;(b)间隔式

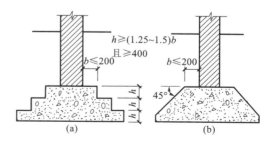

图 5.8　混凝土基础构造
(a)阶梯形;(b)锥形

钢筋混凝土基础属于柔性基础,利用设置在基础底面的钢筋来抵抗基底的拉应力。由于内部配置了钢筋,使基础具有良好的抗弯和抗剪性能,可在上部结构荷载较大、地基承载力不高以及具有水平力和力矩等荷载的情况下使用,基础的高度不受台阶宽高比限制。墙下钢筋混凝土条形基础(图5.9)的构造要求如下:

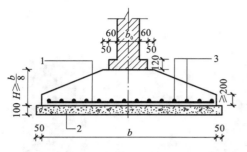

图 5.9　墙下钢筋混凝土条形基础构造
1—受力钢筋;2—C10 混凝土垫层;3—构造钢筋

（1）垫层的厚度不宜小于 70 mm,通常采用 100 mm。

（2）锥形基础的边缘高度不宜小于 200 mm,阶梯形基础的每一级高度宜为 300~500 mm。

（3）受力钢筋的最小直径不宜小于 10 mm,间距不宜大于 200 mm,也不宜小于 100 mm;分布钢筋的直径不宜小于 8 mm,间距不大于 300 mm,每延长米分布钢筋的面积不小于受力钢筋面积的 15%。

（4）保护层厚度:有垫层时不小于 40 mm,无垫层时不小于 70 mm。

5.2.3　井格基础

柱下基础沿纵、横两个方向扩展相连组成井字格状,称为井格基础。当地基条件较差时,采用井格基础能提高建筑物的整体性,防止柱子之间产生不均匀沉降,如图 5.10 所示。

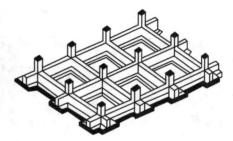

图 5.10　井格基础

5.2.4　筏板基础

筏板基础由基板和梁组成,在梁的交点上竖立柱子,以支撑房屋的骨架,也称为满堂基础,如图 5.11 所示。筏板基础按结构形式分为平板式和梁板式两大类。筏板基础面积较大,多用于大型公共建筑下面。

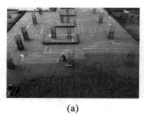

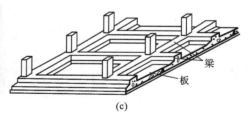

（a）　　　　　　　　　　（b）　　　　　　　　　　（c）

图 5.11　筏板基础
（a）平板式;（b）梁板式;（c）示意图

5.2.5　箱形基础

箱形基础是由钢筋混凝土底板、顶板、侧墙及一定数量的内隔墙构成封闭的箱体。这种基础整体性和刚度都好,调整不均匀沉降的能力较强,可消除因地基变形使建筑物开裂的可能性。箱形基础的封闭式内部空间经适当处理后,可作为地下室使用,如图 5.12 所示。

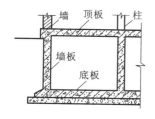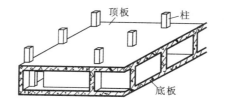

图 5.12 箱形基础

5.2.6 桩基础

桩基础是由基桩和连接于桩顶的承台共同组成。桩基础通常作为荷载较大的建筑物基础,具有承载力高、稳定性好、沉降量小而均匀、便于机械化施工和适应性强等特点,如图 5.13 所示。桩基础是高层建筑中常用的一种深基础。

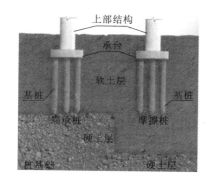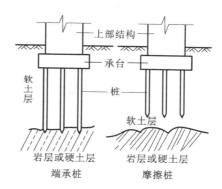

图 5.13 桩基础

5.3 地 下 室

地下室是建筑物底层下面的房间,它是在有限的占地面积内争取到的使用空间,可以用做安装设备、储存物品、商场、餐厅、车库以及战时的防空等。特别是高层建筑的基础埋深较大时,利用基础的埋深要求设置地下室并不会增加太多投资,比较经济。

5.3.1 地下室的类型与构造组成

1. 地下室的类型

地下室按使用性质可分为普通地下室和人防地下室;按结构材料可分为砖墙结构地下室和钢筋混凝土结构地下室;按埋入地下深度可分为全地下室和半地下室。全地下室是指地下室地面低于室外地坪的高度超过该房间净高的 1/2 者;半地下室是指地下室地面低于室外地坪高度超过该房间净高 1/3,且不超过 1/2 者,如图 5.14 所示。

防空地下室宜修建全埋式。

2. 地下室的组成

地下室一般由墙体、顶板、底板、楼梯、门窗等组成。

(1) 地下室的墙体

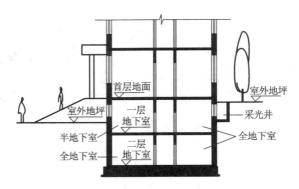

图 5.14　地下室示意图

地下室的外墙不仅承受上部的垂直荷载,还要承受土、地下水及土壤冻结产生的侧压力,因此地下室墙的厚度应按计算确定。如用砖砌墙,最小厚度不小于 490 mm;如用混凝土或者钢筋混凝土墙,则应依计算求得,其最小厚度不低于 300 mm。地下室外墙根据实际情况,要做防潮或者防水处理。

(2)地下室的顶板

地下室的顶板采用现浇或预制混凝土楼板,板的厚度按首层使用荷载计算,防空地下室则应按相应的防护等级的荷载计算。

(3)地下室的底板

在地下水位高于地下室地面时,地下室的底板不仅承受作用在它上面的垂直荷载,还承受地下水的浮力,因此必须具有足够的强度、刚度及抗渗透能力和抗浮力的能力。

(4)地下室的楼梯

地下室的楼梯可与上部楼梯结合设置。防空地下室至少要设置两部楼梯通向地面的安全出口,并且必须有一个独立的安全出口。

(5)地下室的门窗

普通地下室的门窗与地上房间门窗相同。当地下室的窗台低于室外地面时,为了保证采光和通风,应设采光井。采光井由侧墙、底板、遮雨设施或铁箅子组成,一般每个窗户设一个。当与窗户的距离很近时,也可将采光井连在一起,如图 5.15 所示。防空地下室一般不允许设窗;如果开设窗户,应设置战时封堵的措施。

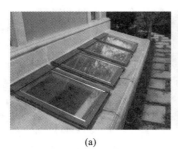

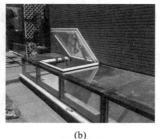

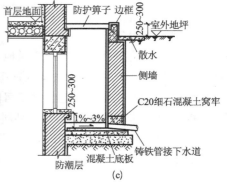

(a)　　　　　　　　　(b)　　　　　　　　　(c)

图 5.15　地下室采光井

5.3.2　地下室的防潮与防水

地下室的防潮、防水做法取决于地下室地坪与地下水位的关系。

1. 地下室的防潮

当设计最高地下水位低于地下室底板 500 mm,且基地范围内的土壤及回填土无形成上层滞水的可能时,墙和底板仅受到土壤中毛细管水和地表水下渗而造成的无压水的影响,只需采用防潮处理。

对于现浇混凝土外墙,一般可起到自防潮效果,不必再做防潮处理。对于砖砌体结构,其防潮的构造要求是:砌体必须用水泥砂浆砌筑,墙外侧在做好水泥砂浆抹面后,涂冷底子油一道及热沥青两道,然后回填低渗透的土,如黏土、灰土等。

底板的防潮做法是在灰土或三合土垫层上浇筑 100 mm 厚密实的 C10 混凝土,然后再做防潮层和细石混凝土保护层,最后做地面面层。

此外,在墙身与地下室地坪及室内外地坪之间设墙身水平防潮层,以防止土中的潮气和地面雨水因毛细管作用沿墙体上升而影响结构,如图 5.16 所示。

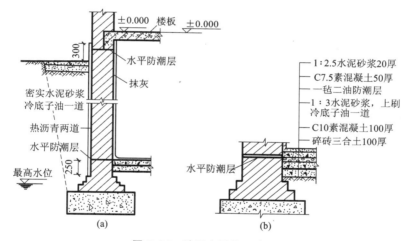

图 5.16　地下室防潮示意图
(a) 墙体防潮;(b) 地坪处防潮

2. 地下室的防水

当设计最高地下水位高于地下室底板标高且地面水可能下渗时,地下室外墙和底板都浸泡在水中,这时地下室的外墙受到地下水的侧压力,底板受到地下水的浮力。此时,地下室应采用防水处理。为了防止压力水入侵地下室,必须采用水平和垂直的防水处理做法,并把防水层连贯起来。

(1) 卷材防水

卷材防水适用于结构微量变化和抗一般地下水的化学侵蚀,效果比较可靠。防水卷材有高聚物改性沥青卷材(包括 APP 塑料卷材和 SBS 弹性卷材)和合成高分子卷材,一般用于迎水面。采用改性沥青卷材时一层厚度应不小于 4 mm;采用高分子卷材时一般只铺一层,厚度应不小于 1.5 mm。

卷材防水层粘贴在结构层外表面时称为外防水,卷材防水层粘贴在结构层内表面时称为内防水。外防水的防水层直接粘贴在迎水面上,在外围形成封闭的防水层,防水效果好;内防水层粘贴在背水面上,防水效果较差,但施工简便,便于维修,常用于建筑物的修缮。

① 地下室外墙防水做法　防水层施工时,外墙应砌筑在地下室底板四周之上,在地下室墙表面抹 20 mm 厚 1:3水泥砂浆找平,干燥后刷冷底子油一道,然后粘贴防水卷材。在垂直防水层外要砌筑半砖厚的保护墙,保护墙根部干铺一层 130 mm 宽油毡,并将保护墙和防水层之间的缝隙用水泥砂浆填实,最后在保护墙外 500 mm 范围内回填黏土或 3:7灰土,且分层夯实,如图 5.17 所示。

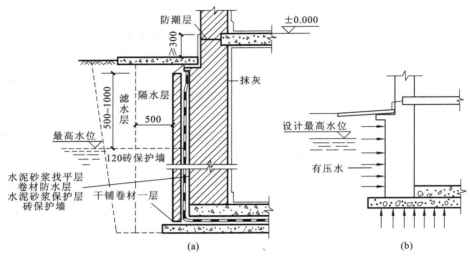

图 5.17　地下室卷材防水示意图

② 地下室底板防水做法　先浇筑混凝土垫层,在垫层上粘贴卷材防水层,在防水层上做 30 mm 厚细石混凝土保护层,再在保护层上浇筑钢筋混凝土底板。

(2) 防水混凝土防水

当地下室的侧墙和底板全部用钢筋混凝土制作时,可以采用混凝土自防水。混凝土自防水是通过调整混凝土的配合比或在混凝土中掺入外加剂等手段,改善混凝土构件的密实性,提高其抗渗性能,使承重、围护和防水三者结合起来,如图 5.18 所示。

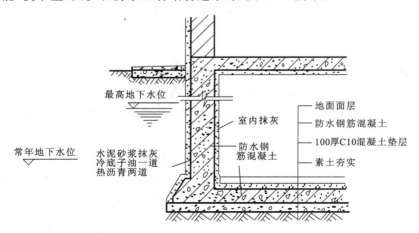

图 5.18　地下室混凝土构件自防水示意图

单元 6　墙　　体

教学目标

1. 熟悉墙体的基本构造；
2. 掌握砖墙的细部构造；
3. 掌握隔墙与隔断构造；
4. 掌握墙体保温构造；
5. 掌握墙面装修构造。

6.1　概　　述

6.1.1　墙体的作用

墙体是建筑物中重要的构件，它的主要作用有以下三个方面：

（1）承重　承受建筑物屋顶、楼层、人和设备的荷载，以及墙体自重、风荷载、地震作用等。

（2）围护　抵御风霜、雨、雪的侵袭，防止太阳辐射和噪声干扰等。

（3）分隔　墙体可以把房间分隔成若干个小空间或小房间。

6.1.2　墙体的分类

1. 按墙体的材料分类

按墙体的材料可分为砖墙、加气混凝土砌块墙、石材墙、板材墙、承重混凝土空心砌块墙。

2. 按墙体在建筑平面上所处的位置分类

按所处的位置一般分为外墙和内墙两大部分。

按方向分为纵墙和横墙。沿建筑物纵轴方向布置的墙称为纵墙，其中外纵墙又称为檐墙；沿建筑物横轴方向布置的墙称为横墙，其中外横墙又称为山墙。屋顶上部的房屋四周的墙称为女儿墙，如图 6.1 所示。

3. 按墙体的受力特点分类

（1）承重墙　直接承受楼板、屋顶等上部结构传来的垂直荷载和风力、地震作用等水平荷载及自重的墙。

（2）非承重墙　不直接承受上述这些外来荷载作用的墙体，它包含以下墙体类型：

① 自承重墙　在非承重墙中，不承受外来荷载，仅承受自身重量并将其传至基础的墙。

② 隔墙　仅起分隔空间作用，自身重量由楼板或梁来承担的墙。

③ 填充墙　在框架结构中，填充在柱子之间的墙，它也是隔墙的一种。

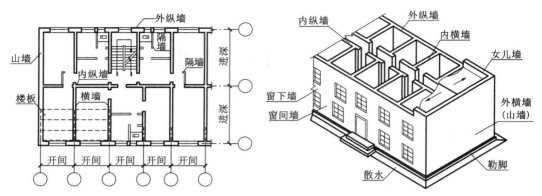

图 6.1　墙体按位置、方向分类

④ 围护墙　自身的重量由梁来承担并传递给柱子或基础,只起着防风、雨、雪的侵袭,以及保温、隔热、隔声、防水等作用的墙,如悬挂在建筑物外部的幕墙。

4.按墙的构造形式分类

按墙的构造形式可分为实体墙、空体墙、复合墙,如图 6.2 所示。

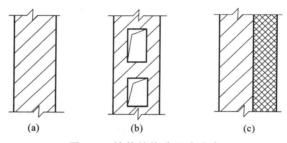

图 6.2　墙体按构造形式分类
(a)实体墙;(b)空体墙;(c)复合墙

5.按施工方法分类

按施工方法可分为块材墙、板筑墙、装配式板材墙,如图 6.3 所示。

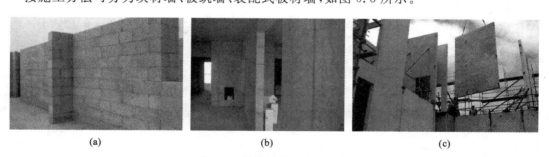

图 6.3　墙体按施工方法分类
(a)块材墙;(b)板筑墙;(c)装配式板材墙

6.1.3　墙体的构造要求

1.具有足够的强度和稳定性

墙体的强度与构成墙体的材料有关,在确定墙体材料的基础上应通过结构计算来确定墙体的厚度,以满足强度的要求。

墙体的稳定性也是关系到墙体正常使用的重要问题。墙体的稳定性与墙体的长度、高度、厚度有关,在墙体的长度和高度确定之后,一般可以采用增加墙体厚度以及加设圈梁、壁柱、墙垛的方法增加墙体稳定性。

2. 满足热工方面(保温、隔热、防止产生凝结水)的要求

外墙是建筑围护结构的主体,其热工性能的好坏会对建筑的使用及能耗带来直接的影响。

(1)保温

① 提高外墙保温能力　如增加墙体厚度、选择导热系数小的墙体材料或做成复合保温墙体。

② 防止外墙中出现冷凝水　在墙体靠室内高温一侧设隔蒸汽层,阻止蒸汽进入墙体。隔蒸汽层常用卷材、防水涂料或薄膜等材料。

③ 防止外墙出现空气渗透　选择密实度高的墙体材料,增加墙面抹灰层,加强构件间的缝隙处理。

(2)隔热

① 外墙采用浅色而平滑的外饰面,以反射太阳光,减少墙体对太阳辐射的吸收。

② 在外墙内部设通风间层,利用空气的流动带走热量,降低外墙内表面温度。

③ 在窗口外侧设置遮阳设施,以遮挡太阳光直射室内。

④ 在外墙外表面种植攀缘植物使之遮盖外墙,利用植物的遮挡、蒸发和光合作用来吸收太阳辐射热。

⑤ 建筑总平面及个体建筑设计合理,争取好朝向。

3. 满足防火要求

作为建筑墙体的材料及厚度,应满足有关防火规范中对燃烧性能和耐火极限的要求。当建筑的单层建筑面积或长度达到一定指标时(规范有要求),应划分防火分区,以防止火灾蔓延。防火分区一般利用防火墙进行分割。

4. 满足隔声的要求

墙体是建筑的水平方向划分空间的构件。为了使人们获得安静的工作和生活环境,提高私密性,避免相互干扰,墙体必须要有足够的隔声能力,并应符合国家有关隔声标准的要求。

声音是通过空气传声和固体传声两个途径实现的。墙体应对空气传声具有足够的隔阻能力,增加墙体材料的面密度和厚度、选用容重大的墙体材料、设置中空墙体均是提高墙体隔声能力的有效手段。

5. 满足防潮、防水要求

有水的房间及地下室墙体应进行防潮、防水处理,选择良好的材料及恰当的构造方案,保证墙体的耐久性,使室内有很好的卫生环境。

6. 满足经济和适应建筑工业化的发展要求

进行墙体改革,提高机械化水平,降低成本,降低劳动强度,并应采用轻质高强的墙体材料,以减轻自重。

6.1.4　墙体的承重方案

(1)横墙承重　楼板支承在横向墙上。这种做法使建筑物的横向刚度较强、整体性好,多用于横墙较多的建筑中,如住宅、宿舍、办公楼等。

（2）纵墙承重 楼板支承在纵向墙上。这种做法开间布置灵活，但横向刚度弱，而且承重纵墙上开设门窗洞口有时受到限制，多用于使用上要求有较大空间的建筑，如办公楼、商店、教学楼、阅览室等。

（3）纵横墙混合承重 一部分楼板支承在纵向墙上，另一部分楼板支承在横向墙上。这种做法多用于中间有走廊或一侧有走廊的办公楼以及开间、进深变化较多的建筑，如幼儿园、医院等。

（4）半框架承重 房屋内部采用柱、梁组成的内框架承重，四周采用墙承重，由墙和柱共同承受水平承重构件传来的荷载，适用于室内需要大空间的建筑，如大型商店、餐厅等。

墙体的承重方式如图 6.4 所示。

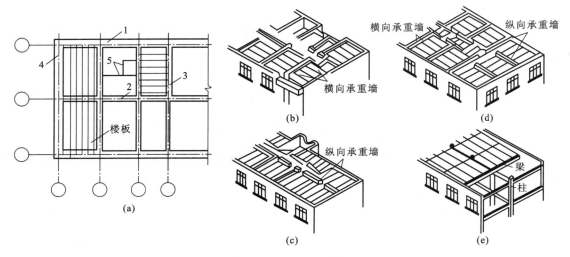

图 6.4 墙体的承重方式

（a）平面图；（b）横墙承重；（c）纵墙承重；（d）混合承重；（e）内框架承重
1—纵向外墙；2—纵向内墙；3—横向内墙；4—横向外墙；5—隔墙

6.1.5 墙体的材料

1.常用块材

（1）烧结砖 以黏土、页岩、煤矸石、粉煤灰为主要材料，经压制成型、焙烧而成。按形式分为实心砖、多孔砖、空心砖；按材料分为黏土砖、页岩砖和粉煤灰砖。实心砖的规格为 240 mm×115 mm×53 mm；多孔砖和空心砖的规格为 190 mm×190 mm×90 mm、240 mm×115 mm×90mm、240 mm×180 mm×115 mm 等多种。强度等级分为 MU30、MU25、MU20、MU15、MU10 五级。

（2）非烧结砖 不经焙烧而制成的砖均为非烧结砖，主要有蒸养砖、蒸压砖等。根据生产原材料区分主要有粉煤灰砖、炉渣砖、混凝土砖等。砖的尺寸长宽为 240 mm×115 mm，厚度有 53 mm、90 mm、115 mm、175 mm 四种。强度等级分为 MU25、MU20、MU15、MU10 四级。

（3）砌块 主要有混凝土空心砌块、加气混凝土砌块和粉煤灰砌块。其中，混凝土空心砌块为竖向方孔，规格为 390 mm×190 mm×190 mm，强度等级分为 MU20、MU15、MU10、MU7.5、MU5 五级。加气混凝土砌块的规格较多，一般长度为 600 mm，高度有 200 mm、240 mm、300 mm，宽度有 A、B 两种系列，强度等级分为 MU7.5、MU5、MU3.5、MU2.5、MU1.0 五级。粉煤灰砌块的规格为 880 mm×380 mm 和 430 mm×240 mm 两种，强度等级分为 MU13、MU10 两级。

墙体常用各种块材如图 6.5 所示。

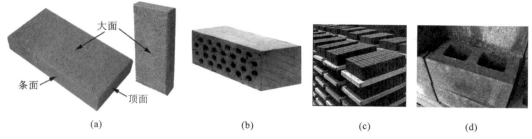

图 6.5　墙体常用块材
(a)实心砖;(b)空心砖;(c)炉渣砖;(d)混凝土砌块

2.胶结材料

砂浆是重要的砌墙材料,它将砖粘结在一起形成砖砌体。砂浆的强度会对墙体的强度产生直接的影响。

(1)水泥砂浆　属于水硬性材料,强度高,适合砌筑处于潮湿环境下的砌体,如基础部位。

(2)石灰砂浆　属于气硬性材料,强度不高,多用于砌筑次要的建筑地面以上的砌体。

(3)混合砂浆　强度较高,和易性和保水性较好,适于砌筑一般建筑地面以上的砌体。

砌墙用砂浆统称为砌筑砂浆,用强度等级表示。砂浆强度分为七个等级,即 M0.4、M1、M2.5、M5、M7.5、M10、M15,常用的砌筑砂浆是 M1～M5。

6.1.6　墙体的尺寸和组砌方式

1.砖的尺寸

标准砖的规格为 53 mm×115 mm×240 mm。在加入灰缝尺寸之后,砖的长、宽、厚之比为 4:2:1。由于砖的尺寸确定时间要早于模数协调确定的时间,因此二者之间存在着不协调之处,在工程实际中经常以一个砖宽加一个灰缝(115 mm+10 mm=125 mm)为砌体的组合模数。

多孔砖与空心砖的规格一般与普通砖在长、宽方向相同,而增加了厚度,并使之符合模数的要求,如 240 mm×115 mm×95 mm。长、宽、高均符合现有模数协调的多孔砖和空心砖并不多见,常见的是新型材料的墙体砌块。

2.砖墙的厚度尺寸

用普通砖砌筑的墙称为实心砖墙。砖墙的厚度尺寸见表 6.1,墙厚与砖规格的关系如图 6.6 所示。

表 6.1　砖墙的厚度尺寸(mm)

墙厚名称	1/4 砖	1/2 砖	3/4 砖	1 砖	$1\frac{1}{2}$ 砖	2 砖
标志尺寸	60	120	180	240	370	490
构造尺寸	53	115	178	240	365	490
习惯称呼	60 墙	12 墙	18 墙	24 墙	37 墙	49 墙

3.砖墙的组砌方式及要求

黏土多孔砖墙在砌合时,应满足横平竖直、砂浆饱满、内外搭砌、上下错缝等基本要求,使砖在砌体中能相互咬合,以增加砌体的整体性,保证砌体不出现连续的垂直通缝,以保证墙体

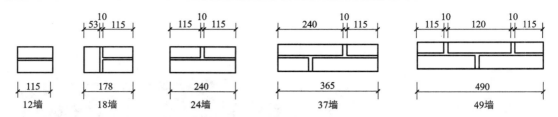

图 6.6　墙厚与砖规格的关系（标准灰缝按 10mm 计）

的强度和稳定性。

（1）组砌方式

普通实心砖墙体的砌合方法如图 6.7 所示。

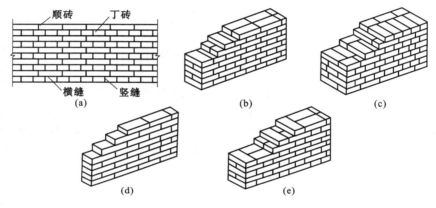

图 6.7　常见的几种砖墙砌法

（a）砖缝形式；（b）、（c）一顺一丁式；（d）全顺式；（e）顺丁相间式

① 一顺一丁式　一层砌顺砖，一层砌丁砖，相间排列，重复组合。在转角部位要加设配砖（俗称七分砖），进行错缝。这种砌法的特点是搭接好，无通缝，整体性强，因而应用较广。

② 全顺式　每皮均以顺砖组砌，上下皮左右搭接为半砖。适用于模数型多孔砖的砌合。

③ 顺丁相间式　由顺砖和丁砖相间铺砌而成。它的整体性好，且墙面美观，亦称为梅花丁式砌法。

（2）组砌构造要求

① 用于清水墙、柱表面的砖，应边角整齐，色泽均匀。砌体砌筑时，混凝土多孔砖、混凝土实心砖、蒸压灰砂砖、蒸压粉煤灰砖等块体的产品龄期不应小于 28 天。有冻胀环境和条件的地区，地面以下或防潮层以下的砌体，不应采用多孔砖。不同品种的砖不得在同一楼层混砌。

② 240 mm 厚承重墙的每层墙的最上一皮砖，砖砌体的台阶水平面上及挑出层的外皮砖，应整砖丁砌。弧拱式及平拱式过梁的灰缝应砌成楔形缝，拱底灰缝宽度不宜小于 5 mm；拱顶灰缝宽度不应大于 15 mm，拱体的纵向及横向灰缝应填实砂浆；平拱式过梁拱脚下面应伸入墙内不小于 20 mm；砖砌平拱过梁底应有 1% 的起拱。

③ 砖砌体的转角处和交接处应同时砌筑，严禁无可靠措施的内外墙分砌施工。在抗震设防烈度为 8 度及 8 度以上的地区，对不能同时砌筑而又必须留置的临时间断处应砌成斜槎，普通砖砌体斜槎水平投影长度不应小于高度的 2/3，如图 6.8（a）所示。多孔砖砌体的斜槎长高比不应小于 1/2。

④ 非抗震设防及抗震设防烈度为 6 度、7 度地区的临时间断处,当不能留斜槎时,除转角处外,可留直槎,但直槎必须做成凸槎,且应加设拉结钢筋,如图 6.8(b)所示。拉结钢筋应符合下列规定:

· 每 120 mm 墙厚放置 1φ6 拉结钢筋(120 mm 厚墙应放置 2φ6 拉结钢筋);

· 间距沿墙高不应超过 500 mm,且竖向间距偏差不应超过 100 mm;

· 埋入长度从留槎处算起每边均不应小于 500 mm,对抗震设防烈度为 6 度、7 度的地区,不应小于 1000 mm;

· 末端应有 90°弯钩。

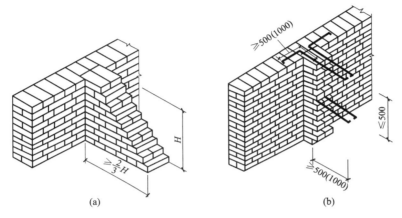

图 6.8　砖砌体转角处的留槎

(a)普通砖砌体斜槎;(b)普通砖砌体直槎

砖作为具有长久应用历史的建筑材料,为建筑的发展做出了不可替代的贡献,但由于采集黏土可能会占用耕地,破坏自然环境,而且砖的自重大、热工性能差、施工效率低,占用的结构空间大,已经逐步退出城市建筑市场。

4. 砌块墙的组砌

(1)砌块墙排列图编制。

排列设计就是把不同规格的砌块在墙体中的安放位置用平面图和立面图加以表示。

排列要求:错缝搭接、内外墙交接处和转角处应使砌块彼此搭接,优先采用大规格的砌块并尽量减少砌块的规格。当采用空心砌块时上下皮砌块应孔对孔、肋对肋以扩大受压面积,同时便于穿钢筋灌注构造柱。

(2)砌块墙应按楼层每层加设圈梁,以加强砌块墙的整体性。圈梁通常与窗过梁合并,可现浇,也可预制。

(3)砌块建筑可采用平缝、凹槽缝或高低缝。小型砌块缝宽 10~15 mm,中型砌块缝宽15~20 mm。砂浆强度等级不低于 M5。

(4)小砌块墙体应对孔错缝搭砌。单排孔小砌块的搭接长度应为块体长度的 1/2;多排孔小砌块的搭接长度可适当调整,但不宜小于砌块长度的 1/3,且不应小于 90 mm。墙体的个别部位不能满足上述要求时,应在灰缝中设置拉结钢筋或钢筋网片,但竖向通缝仍不得超过两皮小砌块。

(5)底层室内地面以下或防潮层以下的砌体,应采用强度等级不低于 C20(或 Cb20)的混凝土灌实小砌块的孔洞。

6.2　砌块墙的细部构造

传统的砌块墙是以普通黏土砖作为砌墙材料,通过砂浆砌筑结合成砌体。随着普通黏土砖逐步退出城市建筑市场,新型砌块的应用日益普及,尤其当墙板以装配式建筑部品的形式用于建筑时,墙体的构造也将随之发生变化。

砌块墙的细部构造比较琐碎,各地区的做法也不尽相同,但基本的工作原理是相同的,在应用时应当参照本地区的技术标准执行。

6.2.1　散水和明沟

为了保证建筑四周地下部分不受雨水侵蚀,控制基础周围土壤的湿度,确保基础的使用安全,经常采用在建筑物外墙根部四周设置散水或明沟的办法把建筑物上部下落的雨水排走。

1. 散水

散水是沿建筑物四周设置的向外倾斜的坡面,如图 6.9 所示。

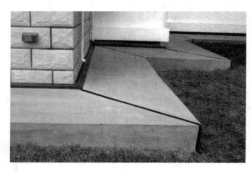

图 6.9　散水

散水的作用是:把雨水排到远处,保护建筑四周的土壤,降低基础周围土壤的湿度。迅速排除从屋檐下滴的雨水,防止因积水渗入地基而造成建筑物的下沉。

尺寸:宽度一般为 600~1000 mm。当屋面为自由落水时,其宽度应比屋檐挑出宽度大 200 mm 左右。坡度一般在 3‰~5‰,外缘高出室外地坪 20~50 mm 较好。

做法:一般可用水泥砂浆、混凝土、砖块、石块等材料做面层。由于建筑物的沉降、勒脚与散水施工时间的差异,在勒脚与散水交接处应留有 20 mm 左右的缝隙,在缝内填粗砂或米石子,上嵌沥青胶盖缝,以防渗水和保证沉降的需要。如图 6.10 所示。

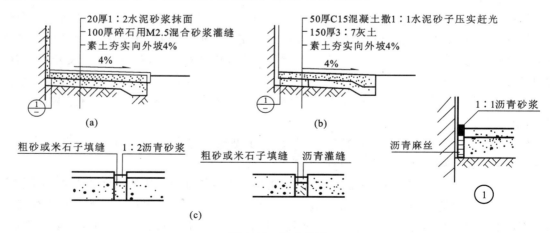

图 6.10　散水构造

(a) 水泥砂浆散水;(b) 混凝土散水;(c) 散水伸缩缝构造

2. 明沟

明沟是靠近勒脚下部设置的排水沟,如图6.11所示。明沟一般在降雨量较大的地区采用,布置在建筑物的四周。

明沟的作用是:把屋面下落的雨水引到集水井,进入排水管道。

做法:可用混凝土浇筑或砖、石材等砌筑,并用水泥砂浆抹面。如图6.12所示。

明沟的断面尺寸一般不小于宽180 mm、深150 mm,沟底应有不小于1%的纵向坡度。

图 6.11　明沟

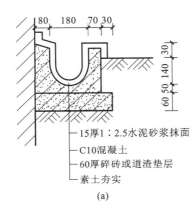

—15厚1∶2.5水泥砂浆抹面
—C10混凝土
—60厚碎砖或道渣垫层
—素土夯实

(a)

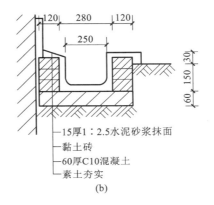

—15厚1∶2.5水泥砂浆抹面
—黏土砖
—60厚C10混凝土
—素土夯实

(b)

图 6.12　明沟构造
(a)混凝土明沟;(b)砖砌明沟

6.2.2　勒脚

勒脚是外墙身接近室外地面处的表面保护和饰面处理部分,如图6.13所示。

其作用是:加固墙身,防止外界机械作用力碰撞破坏;保护近地面处的墙体,防止地表水、雨雪、冰冻对墙脚的侵蚀;用不同的饰面材料处理墙面,增强建筑物立面美观。

尺寸:高度一般指位于室内地坪与室外地面的高差部分,也可根据立面的需要而提高勒脚的高度尺寸。

做法:通常在勒脚的外表面做水泥砂浆或其他强度较高且有一定防水能力的抹灰处理[图6.14(a)],也可用石块砌筑[图6.14(c)],或用天然石板、人造石板贴面[图6.14(b)]。

图 6.13　勒脚

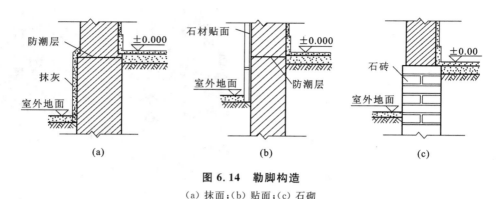

图 6.14　勒脚构造

(a) 抹面；(b) 贴面；(c) 石砌

6.2.3　墙身防潮层

作用：防止土壤中的水分沿基础上升，以免位于勒脚处的地面水渗入墙内而导致墙身受潮。可以提高建筑物的耐久性，保持室内干燥卫生。在构造形式上有水平防潮层和垂直防潮层两种形式。

位置：①水平防潮层一般应在室内地面不透水垫层(如混凝土)范围以内，通常在—0.060 m标高处设置，而且至少要高于室外地坪 150 mm，以防雨水溅湿墙身；②当地面垫层为透水材料(如碎石、炉渣等)时，水平防潮层的位置应平齐或高于室内地面一皮砖的地方，即在＋0.060 m处；③当两相邻房间之间室内地面有高差时，应在墙身内设置高、低两道水平防潮层，并在靠土壤一侧设置垂直防潮层，将两道水平防潮层连接起来，以避免回填土中的潮气侵入墙身。如图6.15 所示。

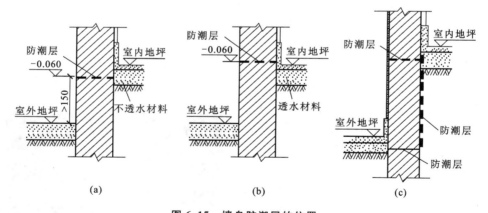

图 6.15　墙身防潮层的位置

(a) 地面垫层为密实材料；(b) 地面垫层为透水材料；(c) 室内地面有高差

(1) 水平防潮层的做法

① 防水砂浆防潮层[图 6.16(a)、(b)]　适用于抗震地区、独立砖柱和震动较大的砖砌体中，其整体性较好，抗震能力强，但砂浆是脆性易开裂材料，在地基发生不均匀沉降而导致墙体开裂或因砂浆铺贴不饱满时会影响防潮效果。

② 细石混凝土防潮层[图 6.16(c)]　适用于整体刚度要求较高的建筑中，但应把防水要

求和结构做法合并考虑较好。

③ 用钢筋混凝土基础圈梁代替防潮层[图 6.16(d)]。

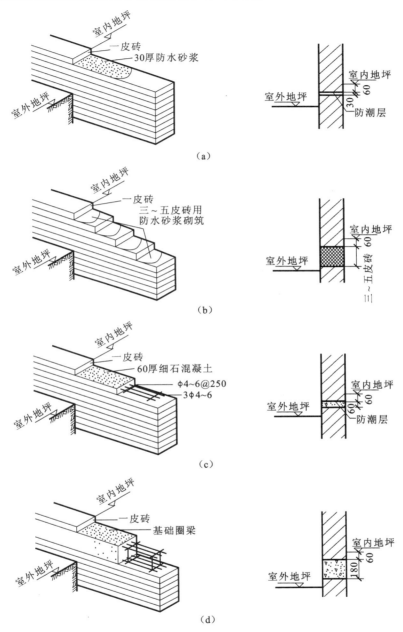

（a）

（b）

（c）

（d）

图 6.16　水平防潮层的做法

（a）防水砂浆防潮层；（b）防水砂浆砌砖防潮层；（c）细石混凝土防潮层；（d）基础圈梁代替防潮层

（2）垂直防潮层的做法

在需设垂直防潮层的墙面（靠回填土一侧）先用 1:2 的水泥砂浆抹面 15～20 mm 厚，再刷冷底子油一道，刷热沥青两道；也可以直接采用掺有 3%～5% 防水剂的砂浆抹面（15～20 mm 厚）的做法。

6.2.4　窗台

窗台是窗洞口下部设置的防水构造。以窗框为界,位于室外一侧的称为外窗台,位于室内一侧的称为内窗台。

1.外窗台构造

(1)外窗台应有不透水的面层,并向外形成不小于20%的坡度,以利于排水。

(2)外窗台有悬挑窗台和不悬挑窗台两种,如图6.17(a)、(b)所示。对处于阳台等处的窗因不受雨水冲刷,或外墙面为贴面砖时,可不必设悬挑窗台。悬挑窗台常采用丁砌一皮砖出挑60 mm或将一砖侧砌并出挑60 mm,也可采用钢筋混凝土窗台,如图6.17(c)、(d)所示。

(3)悬挑窗台底部边缘处抹灰时应做宽度和深度均不小于10 mm的滴水线或滴水槽或滴水斜面(俗称鹰嘴),如图6.17(b)所示。

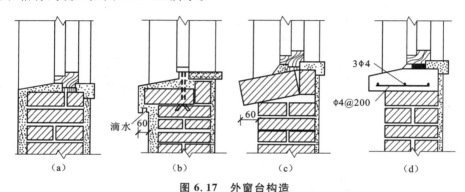

图6.17　外窗台构造

(a)悬挑窗台;(b)滴水窗台;(c)侧砌砖窗台;(d)预制钢筋混凝土窗台

2.内窗台构造

内窗台一般为水平放置,起着排除窗台内侧冷凝水、保护该处墙面以及搁物、装饰等作用,通常结合室内装修要求做成水泥砂浆抹灰、木板或贴面砖等多种饰面形式。使用木窗台板时,一般窗台板两端应伸出窗台线少许,并挑出墙面30~40 mm,板厚约30 mm。在寒冷地区,采暖房间的内窗台常与暖气罩结合在一起综合考虑,并在窗台下预留凹龛以便于安装暖气片。此时应采用预制水磨石板或预制钢筋混凝土窗台板形成内窗台。

特别是目前民用建筑中为房间采光和美化造型而设置的凸出外墙的飘窗,如图6.18(a)所示。一般呈矩形或梯形,从室内向室外凸起,三面都装有玻璃,窗台的高度比一般的窗户较

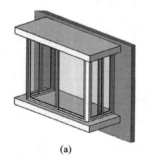

(a)　　　　　　　　　　(b)　　　　　　　　　　(c)

图6.18　飘窗内窗台台面构造

(a)外飘窗;(b)大理石台面;(c)木板材台面

低,有利于进行大面积的玻璃采光,又保留了宽敞的窗台,使得室内空间在视觉上得以延伸。其内窗台台面构造做法有大理石、瓷砖、木板材等,如图 6.18(b)、(c)所示。

6.2.5　门窗过梁

门窗过梁是设置在门窗洞口上方的用来支承门窗洞口上部砌体和楼板传来的荷载,并把这些荷载传给门窗洞口两侧墙体的水平承重构件。

1.钢筋混凝土过梁

钢筋混凝土过梁适用于门窗洞口较大或洞口上部有集中荷载时,它的承载力强,一般不受跨度的限制,如图 6.19 所示。

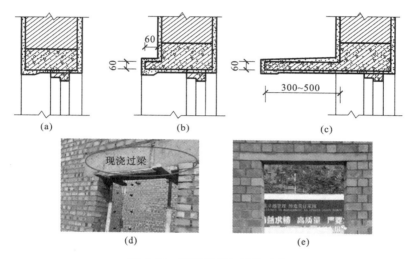

图 6.19　钢筋混凝土过梁形式
(a)平墙过梁;(b)带窗套过梁;(c)带窗楣过梁;(d)现浇过梁;(e)预制过梁

钢筋混凝土过梁有现浇和预制两种。一般过梁宽度同墙厚,高度及配筋应由计算确定,但为了施工方便,梁高应与砖的皮数相适应,如 120 mm、180 mm、240 mm 等。过梁在洞口两侧伸入墙内的长度应不小于 240 mm。

过梁的断面形式有矩形和 L 形,矩形多用于内墙和混水墙,L 形多用于外墙和清水墙。在寒冷地区,为防止钢筋混凝土过梁产生冷桥问题,也可将外墙洞口的过梁断面做成 L 形或组合式过梁。

为配合立面装饰、简化构造、节约材料,常将过梁与圈梁、悬挑雨篷、窗楣板或遮阳板等结合起来设计。

2.砖拱过梁

砖拱过梁是将立砖和侧砖相间砌筑而成的,它利用灰缝上大下小使砖向两边倾斜,相互挤压形成拱的作用来承担荷载。

砖拱过梁有平拱和弧拱两种,如图 6.20 所示。砖砌平拱的高度多为一砖长,灰缝上部宽度不宜大于 15 mm,下部宽度不应小于 5 mm,中部起拱高度为洞口跨度的 1/50～1/100,受力后拱体下落时适成水平。适宜的宽度为 1.0～1.8 m。弧拱高度不小于 120 mm,其余同平拱做法,但跨度不宜大于 3 m。砖拱过梁用砖的标号不低于 MU7.5,砂浆不低于 M10,这样才能保证过梁的强度和稳定性。

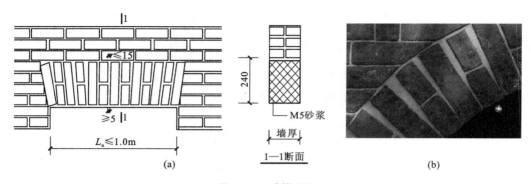

图 6.20　砖拱过梁

(a)平拱过梁;(b)弧拱过梁

砖拱过梁不宜用于上部有集中荷载或有较大振动荷载,或可能产生不均匀沉降和有抗震设防要求的建筑中。

3.钢筋砖过梁

钢筋砖过梁是配置了钢筋的平砌砖过梁,如图 6.21 所示。其砌筑形式与墙体一样,一般用一顺一丁式或梅花丁式。通常将间距小于 120 mm 的 $\phi 6$ 钢筋埋在梁底部 30 mm 厚 1:2.5 的水泥砂浆层内,钢筋伸入洞口两侧墙内的长度不应小于 250 mm,并设 90°直弯钩,埋在墙体的竖缝内。在洞口上部不小于 1/4 洞口跨度的高度范围内(且不应小于 5 皮砖)用不低于 M5.0 的水泥砂浆砌筑。钢筋砖过梁净跨宜小于或等于 1.5 m,不应超过 2 m。

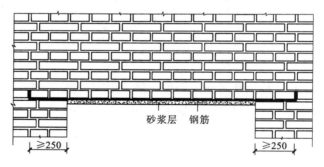

图 6.21　钢筋砖过梁

钢筋砖过梁适用于跨度不大、上部无集中荷载的洞口上。

6.2.6　墙体加固

1.圈梁

圈梁是沿建筑物外墙四周及部分内墙的水平方向设置的连续闭合的梁,又称腰箍。其作用是增强楼层平面的空间刚度和整体性,减少因地基不均匀沉降而引起的墙身开裂,并与构造柱组合在一起形成骨架,提高抗震能力。

构造做法:一般采用钢筋混凝土材料,其宽度同墙厚。当墙厚 d 大于 240 mm 时,圈梁的宽度可以比墙体厚度小,但应不小于 $\frac{2}{3}d$。圈梁的高度一般不小于 120 mm,通常与砖的皮数尺寸相配合。圈梁一般按构造配置钢筋,其配筋要求见表 6.2。

表 6.2　多层砖砌体房屋圈梁配筋要求

配　　筋	抗震设防烈度		
	6、7 度	8 度	9 度
最小纵筋	4 φ 10	4 φ 12	4 φ 14
箍筋最大间距(mm)	250	200	150

多层小砌块房屋的现浇钢筋混凝土圈梁的设置位置应按表 6.3 要求执行,圈梁宽度不应小于 190 mm,配筋不应少于 4 φ 12,箍筋间距≤200 mm。

在寒冷地区,为了防止"冷桥"现象,其厚度可略小于墙厚,但不应小于 180 mm,高度一般不小于 120 mm。

位置和数量:在墙身上的位置应根据结构构造确定。当只设一道圈梁时,应设在屋面檐口下面;当设几道时,可分别设在屋面檐口下面、楼板底面或基础顶面;当抗震设防等级较低时,也可以将门窗过梁与其合并处理。钢筋混凝土圈梁在墙身上的数量应根据房屋的层高、层数、墙厚、地基条件、地震等因素来综合考虑,其具体设置要求见表 6.3。

表 6.3　多层砖砌体房屋现浇钢筋混凝土圈梁设置要求

墙　　类	抗震设防烈度		
	6、7 度	8 度	9 度
外墙和内纵墙	屋盖处及每层楼盖处	屋盖处及每层楼盖处	屋盖处及每层楼盖处
内横墙	同上; 屋盖处间距不应大于 4.5 m; 楼盖处间距不应大于 7.2 m; 构造柱对应部位	同上; 各层所有横墙,且间距不应大于 4.5 m; 构造柱对应部位	同上; 各层所有横墙

按构造要求,圈梁必须是连续闭合的,但在特殊情况下,当遇有门窗洞口致使圈梁局部截断时,应在洞口上部或下部增设相应截面的附加圈梁。附加圈梁与圈梁搭接长度不应小于其垂直间距的 2 倍,且不得小于 1 m(图 6.22)。但对有抗震要求的建筑物,圈梁不宜被洞口截断。

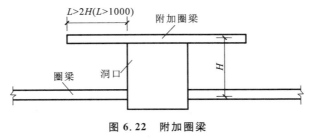

图 6.22　附加圈梁

2.构造柱

砖砌体系脆性材料,抗震能力差,在 6 度及以上的地震设防区,增设钢筋混凝土构造柱以增强砌块墙体的整体刚度和稳定性。

构造柱一般设在外墙转角、内外墙交接处、较大洞口两侧、较长墙段的中部以及楼梯、电梯四角等，一般情况下应符合表 6.4 的要求。

表 6.4　多层砖砌体房屋构造柱设置要求

房屋层数				设置部位	
6 度	7 度	8 度	9 度		
四、五	三、四	二、三		楼、电梯间四角，楼梯斜梯段上下端对应的墙体处；	隔 12 m 或单元横墙与外纵墙交接处；楼梯间对应的另一侧内横墙与外纵墙交接处
六	五	四	二	外墙四角和对应转角；错层部位横墙与外纵墙交接处；	隔开间横墙（轴线）与外墙交接处；山墙与内纵墙交接处
七	≥六	≥五	≥三	大房间内外墙交接处；较大洞口两侧	内墙（轴线）与外墙交接处；内墙的局部较小墙垛处；内纵墙与横墙（轴线）交接处

注：较大洞口，内墙指不小于 2.1m 的洞口；外墙在内外墙交接处已设置构造柱时应允许适当放宽，但洞侧墙体应加强。

《建筑抗震设计规范》(GB 50011—2010)(2016 版)对多层砌体房屋设置构造柱的构造要求做出了明确的规定：

1）多层砖砌体房屋

（1）构造柱最小截面应大于或等于 180 mm×240 mm（墙厚 190 mm 时为 180 mm×190 mm）。

（2）主筋宜采用 4φ12，箍筋间距≤250 mm，且在柱上下端应适当加密。

（3）构造柱可不单独设置基础，但应伸入室外地面 500 mm，或与埋深小于 500 mm 的基础圈梁相连。

（4）构造柱与圈梁连接处，构造柱的纵筋应在圈梁纵筋内侧穿过，保证构造柱纵筋上下贯通。

（5）构造柱与墙连接处应砌成马牙槎，沿墙高每隔 500 mm 设 2φ6 水平钢筋和φ4 分布短筋平面内点焊组成的拉结网片或φ4 点焊钢筋网片，每边伸入墙内长度≥1000 mm，如图 6.23所示。

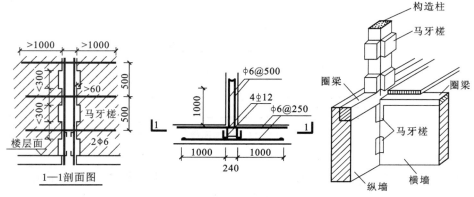

图 6.23　砖砌体中的构造柱

2）多层小砌块房屋

多层小砌块房屋的芯柱,应符合下列构造要求:

（1）小砌块房屋芯柱截面不宜小于 120 mm×120 mm。

（2）芯柱混凝土强度等级不应低于 Cb20。

（3）芯柱的竖向插筋应贯通墙身且与圈梁连接;插筋不应小于 1φ12。

（4）芯柱应伸入室外地面下 500 mm 或与埋深小于 500 mm 的基础圈梁相连。

（5）为提高墙体抗震受剪承载力而设置的芯柱,宜在墙体内均匀布置,最大净距不宜大于 2.0 m。

（6）多层小砌块房屋墙体交接处或芯柱与墙体连接处应设置拉结钢筋网片,网片可采用直径 4 mm 的钢筋点焊而成,沿墙高间距不大于 600 mm,每边深入墙体不小于 600 mm,如图 6.24 所示。

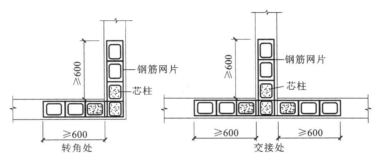

图 6.24　钢筋混凝土芯柱构造

3）小砌块房屋

小砌块房屋中替代芯柱的钢筋混凝土构造柱,应符合下列构造要求:

（1）构造柱截面不宜小于 190 mm×190 mm,纵向钢筋宜采用 4φ12,箍筋间距≤250 mm,且在柱上下端应适当加密,外墙转角的构造柱可适当加大截面及配筋。

（2）构造柱与砌块墙连接处应砌成马牙槎,与构造柱相邻的砌块孔洞,6 度时宜填实,7 度时应填实,8、9 度时应填实并插筋。构造柱与砌块墙之间沿墙高每隔 600 mm 设置 φ4 点焊拉结钢筋网片,并应沿墙体水平通长设置,如图 6.25 所示。

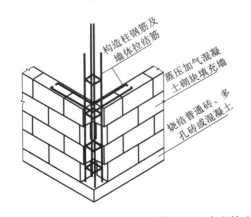

图 6.25　小砌块砌体中的构造柱

（3）构造柱与圈梁连接处，构造柱的纵筋应在圈梁纵筋内侧穿过，保证构造柱纵筋上下贯通。

（4）构造柱可不单独设置基础，但应伸入室外地面下 500 mm，或与埋深小于 500 mm 的基础圈梁相连。

6.3　隔墙与隔断

6.3.1　隔墙

随着建筑结构技术的进步，目前骨架承重结构体系在民用建筑中已日益普及，墙体的承重功能有所减弱，隔墙的应用日益广泛。其构造要求有：①自重轻：能根据室内空间的划分灵活设置，通常需要依靠承墙梁或楼板来支撑，因此自重轻是隔墙首先应满足的要求；②厚度薄：隔墙在满足稳定和其他功能要求的前提下，厚度应尽量薄些，这样可以增加室内的有效使用面积，使建筑的经济性得到提高；③良好的物理性能与装拆性：隔墙要具有良好的隔声能力和相当的耐火能力，对潮湿、多水的房间，还应具有良好的防潮、防水功能，隔墙应便于安装和拆除，有利于材料或构件的重复利用。

隔墙根据其材料和施工方式的不同，可分为砌筑隔墙、骨架隔墙和板材隔墙，如图 6.26 所示。

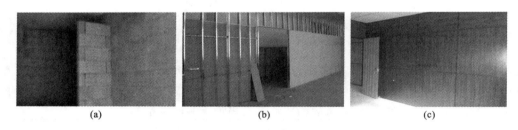

(a)　　　　　　　　　　(b)　　　　　　　　　　(c)

图 6.26　常见隔墙分类

(a)砌筑隔墙；(b)骨架隔墙；(c)板材隔墙

1. 砌筑隔墙

（1）普通砖隔墙

① 一般采用半砖隔墙，用普通或多孔砖顺砌而成，其标志尺寸为 120 mm。

② 当砌筑砂浆为 M2.5 时，墙的高度不宜超过 3.6 m，长度不宜超过 5 m；当采用 M5 砂浆砌筑时，高度不宜超过 4 m，长度不宜超过 6 m；当高度超过 4 m 时，应在门窗过梁处设通长钢筋混凝土带；当长度超过 6 m 时，应设砖壁柱。

③ 隔墙与承重墙或柱之间连接要牢固，一般沿高度每隔 500 mm 砌入 2φ4 的通长钢筋，还应沿隔墙高度每隔 1200 mm 设一道 30 mm 厚水泥砂浆层，内放 2φ6 拉结钢筋。

④ 为了保证隔墙不承重，在隔墙顶部与楼板相接处应将砖斜砌一皮，或留出 20～30 mm 的空隙，再用木楔打紧，然后用砂浆填缝，以预防上部结构变形时对隔墙产生挤压破坏。隔墙上有门时，需预埋防腐木砖、铁件，或将带有木楔的混凝土预制块砌入隔墙中，以便固定门框，如图 6.27 所示。

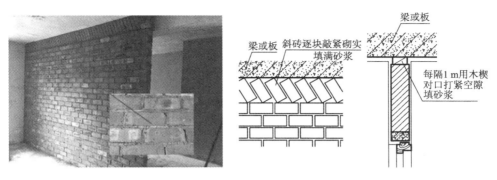

图 6.27　砖隔墙与梁板相接

（2）砌块隔墙

① 砌块隔墙厚度由砌块尺寸决定，一般为 90～120 mm。砌块墙吸水性强，故在砌筑时应先在墙下部实砌 3～5 皮黏土砖再砌砌块。砌块不够整块时宜用普通黏土砖填补，如图 6.28 所示。

图 6.28　砌块隔墙

② 砌块隔墙的构造处理方法同普通砖隔墙。但对于空心砖，有时也可以竖向配筋拉结。

2. 骨架隔墙

骨架有木骨架、轻钢骨架、石膏骨架、石棉水泥骨架和铝合金骨架等。

骨架由上槛、下槛、墙筋、斜撑及横撑等组成。墙筋的间距取决于面板的尺寸，一般为 400～600 mm。骨架的安装过程是先用射钉将上、下槛固定在楼板上，然后安装龙骨（墙筋和横撑），如图 6.29 所示。

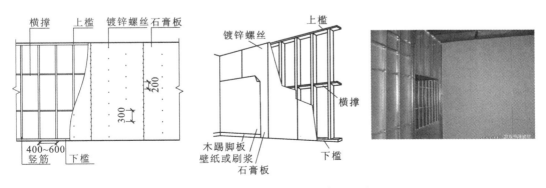

图 6.29　轻钢龙骨（纸面）石膏板隔墙

骨架隔墙的面层有人造板面层和抹灰面层。根据不同的面板和骨架材料可分别采用钉子、自攻螺钉、膨胀铆钉或金属夹子等将面板固定在立筋骨架上。

隔墙的名称依据不同的面层材料而定,如板条抹灰隔墙和人造板面层隔墙等。

3. 板材隔墙

板材隔墙是指单块轻质板材的高度相当于房间净高的隔墙,它不依赖骨架,可直接装配而成。

板材隔墙具有自重轻、安装方便、施工速度快、工业化程度高等特点。

目前多采用条板,如加气混凝土条板、石膏条板、碳化石灰板、石膏珍珠岩板以及各种复合板(如泰柏板),如图 6.30 所示。条板厚度大多为 60～100 mm,宽度为 600～1000 mm,长度略小于房间净高。安装时,条板下部先用一对对口木楔顶紧,然后用细石混凝土堵严,板缝用粘结砂浆或粘结剂进行粘结,并用胶泥刮缝,平整后再做表面装修。

　　　(a)　　　　　　　　　(b)　　　　　　　　　(c)

图 6.30　常见板材隔墙种类

(a)加气混凝土条板墙;(b)双凹槽石膏条板墙;(c)泰柏板条隔墙

6.3.2　隔断

隔断也是划分建筑内部空间的构件之一,主要解决半封闭的分隔问题。

隔断与隔墙的不同之处在于:隔墙把两个空间完全分隔开,而隔断只分隔了空间的下半部分。隔断在大空间办公建筑、餐厅、医疗建筑和卫生间等处应用得比较广泛。

隔断根据高度不同,一般分成通视隔断和不通视隔断两种。通视隔断的高度不超过普通人的视平线,通视性强,封闭性差;不通视隔断的高度超过普通人的视平线,通视性差,封闭性好,如图 6.31 所示。

　　　　(a)　　　　　　　　　　　　　　　(b)

图 6.31　常见隔断种类

(a)通视隔断;(b)不通视隔断

由于隔断往往是在房屋建成之后,根据使用的要求而设置,因此就要求具有较高的灵活性和可拆装性能。目前砌筑和立筋式隔断比较少见,较多的是采用板材制作,而且面层材料具有较好的装饰性,不需要另做饰面。

6.4 保 温 构 造

6.4.1 保温材料

在一般的建筑保温中,人们把在常温(20 ℃)下导热系数小于 0.233 W/(m·K)的材料称为保温材料。保温材料是建筑材料的一个分支,它具有单位质量体积小、导热系数小的特点。

保温材料主要有岩棉、矿渣棉、玻璃棉、硅酸铝纤维、聚苯乙烯泡沫塑料(EPS)、挤塑聚苯乙烯泡沫塑料(XPS)、酚醛泡沫塑料、橡塑泡沫塑料、泡沫玻璃、膨胀珍珠岩、膨胀蛭石、硅藻土、稻草板、木屑板、加气混凝土、复合硅酸盐保温涂料、复合硅酸盐保温粉以及其各种各样的制品和深加工的各类产品系列,还有绝热纸、绝热铝箔等。

6.4.2 保温材料的选用要求

(1)温度范围 保温材料的使用温度范围应根据工程实际情况确定,使所选用的保温材料在正常使用条件下不会有较大的变形损坏,以保证保温效果和使用寿命。

(2)导热系数 在相同保温效果的前提下,导热系数小的材料其保温层厚度和保温结构所占的空间就更小。但在高温状态下,不要选用密度太小的保温材料,因为此时这种保温材料的导热系数可能会很大。

(3)化学稳定性 保温材料要有良好的化学稳定性,在强腐蚀性介质的环境中,要求保温材料不会与这些腐蚀性介质发生化学反应。

(4)与使用环境相适应 保温材料的机械强度要与使用环境相适应。

(5)与正常维修期基本相适应 保温材料的寿命要与被保温主体的正常维修期基本相适应。

(6)吸水率 应选择吸水率小的保温材料。

(7)防火要求 按照防火的要求,应选用不燃或难燃的保温材料。

(8)施工性能 保温材料应有合适的单位体积价格和良好的施工性能。

6.4.3 建筑保温要求

(1)建筑物宜设在避风、向阳地段,尽量争取主要房间有较好日照。

(2)建筑物的体型系数(外表面积与包围的体积之比)应尽可能地小,体型上不能出现过多的凹凸面。

(3)严寒地区居住建筑不应设冷外廊和开敞式楼梯间,公共建筑的主要出入口应设置转门、热风幕等避风设施。寒冷地区居住建筑和公共建筑应设门斗。

(4)严寒和寒冷地区北向窗户的面积应予以控制,其他朝向的窗户面积也不宜过大,并尽量减少窗户的缝隙长度,以保证窗户的密闭性。

(5)严寒和寒冷地区的外墙和屋顶应进行保温验算,并保证不低于所在地区要求的总热阻值。

(6)对室温要求相近的房间宜集中布置。对热桥部分(主要传热渠道)应通过保温验算,并做适当的保温处理。

6.4.4　保温层的设置原则与方式

1.设置原则

在节能住宅的外墙设计中,一般都是用高效保温材料与结构材料、饰面材料复合以形成复合的节能外墙,使结构材料承重、轻质材料保温、饰面材料装饰,这样不仅墙厚小,还可以增加房屋的使用面积,而且保温性能好,更有利于墙体节能。

2.设置方式

保温层的设置方式如图 6.32 所示。

(1)内保温:保温层设置在外墙的室内一侧;

(2)外保温:保温层设置在外墙的室外一侧;

(3)夹心保温:保温层设置在外墙的中间部位。

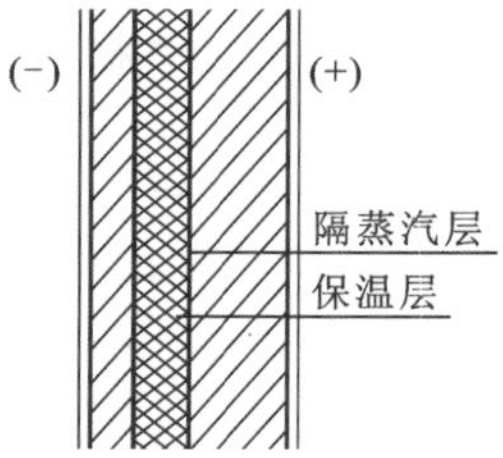

图 6.32　墙体保温构造

6.4.5　墙体的保温措施

(1)增加墙体厚度。

(2)选择导热系数小的墙体材料。

(3)采取隔汽措施。为防止墙体产生内部凝结水,常在墙体的保温层靠高温的一侧,即蒸汽渗入的一侧设置隔汽层(图 6.33)。隔汽层一般采用沥青、卷材、隔汽涂料等。

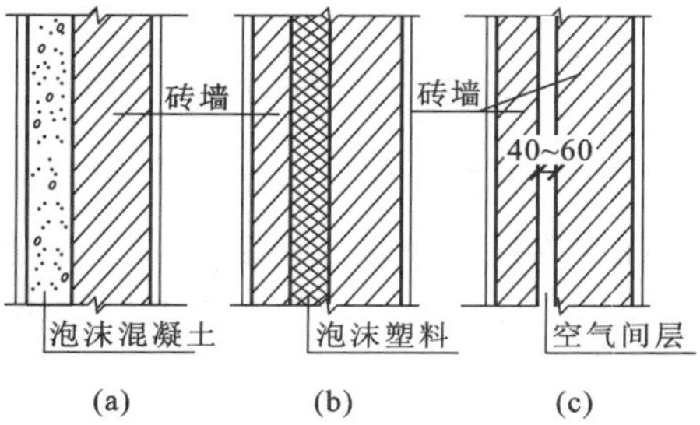

图 6.33　隔蒸汽措施

6.4.6　外墙外保温构造

为了适应我国建筑节能的技术政策要求,目前在建筑中广泛采用外墙外保温做法,这是一条改善外墙体热功性能的可行途径。

1.粘贴保温板外保温系统构造

该系统构造是指将燃烧性能符合要求的聚苯乙烯泡沫塑料板粘贴于外墙外表面,在保温板表面涂抹抹面砂浆并铺设增强网,然后做饰面层,构造做法层次如图 6.34 所示。聚苯板与

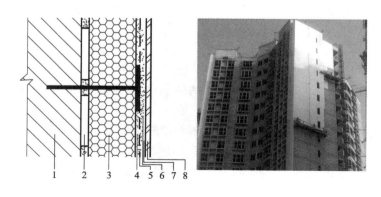

图 6.34　粘贴保温板外保温系统示意图

1—混凝土墙或各种砌体墙;2—聚苯板胶粘剂;3—模塑或挤塑聚苯乙烯泡沫板;4—抹面砂浆;
5—耐碱玻璃纤维网格布或镀锌钢丝网;6—机械锚固件;7—抹面砂浆;8—涂料、饰面砂浆或饰面砖等

基层墙体的连接有粘结和粘锚结合两种方式，保温板为模塑聚苯板（EPS 板）或挤塑聚苯板（XPS 板）。

2. 粘贴岩（矿）棉板外保温系统构造

该系统构造是指用胶粘剂将岩（矿）棉板粘贴于外墙外表面，并用专用岩棉锚栓将其锚固在基层墙体，然后在岩（矿）棉板表面抹聚合物砂浆并铺设增强网，最后做饰面层，构造做法层次如图 6.35 所示。

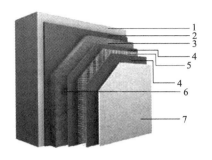

图 6.35　粘贴岩（矿）棉板外保温系统构造

1—基层墙体；2—胶粘剂；3—岩（矿）棉；
4—抹面胶浆；5—增强网；6—锚栓；7—外饰面

6.5　墙面装饰装修

6.5.1　墙面装修的作用

1. 外墙面装饰的作用

外墙面是构成建筑物外观的主要因素，直接影响到城市面貌和街景，因此，外墙面的装饰一般应根据建筑物本身的使用要求和周围环境等因素来选择饰面，通常选用具有抗老化、耐光照、耐风化、耐水、耐腐蚀和耐大气污染的外墙面饰面材料。

（1）保护墙体　外墙面装饰可保护墙体不受外界的侵蚀和影响，提高墙体防潮、抗腐蚀、抗老化的能力，提高墙体的耐久性和坚固性。对一些重点部位如勒脚、窗台等应采用相应的装饰构造措施，保证墙体材料正常功能的发挥。

（2）改善墙体的物理性能　通过对墙面装饰处理，可以弥补和改善墙体材料在功能方面的某些不足。墙体经过装饰厚度加大，或者使用一些有特殊性能的材料，能够提高墙体保温、隔热、隔声等功能。

（3）美化建筑立面　采用不同的墙面装饰材料就有不同的构造，会产生不同的使用和装饰效果。立面装饰所体现的质感、色彩、线形等，对构成建筑总体艺术效果具有十分重要的作用。

2. 内墙面装饰的作用

（1）保护墙体

建筑物的内墙饰面与外墙饰面一样，也具有保护墙体的作用。例如浴室、厨房等处的墙面贴瓷砖或进行防水、隔水处理，墙体就不会受潮湿的影响；人流较多的门厅、走廊等处的适当高度做墙裙，内墙阳角处做护角线处理，将起到保护墙体的作用。

（2）保证室内使用条件

室内墙面经过装饰变得平整、光滑，不仅保持卫生，而且可以增加光线和反射，提高室内照度，保证人们在室内的正常工作和生活需要。

在墙体内侧结合饰面做保温隔热处理，可提高墙体的保温隔热能力。一些有特殊要求的空间，通过选用不同材料的饰面，能达到防尘、防腐蚀、防辐射等目的。

内墙饰面的另一个重要功能是辅助墙体的声学功能。在影剧院、音乐厅、播音室等公共建筑，通过墙体、顶棚和地面上不同饰面材料所具有的反射声波及吸声的性能，达到控制混响时间、改善音质和改善使用环境的目的。

（3）美化室内环境

内墙装饰与地面、顶棚等的装饰效果相协调，同家具、灯具及其他陈设相结合，可在不同程度上起到装饰和美化室内环境的作用。由于内墙饰面属近距离观赏范畴，甚至有可能和人的身体发生直接的接触，因此，内墙饰面要特别注意考虑装饰因素对人的生理状况、心理情绪的影响作用。

6.5.2　墙面装修构造

1.抹灰类墙面

一般抹灰有石灰砂浆、混合砂浆、水泥砂浆等；装饰抹灰有水刷石、干粘石、斩假石、水泥拉毛等，有喷涂、弹涂、刷涂、拉毛、扫毛等几种做法。

（1）要求

① 为保证抹灰牢固、平整，颜色均匀和面层不开裂脱落，施工时须分层操作，且每层不宜抹得太厚。底层厚 10～15 mm，主要起粘结和初步找平作用，施工上称刮糙；中层厚 5～12 mm，主要起进一步找平作用；面层抹灰又称罩面，厚 3～5 mm，主要作用是表面平整、光洁、美观，以取得良好的装饰效果，如图 6.36 所示。抹灰按质量要求有两种标准，即：

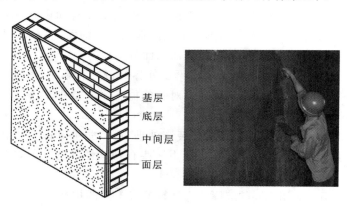

基层
底层
中间层
面层

图 6.36　墙面抹灰的分层构造

a. 普通抹灰　一层底灰，一层面灰。

b. 高级抹灰　一层底灰，数层中灰，一层面灰。

② 外墙抹灰一般在 20～25 mm，内墙抹灰在 15～20 mm。

③ 一般民用建筑中，多采用普通抹灰。如果有保温要求，宜在底层抹灰时采用保温砂浆。

表 6.5 为常用抹灰做法。

表 6.5　常用抹灰做法举例

抹灰名称	构造及材料配合比	适用范围
纸筋（麻刀）灰（一）	喷内墙涂料： 2 mm 厚纸筋灰罩面； 8 mm 厚 1:3 石灰砂浆； 13 mm 厚 1:3 石灰砂浆打底	砖基层的内墙

续表 6.5

抹灰名称	构造及材料配合比	适用范围
纸筋(麻刀)灰(二)	喷内墙涂料： 2 mm 厚纸筋灰罩面； 8 mm 厚 1∶3 石灰砂浆； 6 mm 厚 TG 砂浆打底扫毛,配合比如下： 　水泥∶砂∶TG 胶∶水＝1∶6∶0.2∶适量 刷加气混凝土界面处理剂一道	加气混凝土基层的内墙
混合砂浆	喷内墙涂料： 5 mm 厚 1∶0.3∶3 水泥石灰混合砂浆面层； 15 mm 厚 1∶1∶6 水泥石灰混合砂浆打底找平	内墙
水泥砂浆(一)	6 mm 厚 1∶2.5 水泥砂浆罩面； 9 mm 厚 1∶3 水泥砂浆刮平扫毛； 10 mm 厚 1∶3 水泥砂浆打底扫毛或划出纹道	砖基层的外墙或有防水 要求的内墙
水泥砂浆(二)	6 mm 厚 1∶2.5 水泥砂浆罩面； 6 mm 厚 1∶1∶6 水泥石灰膏砂浆刮平扫毛； 6 mm 厚 2∶1∶8 水泥石灰膏砂浆打底扫毛； 喷一道 107 胶水溶液,配合比如下： 　107 胶水溶液∶水＝1∶4	加气混凝土基层的外墙
水刷石	8 mm 厚 1∶1.5 水泥石子(小八厘)或 10 mm 厚 1∶1.25 水泥石子(中八厘)罩面； 刷素水泥浆一道(内掺水重 3%～5% 的 107 胶)； 12 mm 厚 1∶3 水泥砂浆打底扫毛	砖基层外墙

（2）细部处理

① 护角　经常受到碰撞的内墙阳角,常抹以高 2.0 m 的 1∶2 水泥砂浆,俗称水泥砂浆护角,如图 6.37(a)所示。

② 引条线　在外墙抹灰中,由于墙面抹灰面积较大,为防止面层开裂、方便操作和立面设计的需要,常在抹灰面层做分格,称为引条线。

引条线的做法是：在底灰上埋设梯形、三角形或半圆形的木引条,面层抹灰完成后,即可取出木引条,再用水泥砂浆勾缝,以提高其抗渗能力,如图 6.37(b)所示。

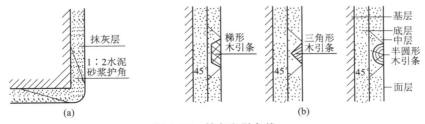

图 6.37　护角和引条线

（a）内墙阳角护角构造；（b）外墙抹灰面层引条线做法

2.贴面类墙面

贴面类墙面装修是将天然或人造的材料经加工制成板、块材,然后在现场通过构造连接或镶贴于墙体表面,由此而形成的墙体饰面做法,如图 6.38 所示。轻而小的块材可以直接镶贴,大而厚的板材则必须采用贴挂的方式,以保证它们与主体结构牢固连接。它具有坚固、防水、易于清洗、美观等优点,被广泛应用于外墙面装修和潮湿房间的墙面装修。它的缺点是施工要求高、易脱落、造价高。

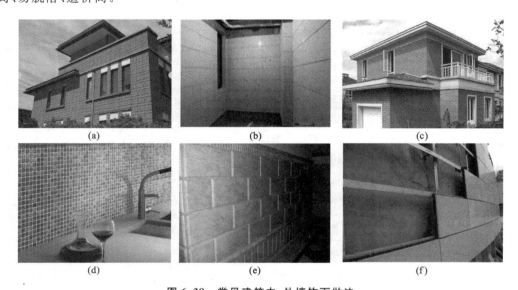

图 6.38　常见建筑内、外墙饰面做法

(a)外墙面砖饰面;(b)内墙面砖饰面;(c)外墙陶瓷锦砖饰面;
(d)内墙陶瓷锦砖饰面;(e)内墙大理石饰面;(f)外墙干挂石材饰面

1) 面砖饰面

面砖多数是以陶土或瓷土为原料,压制成型后经焙烧而成。由于面砖不仅可以用于墙面装饰,也可用于地面,所以被人们称为墙地砖。常见的墙面砖有釉面砖、无釉面砖、仿花岗岩瓷砖、劈离砖等。

釉面砖是用于建筑物内墙装饰的薄板状精陶制品,有时也称为瓷片,如图 6.38(b)所示。釉面砖的结构由两部分组成,即胚体和表面釉彩层。釉面砖除白色和彩色外,还有图案砖、印花砖以及各种装饰釉面砖等,主要用于高级建筑内外墙面以及厨房、卫生间的墙裙贴面。用釉面砖装饰建筑物内墙,可使建筑物具有独特的卫生、易清洗和清新美观的建筑效果。无釉面砖俗称外墙面砖,主要用于高级建筑外墙面装修。外墙面砖坚固耐用、色彩鲜艳、易清洗、防水、防火、耐磨、耐腐蚀、维修费用低。外墙面砖是高档饰面材料,一般用于装饰等级要求较高的工程,它不仅可以防止建筑物表面被大气侵蚀,而且可使立面美观,如图 6.38(a)所示。

面砖安装前先将表面清洗干净,然后将面砖放入水中浸泡,贴面前取出晾干或擦干。面砖安装时用 1∶3 水泥砂浆打底并划毛,后用 1∶0.3∶3 水泥石灰混合砂浆或用掺有 108 胶(水泥用量5%～8%)的 1∶2.5 水泥砂浆满刮于面砖背面,其厚度不小于 10 mm,然后将面砖贴于墙上,轻轻敲实,使其与底灰粘牢。一般面砖背面有凹凸纹路,更有利于面砖粘贴牢固。对贴于外墙的面砖,常在面砖之间留出一定缝隙,以利湿气排除。而内墙面为便于擦洗和防水则要求安装紧密,不留缝隙。面砖如被污染,可用浓度为 10% 的盐酸洗刷,并用清水洗净。图 6.39 所示为贴面砖工艺。

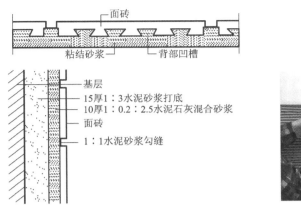

图 6.39 面砖饰面构造

2）陶瓷锦砖饰面

陶瓷锦砖也称为马赛克，是高温烧结而成的小型块材，为不透明的饰面材料，表面致密光滑、坚硬耐磨、耐酸耐碱，一般不易变色。它的尺寸较小，根据花色品种可拼成各种花纹图案。铺贴时，先按设计的图案将小块的面材正面向下贴于 500 mm×500 mm 的牛皮纸上，然后牛皮纸向外将陶瓷锦砖贴于饰面基层，待半凝后将纸洗去，同时修整饰面。陶瓷锦砖可用于墙面装修，更多用于地面装修，如图 6.38(c)、(d)所示。

3）石材贴面类墙面装修

装饰用的石材有天然石材和人造石材之分，按其厚度有厚型和薄型两种，通常厚度在30～40 mm 的称为板材，厚度在 40～130 mm 的称为块材，如图 6.38(e)、(f)所示。

（1）石材饰面的种类

① 天然石材

天然石材饰面板不仅具有各种颜色、花纹、斑点等天然材料的自然美感，而且质地密实坚硬，故耐久性、耐磨性等均比较好，在装饰工程中应用广泛，可用来制作饰面板材、各种石材线角、罗马柱、茶几、石质栏杆、电梯门贴脸等。但是，由于材料的品种、来源的局限性，造价比较高，属于高级饰面材料。

天然石材按其表面的装饰效果可分为磨光和剁斧两种主要处理形式。磨光的产品又有粗磨板、精磨板、镜面板等区别，而剁斧的产品可分为磨面、条纹面等类型，也可以根据设计的需要加工成其他的表面。板材饰面的天然石材主要有花岗岩、大理石及青石板。

② 人造石材

人造石材属于复合材料，它具有质量轻、强度高、耐腐蚀性强等优点。人造石材包括水磨石、合成石材等。人造石材的色泽和纹理不及天然石材自然柔和，但其花纹和色彩可以根据生产需要人为地控制，可选择范围广，且造价要低于天然石材墙面。

（2）石材饰面的安装

① 湿挂法

这种做法的特点是在铺贴基层时，应拴挂钢筋网，然后用铜丝绑扎板材，并在板材与墙体的夹缝内灌以水泥砂浆，如图 6.40 所示。

湿挂法的构造要求是：

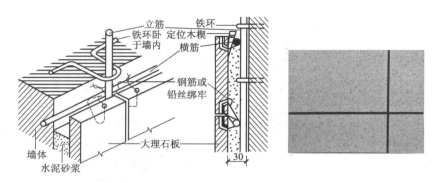

图 6.40 石材湿挂法构造

a. 在墙柱表面拴挂钢筋网前,应先将基层剁毛,并用电钻打直径 6 mm 左右、深度 6 mm 左右的孔,插入φ6 钢筋,外露 50 mm 以上并弯钩,穿入竖向钢筋后,在同一标高上插上水平钢筋,并绑扎固定。

b. 将背面打好眼的板材用双股 16 号钢丝或不易生锈的金属丝拴结在钢筋网上。

c. 灌注砂浆。一般采用 1:2.5 的水泥砂浆,砂浆层厚 30 mm 左右。每次灌浆高度不宜超过 150～200 mm,且不得大于板高的 1/3。待下层砂浆凝固后,再灌注上一层,使其连接成整体。

d. 最后将表面挤出的水泥浆擦净,并用与石材同颜色的水泥浆勾缝,然后清洗表面。

② 干挂法

用不锈钢或镀锌型材及连接件将板块支托并锚固在墙面上或空挂于钢架上,连接件用膨胀螺栓固定在墙面上,上下两层之间的间距等于板块的高度。板块上的凹槽应在板厚中心线上,且应和连接件的位置相吻合,不得有误。如图 6.41 所示。

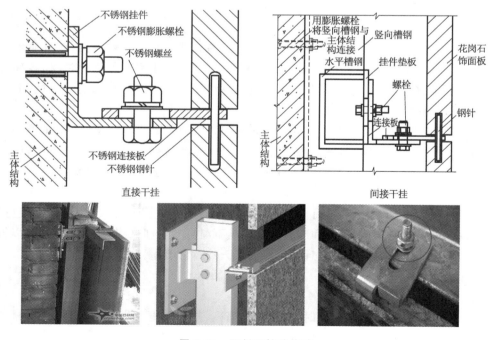

图 6.41 石材干挂法构造

3.涂料类墙面

涂料饰面是在木基层表面或抹灰饰面的面层上喷、刷涂料涂层的饰面装修。建筑涂料具有保护、装饰功能并且改善建筑构件的使用功能。涂料饰面是靠一层很薄的涂层起保护和装饰作用,并根据需要可以配成多种色彩。涂料饰面涂层薄,抗蚀能力差,外用乳液涂料使用年限一般为 4～10 年,但是由于涂料饰面施工简单、省工省料、工期短、效率高、自重轻、维修更新方便,故在饰面装修工程中得到较为广泛的应用。涂刷可分为有机涂料和无机涂料两大类。

（1）有机涂料

根据成膜物质与稀释剂不同,又分为水溶性涂料、乳液涂料和溶剂型涂料三类。

① 水溶性涂料　它有聚乙烯醇水玻璃内墙涂料、聚乙烯醇缩甲醛内墙涂料等,俗称 106 内墙涂料和 SJ-803 内墙涂料。聚乙烯醇涂料是以聚乙烯醇树脂为主要成膜物质,这类涂料的优点是不掉粉,造价不高,施工方便,有的还能经受湿布轻擦,使用较为普遍,主要用于内墙饰面。

由丙烯酸树脂、彩色砂粒、各类辅助剂组成的真石漆涂料是一种具有较高装饰性的水溶性涂料,膜层质感与天然石材相似,色彩丰富,具有不燃、防水、耐久性好等优点,且施工简便,对基层的限制较少,适用于宾馆、剧场、办公楼等场所的内外墙饰面装饰。

② 乳液涂料　它是以各种有机物单体经乳液聚合反应后生成的聚合物,它以非常细小的颗粒分散在水中,形成非均相的乳状液。将这种乳状液作为主要成膜物质酿成的涂料称为乳液涂料。当填充料为细小粉末时,所配制的涂料能形成类似油漆漆膜的平滑涂层,故习惯上称为"乳胶漆"。

乳液涂料以水为分散介质,无毒,不污染环境。由于涂膜多孔而透气,故可在初步干燥的（抹灰）基层上涂刷。涂膜干燥快,对加快施工进度、缩短工期十分有利。另外,所涂饰面可以擦洗,易清洁,装饰效果好。乳液涂料品种较多,属高级饰面材料,主要用于内外墙饰面。若掺有类似云母粉、粗砂粒等粗填料所配得的涂料,能形成有一定粗糙质感的涂层,称为乳液厚质涂料,通常用于外墙饰面。

③ 溶剂型涂料　它是以高分子合成树脂为主要成膜物质,有机溶剂为稀释剂,加入一定量颜料、填料及辅料,经辊轧塑化、研磨、搅拌、溶解配制而成的一种挥发性涂料。这类涂料一般有较好的硬度、光泽度、耐水性、耐蚀性以及耐老化性。但施工时有机溶剂易挥发,污染环境,并且要求基层干燥,除个别品种外,在潮湿基层上施工易起皮、脱落。这类涂料主要用于外墙饰面。

（2）无机涂料

无机涂料分为普通无机涂料和无机高分子涂料。普通无机涂料如白灰浆、大白浆,多用于一般标准的室内装修;无机高分子涂料有 JH80-1 型、JH80-2 型、JHN84-1 型、F832 等,多用于外墙装修和有擦洗要求的内墙装修。

硅酸盐无机涂料、氟碳树脂涂料是一类性能优于其他建筑涂料的新型涂料。由于采用具有特殊分子结构的氟碳树脂,该类涂料具有突出的耐候性、耐玷污性及防腐性能。作为外墙涂料,其耐久性可达 15～20 年,可称之为超耐候性建筑涂料,特别适用于有高耐候性、高耐玷污性要求和有防腐要求的高层建筑及公共、市政建筑的构筑物。其不足之处是价位偏高。

建筑涂料按其施工方法不同,可分为刷涂、滚涂和喷涂三种,如图 6.42 所示。进行涂料施工时,后一遍涂料必须在前一遍涂料干燥后进行,否则易发生皱皮、开裂等问题。当采用双组分和多组分的涂料时,施工前应严格按产品说明书规定的配合比,按用量分批混合,在规定时间内用完。

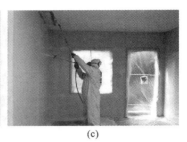

　　　　(a)　　　　　　　　　　　(b)　　　　　　　　　　　(c)

图 6.42　涂料施工方法

(a)刷涂;(b)滚涂;(c)喷涂

4.裱糊与软包墙面

(1)裱糊类墙面

　　裱糊类墙面是指在室内平整光洁的墙面、顶棚面、柱体面和室内其他构件表面用壁纸、墙布等材料裱糊的饰面做法,如图 6.43 所示。由于其色泽和凹凸图案效果丰富,选用相应品种或采取适当的构造做法后可以使之具有一定的吸声、隔声、保温及防菌等功能,尤其是广泛应用于酒店、宾馆及居民住宅卧室等。

　　　　　　(a)　　　　　　　　　　　　　　(b)

图 6.43　裱糊类墙面

(a)PVC 壁纸饰面;(b)无纺墙布饰面

(2)软包墙面

　　软包墙面是指在室内墙表面用柔性材料(人造革、装饰布等)加以包装的墙面装饰方法,其构造做法如图 6.44 所示。软包所使用的材料质地柔软,色彩柔和,能够柔化整体空间氛围,它具有吸声、保温、防止儿童碰伤、质感舒适、美观大方等特点,特别适用于有吸声要求的会议室、多功能厅、娱乐厅、儿童卧室等。

5.铺钉类墙面

　　铺钉类墙面装修是指利用各种天然板条或人造薄板借助于钉、胶粘等固定方式对墙面进行的饰面做法,如图 6.45 所示。它在构造上与骨架隔墙相似,主要由骨架和面板两部分组成,施工时先在墙面上立骨架(墙筋),然后在骨架上铺钉装饰面板。

　　骨架有木骨架和金属骨架。木骨架一般由 50 mm×50 mm 的立杆和横撑组成,直接钉在预埋在墙中的木砖上或采用射钉钉在墙上。金属骨架有轻钢骨架、铝合金骨架或薄形槽钢骨架。

　　铺钉类墙面装修的面板有木板、塑料饰面板、富丽板、镜面板、不锈钢板等。

6.清水砖墙

　　清水砖墙是不做抹灰和饰面的墙面。为防止雨水浸入墙身和保持整齐美观,可用 1:1 或 1:2 水泥细砂浆勾缝,勾缝的形式有平缝、平凹缝、斜缝、弧形缝等,如图 6.46 所示。

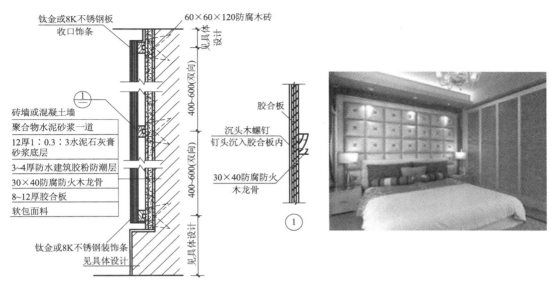

图 6.44　软包墙面构造

图 6.45　铺钉类墙面

（a）竹纤维墙面板内墙饰面；（b）塑木墙面板外墙饰面

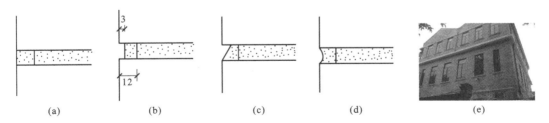

图 6.46　清水砖墙的勾缝形式

（a）平缝；（b）平凹缝；（c）斜缝；（d）弧形缝；（e）清水砖墙建筑

6.6　装配式建筑外墙挂板

　　建筑工业化和住宅产业化以及城镇化建设要求积极推广装配化施工。在建筑物的外墙结构方面，其构造以及所使用的材料严重影响着建筑能耗指标和室内居住舒适度。目前我国正在大力鼓励发展绿色建材,大力推广各种非黏土砖及轻型、大尺寸的墙体材料,同时进一步提高广泛使用的绿色外墙保温材料的生产率。

目前可作为装配式外墙板使用的主要墙板种类有:承重混凝土岩棉复合外墙板、薄壁混凝土岩棉复合外墙板、混凝土聚苯乙烯复合外墙板、混凝土珍珠岩复合外墙板、钢丝网水泥保温材料夹心板、SP 预应力空心板、加气混凝土外墙板与真空挤压成型纤维水泥板(简称 ECP)。

6.6.1　外墙挂板分类及特点

1. 外墙挂板分类

外墙挂板有预制混凝土墙板和夹心保温墙板两种。预制外墙挂板不属于主体结构构件,是装配式混凝土结构或钢结构上的非承重外围护构件。

预制混凝土外墙挂板是安装在主体结构上,起围护、装饰作用的非承重预制混凝土外墙板,如图 6.47(a)所示。外墙挂板按构件构造可分为钢筋混凝土外墙挂板、预应力混凝土外墙挂板两种形式;按与主体结构连接节点构造可分为点支承连接、线支承连接两种形式;按保温形式可分为无保温、外保温、夹心保温三种形式;按建筑外墙功能定位可分为围护墙板和装饰墙板。各类外墙挂板可根据工程需要与外装饰、保温、门窗结合形成一体化预制墙板系统。

夹心保温墙板是指把保温材料夹在两层混凝土墙板(内叶墙、外叶墙)之间形成的复合墙板,可达到增强外墙保温节能性能,减小外墙火灾危险,提高墙板保温寿命,从而减少外墙维护费用的目的。

夹心保温墙板一般由内叶墙、保温板、拉接件和外叶墙组成,内叶墙和外叶墙一般为钢筋混凝土材料,保温板一般为 B1 或 B2 级有机保温材料,拉接件一般为 FRP 高强复合材料或不锈钢材质,如图 6.47(b)所示。

 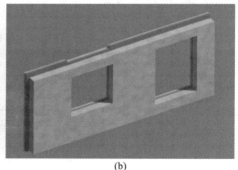

　　　　　(a)　　　　　　　　　　　　　　　　　　(b)

图 6.47　装配式外墙板

(a)预制混凝土墙板;(b)夹心保温墙板

根据夹心保温外墙的受力特点,可分为非组合夹心保温外墙、组合夹心保温外墙和部分组合夹心保温外墙。其中非组合夹心保温外墙内外叶混凝土受力相互独立,易于计算和设计,可适用于各种高层建筑的剪力墙和围护墙;组合夹心保温外墙的内外叶混凝土需要共同受力,一般只适用于单层建筑的承重外墙或作为围护墙;部分组合夹心保温外墙的受力介于组合和非组合之间,受力非常复杂,计算和设计难度较大,其应用方法及范围有待进一步研究。

2.外墙挂板的特点

预制混凝土外墙挂板可采用面砖饰面、石材饰面、彩色混凝土饰面、清水混凝土饰面、露骨料混凝土饰面及表面带装饰图案的混凝土饰面等类型外墙挂板,可使建筑外墙具有独特的表现力。

(1)饰面混凝土外墙挂板采用反打成型工艺,带有装饰层面。

(2)装饰混凝土外墙挂板是在普通的混凝土表层上,通过色彩、色调、质感、款式、纹理、肌理和不规则线条的创意设计、图案与色彩的有机结合,创造出各种具有天然大理石、花岗岩、砖、瓦、木等天然材料的装饰效果。

(3)清水混凝土的质朴与厚重感能充分体现建筑古朴自然的独特风格。

(4)在工厂采用工业化生产,具有施工速度快、质量好、维修费用低的特点。根据工程需要,可设计成集外饰、保温、墙体围护于一体的复合保温外墙板,也可设计成复合墙体的外装饰挂板,如图 6.48 所示。

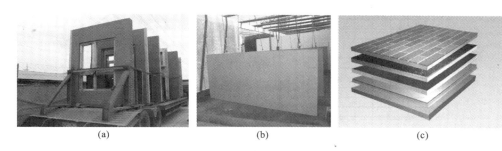

(a)　　　　　　　　　(b)　　　　　　　　　(c)

图 6.48　外墙挂板的不同饰面

(a)贴面砖外墙板;(b)清水混凝土外墙板;(c)复合保温外墙板

预制混凝土外墙适用于工业与民用建筑的外墙工程,广泛应用于混凝土框架结构、钢结构的公共建筑、住宅建筑和工业建筑中。

6.6.2　外墙挂板的构造

1.构造要求

(1)外墙挂板的高度不宜大于一个楼层,厚度不宜小于 100 mm,混凝土强度等级不低于 C25。

(2)外墙挂板宜双层、双向配筋,竖向和水平钢筋的配筋率均不小于 0.15%,且钢筋直径不宜小于 5 mm,间距不宜大于 200 mm。

(3)外墙挂板薄弱部分应加强配筋,主要有边缘加强筋、开口转角处加强筋和预埋件加强筋等,如图 6.49 所示。

2.连接节点

外墙挂板连接节点不仅要有足够的强度和刚度,以保证墙板与主体结构可靠连接,还要避免主体结构位移作用于墙体形成内力。其连接节点有点支承和线支承两种连接方式。

(1)对连接节点的要求

① 墙板与主体结构应可靠连接,以保证墙板在自重、风荷载、地震作用下的承载能力和正常使用。

② 当主体结构发生位移时,墙板相对于主体结构应可以"移动"。

③ 连接节点部件的强度与变形满足使用要求和规范要求。

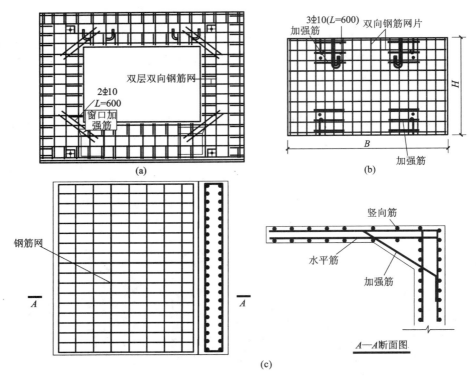

图 6.49　外墙挂板加强筋示意图

（a）开口处加强筋；（b）预埋件处加强筋；（c）L型转角加强筋

④ 连接节点位置有足够的空间可以进行安装作业及放置和锚固连接预埋件。

（2）连接节点布置

外墙挂板与主体结构连接时，连接节点布置在主体结构构件柱、梁、楼板或结构墙体上。布置在悬挑楼板上时，楼板悬挑长度不宜大于 600 mm；连接节点在主体结构的预埋件距离构件边缘不应小于 50 mm。

（3）点支承连接

外墙挂板与主体结构采用点支承连接时如图 6.50 所示，节点构造应符合下列规定：

图 6.50　外墙挂板点支承连接节点示意图

① 连接点数量和位置应根据外墙挂板形状、尺寸确定，连接点不应少于 4 个，承重连接点不应多于 2 个。

② 在外力作用下,外墙挂板相对主体结构在墙板平面内应能水平滑动或转动。

③ 连接件的滑动孔尺寸应根据穿孔螺栓直径、变形能力需求和施工允许偏差等因素确定。

(4)线支承连接

外墙挂板与主体结构采用线支承连接时,如图 6.51 所示,节点构造应符合下列规定:

① 外墙挂板顶部与梁连接,且固定连接区段应避开梁端 1.5 倍梁高长度范围。

② 外墙挂板与梁的结合面应采用粗糙面并设置键槽;接缝处应设置连接钢筋,连接钢筋直径不宜小于 10 mm,间距不宜大于 200 mm。

③ 外墙挂板的底端应设置不少于 2 个仅对墙板有平面外约束的连接节点;

④ 外墙挂板的侧边不应与主体结构连接。

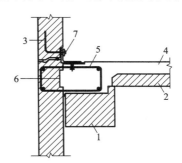

图 6.51 外墙挂板线支承连接节点示意图
1—预制梁;2—预制板;3—预制外墙挂板;4—后浇混凝土;
5—连接钢筋;6—剪力键槽;7—面外限位连接件

6.7 幕墙装饰构造

建筑幕墙是由金属构件与各种板材组成的悬挂在主体结构上的轻质外围护墙。它除承受自重和风力外,一般不承受其他荷载,是建筑外围护结构或装饰性结构。幕墙通常由面板(玻璃、铝板、石板、陶瓷板等)和支承结构(铝横梁立柱、钢结构、玻璃肋等)组成。

6.7.1 幕墙的特点及类型

1.幕墙的特点

(1)造型美观,装饰效果好。

(2)质量轻,抗震性能好。

(3)施工安装简便,工期较短。

(4)维修方便。

2.幕墙的类型

(1)按面板材料可分为玻璃幕墙、金属板幕墙、石材幕墙、组合幕墙等。

(2)按框架材料材质可分为铝合金幕墙、彩色钢板幕墙、不锈钢幕墙等。

(3)按固定玻璃的方法分为明框玻璃幕墙、隐框玻璃幕墙、半隐框玻璃幕墙。

(4)按工厂加工程度和在主体结构上的安装工艺划分为构件式幕墙和单元式幕墙。

6.7.2 幕墙装饰构造

1.幕墙构造设计原则

(1)满足强度和刚度要求

幕墙的骨架和饰面板都需要考虑自重和风荷载的作用,幕墙及其构件都必须具有足够的强度和刚度。

(2)满足温度变形和结构变形要求

由于内外温差和结构变形的影响,幕墙可能产生胀缩和扭曲变形,因此,幕墙与主体结构之间、幕墙元件与元件之间均应采用"柔性连接"。

（3）满足围护功能要求

幕墙是建筑物的围护构件，墙面应具有防水、挡风、保温、隔热及隔声等能力。

（4）满足防火要求

应根据防火规范采取必要的防火措施等。

（5）保证装饰效果

幕墙的材料选择、立面划分均应考虑其外观质量。

（6）做到经济合理

幕墙的构造设计应综合考虑上述原则，做到安全、适用、经济、美观。

2. 构件式玻璃幕墙

构件式玻璃幕墙的立柱（或横梁）先安装在建筑主体结构上，再安装横梁（或立柱），立柱和横梁组成框格。面板材料在工厂内加工成单元组件，再固定在立柱和横梁组成的框格上。面板材料单元组件所承受的荷载要通过立柱（或横梁）传递给主体结构，如图 6.52 所示。

构件式玻璃幕墙分为：①明框玻璃幕墙：金属框架的构件显露于面板外表面的框支承幕墙；②隐框玻璃幕墙：金属框架的构件完全不显露于面板外表面的框支承幕墙；③半隐框玻璃幕墙：金属框架的竖向或横向构件显露于面板外表面的框支承幕墙，分为竖框式和横框式两种。

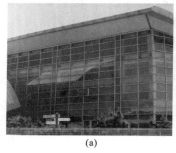

　　　　　　(a)　　　　　　　　　　　　(b)　　　　　　　　　　　　(c)

图 6.52　构件式玻璃幕墙

(a)明框玻璃幕墙；(b)隐框玻璃幕墙；(c)半隐框玻璃幕墙

构件式玻璃幕墙的主要特点：

（1）施工手段灵活，工艺成熟，是采用较多的幕墙结构形式。

（2）主体结构适应能力强，安装顺序基本不受主体结构影响。

（3）采用密封胶进行材料密封，水密性、气密性好，具有较好的保温、隔声降噪能力，具有一定的抗层间位移能力。

（4）面板材料单元组件工厂制作，结构胶使用性能有保证。

3. 单元式玻璃幕墙

将面板和金属框架（横梁、立柱）在工厂组装为幕墙单元，以幕墙单元形式在现场完成安装施工的框支承玻璃幕墙。

单元式玻璃幕墙可分为单元明框玻璃幕墙、单元隐框玻璃幕墙、单元半隐框玻璃幕墙。它是一种高速度、高质量、高精度的幕墙形式，如图 6.53 所示。

单元式玻璃幕墙的主要特点：

（1）工业化生产，组装精度高，有效控制工程施工周期，经济效益和社会效益明显。

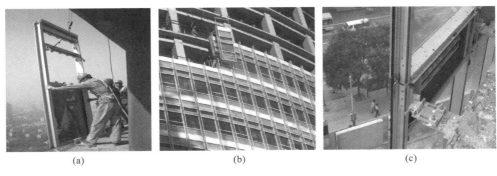

图 6.53 单元式玻璃幕墙

（2）单元之间采用结构密封，适应主体结构位移能力强，适用于超高层建筑和钢结构高层建筑。

（3）不需要在现场填注密封胶，不受天气影响。

（4）具有优良的气密性、水密性、风压变形及平面变形能力，可达到较高的环保节能要求。

4.点支承玻璃幕墙

由玻璃面板与支承装置和支承结构构成的玻璃幕墙。点支承玻璃幕墙可分为玻璃肋点支承玻璃幕墙、钢结构点支承玻璃幕墙、桁架式点支承玻璃幕墙、不锈钢拉索点支承玻璃幕墙、自平衡点支承玻璃幕墙等，如图 6.54 所示。

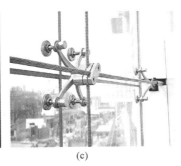

图 6.54 点支承玻璃幕墙

（a）玻璃肋点支承玻璃幕墙；（b）桁架式点支承玻璃幕墙；（c）不锈钢拉索点支承玻璃幕墙

点支承玻璃幕墙的主要特点：

（1）支承结构形式多样，可满足不同业主对建筑结构与外立面效果的需求。

（2）结构稳固美观，构件精巧实用，可实现金属结构与玻璃的通透性能融为一体，建筑内外空间和谐统一。

（3）玻璃与驳接爪件采用球铰连接，具有较强的吸收变形能力。

5.全玻璃幕墙

全玻璃幕墙是一种全透明、全视野的玻璃幕墙，由玻璃肋和玻璃面板构成的玻璃幕墙，多用于建筑的裙楼、橱窗、走廊并用于展示室内陈设或游览观景，具有质量轻、选材简单、加工工厂化、施工快捷、维护维修方便、易于清洗等特点，如图 6.55 所示。

全玻璃幕墙的支承系统分为悬挂式、支承式和混合式三种，如图 6.56 所示。

图 6.55　全玻璃幕墙

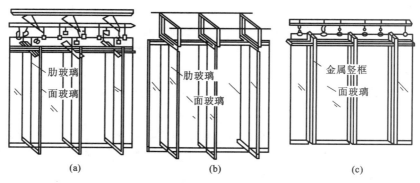

图 6.56　全玻璃幕墙的支承系统示意
(a)悬挂式；(b)支承式；(c)混合式

6. 智能型呼吸式幕墙

又称双层幕墙，由内外两层立面构造组成，形成一个室内外之间的空气缓冲层，大大提高了幕墙的保温、隔热、隔声功能。外层由明框、隐框或点支承式幕墙构成。内层由明框、隐框幕墙或具有开启扇和检修通道的门窗组成。也可以在一个独立支承结构的两侧设置玻璃面层，形成空间距离较小的双层立面构造。

7. 光电幕墙

光电幕墙是一种集发电、隔声、隔热、装饰等功能于一体，把光电技术与幕墙技术相结合的新型功能性幕墙，如图 6.57 所示。它代表着幕墙技术发展的新方向，通过太阳能光电池和半导体材料对自然光进行采集、转化、蓄积、变压，最后联入建筑供电网络，为建筑提供可靠的电力支持。

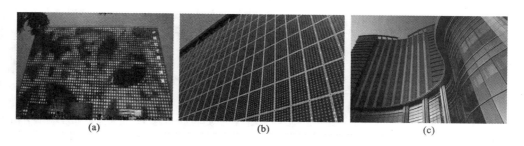

图 6.57　光电幕墙
(a)太阳能多媒体幕墙；(b)太阳能玻璃幕墙；(c)光伏太阳能玻璃幕墙

单元 7 楼 地 层

1. 熟悉楼地层的作用、组成和类型；
2. 掌握楼地面的构造；
3. 掌握顶棚的构造；
4. 掌握阳台和雨篷的构造。

7.1 楼地层的作用、组成和类型

7.1.1 楼地层的作用与要求

楼地层是楼板层和地层的总称。

地层又称地面，由基层、垫层和面层三个基本构造层次组成。当基本构造层次不能满足使用要求时，可增设其他附加构造层，如找平层、结合层、防水层、防潮层等，如图7.1所示。

在有楼层的建筑物中，楼板层是沿水平方向分隔上下空间的结构构件。它除了承受并传递垂直荷载和水平荷载，应具有足够的强度和刚度外，还应具有一定的防火、隔声和防水等方面的能力。建筑物中有些固定的水平设备管线，也可能会在楼层内安装。因此，对楼板层的构造设计有如下要求：

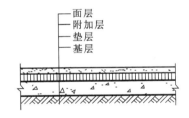

图 7.1 地面的构造层次组成

（1）必须有足够的强度和刚度，以保证结构的安全及变形的要求。

（2）根据不同建筑使用性质，要求具有不同程度的隔声、防火、防水、防潮、保温和隔热等性能。

（3）便于楼板层中各种管道、线路的敷设，节约建筑空间。

（4）尽量采用建筑工业化手段，提高建筑施工质量和速度。

（5）满足建筑经济要求，选择经济合理的结构形式和构造方案，不可造成浪费。

7.1.2 楼板层的组成

楼板层是由面层、结构层和顶棚三部分组成，如图7.2所示。

（1）面层 楼板层的上表面直接与人和家具、设备接触，起到耐磨、装饰、防火、防水、隔声、保护结构层的作用。

（2）结构层 由梁或拱、板等构件组成，它承受本身自重及楼面上的荷载，并把这些荷载传给墙或柱，墙或柱再把荷载传递给基础。结构层一般采用钢筋混凝土现浇板或预制板。

（3）顶棚　设置在结构层的下表面，又称天花板。其主要作用是保护楼板、安装灯具、遮挡各种水平管线、改善使用功能、装饰美化室内空间，因此顶棚表面应平整、光洁、美观。

除了以上基本构造层次之外，根据建筑物的功能不同，楼板层也可以根据需要加设附加层。附加层又称功能层，主要作用是隔声、隔热、保温、防水、防潮、防腐蚀、防静电等。根据需要，有时和面层合二为一，有时又和吊顶合为一体。例如卫生间、厨房的楼板层中要加设防水层。

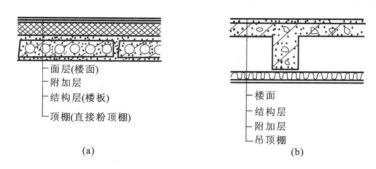

图 7.2　楼板层的组成

(a)预制钢筋混凝土楼板层；(b)现浇钢筋混凝土楼板层

7.1.3　楼板的类型

楼板层根据承重层使用的材料不同，可分为钢筋混凝土楼板、钢衬板楼板、砖拱楼板和木楼板等，如图 7.3 所示。

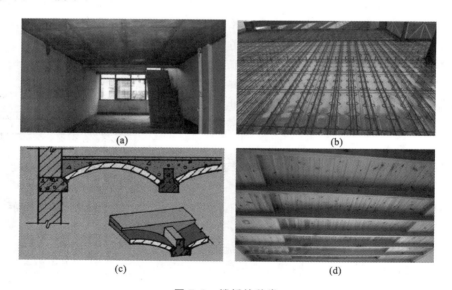

图 7.3　楼板的种类

(a)钢筋混凝土楼板；(b)钢衬板楼板；(c)砖拱楼板；(d)木楼板

钢筋混凝土楼板采用混凝土与钢筋共同制作。这种楼板强度高，刚度好，有较强的耐久性和防火性能，具有良好的可塑性，便于工业化生产和机械化施工，是目前我国房屋建筑中广泛采用的一种楼板形式，如图 7.3(a)所示。

钢衬板楼板是以压型钢板与混凝土浇筑在一起构成的整体式楼板，压型钢板在下部起到现浇混凝土的模板作用,同时由于在压型钢板上加肋或压出凹槽,能与混凝土共同工作,起到配筋作用。钢衬板楼板已在大空间建筑和高层建筑中采用,它提高了施工速度,具有现浇式钢筋混凝土楼板刚度大、整体性好的优点,还可利用压型钢板肋间空间敷设电力或通信管线,如图 7.3(b)所示。

砖拱楼板采用钢筋混凝土倒 T 形梁密排,其间填以普通黏土砖或特制的拱壳砖砌筑成拱形,如图 7.3(c)所示。该楼板可以节约钢材、水泥,但自重较大,抗震性能差,而且楼板层厚度较大,施工复杂,目前已经很少使用。

木楼板由木梁和木地板组成,如图 7.3(d)所示。这种楼板的构造虽然简单,自重较轻,但其耐火性、耐久性、隔声能力较差,为节约木材,目前已很少采用。

7.2　钢筋混凝土楼板

钢筋混凝土楼板按施工方式不同可分为现浇整体式、预制装配式和装配整体式楼板三种类型。随着我国目前装配式建筑应用的大力推广,装配整体式楼板将被广泛应用于实际工程中。

7.2.1　现浇钢筋混凝土楼板

现浇钢筋混凝土楼板是依照设计位置,在现场支模板、绑扎钢筋、浇捣混凝土,经养护、拆模板而成。它的整体性好,刚度好,利于抗震、防水,但需要大量模板,现场湿作业量大,施工速度慢,尤其适用于平面布置不规则、具有较复杂结构的建筑。

现浇钢筋混凝土楼板根据受力和传力情况不同可分为板式、梁板式、无梁式和压型钢板组合板等形式。

1. 板式楼板

板内不设置梁,板直接搁置在墙上,称为板式楼板。有许多小开间的建筑物,特别是墙承重体系的建筑物,例如住宅、旅馆等,或者其他建筑的走道、厨房、卫生间等,都适合使用板式楼板。

板式楼板结构层底部平整,施工支模简单,可以得到最大的使用净高。根据周边支撑情况及板平面长短边边长的比值,把板式楼板分为单向板(长短边比值＞2)、双向板(长短边比值≤2)两种,如图 7.4 所示。

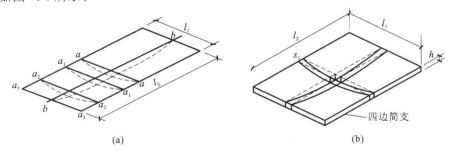

图 7.4　单向板与双向板

(a)单向板;(b)双向板

2. 梁板式楼板

当房间的平面尺寸较大时,采用板式楼板会造成单块楼板的跨度太大,可以通过在楼板下设梁的方式将一块板划分成若干个小块,从而减小板跨和板厚,称为梁板式楼板。

梁板式楼板是指由主梁、次梁、板组成的楼板。具有传力线路(楼板上的荷载先由楼板传递给梁,再由梁传递给墙或柱)明确、受力合理的特点。当房屋的开间、进深较大,楼面承受的弯矩较大时,常采用这种楼板,如图7.5所示。

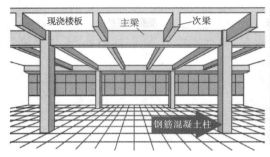

图7.5　梁板式楼板

梁板式楼板的主梁沿房屋的短跨方向布置,其经济跨度为 $5\sim8$ m,梁高为跨度的 $1/14\sim1/8$,梁宽为梁高的 $1/3\sim1/2$,且主梁的高与宽均应符合有关模数规定。

梁板式楼板的次梁与主梁垂直,并把荷载传递给主梁。主梁间距即为次梁的跨度,次梁的跨度比主梁跨度小,一般为 $4\sim6$ m,次梁高度为跨度的 $1/18\sim1/12$,梁宽为梁高的 $1/3\sim1/2$,且次梁的高与宽均应符合有关模数规定。

板支撑在次梁上,并把荷载传递给次梁。其短边跨度即为次梁的间距,一般为 $1.8\sim3$ m,板厚一般为板跨的 $1/40\sim1/35$,常用厚度为 $60\sim80$ mm,并符合模数规定。

梁和板搁置在墙上,应满足规范规定的搁置长度。板的搁置长度不小于 120 mm,梁在墙上的搁置长度与梁高有关,梁高 $\leqslant500$ mm,搁置长度 $\geqslant180$ mm;梁高 >500 mm,搁置长度 $\geqslant240$ mm。通常,次梁搁置长度为 240 mm ,主梁搁置长度为 370 mm。

当房间的形状为方形或近似于方形且跨度 $\geqslant10$ m 时,可将两个方向的梁等间距布置,采用相同的梁高,形成井字格梁板结构,这种楼板称为井字式楼板,它是梁板式楼板的特殊布置形式,如图7.6所示。

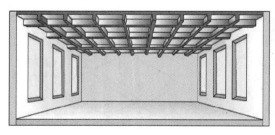

图7.6　井字式楼板

与梁板式楼板相比较,井字式楼板无主梁、次梁之分,梁与梁之间的跨度较小,通常只有 $1.5\sim3$ m,梁高只有 $180\sim250$ mm,梁宽只有 $120\sim200$ mm。井字式楼板的梁通常采用正交正放的布置方式,也可采用正交斜放或斜交斜放的布置方式。当房间的平面形状近似于正方形,跨度在 10 m 以内时,常采用这种楼板。井字式楼板具有顶棚整齐美观,有利于提高房屋的净空高度等优点,常用于门厅、大厅、会议厅、餐厅、小型礼堂等建筑。

3. 无梁式楼板

直接支承在墙上和柱上，不设梁的楼板称为无梁式楼板，如图 7.7 所示。无梁式楼板是以结构柱与楼板结合，取消了柱间及板底的梁，分为有柱帽和无柱帽两种。当荷载较小时，可采用无柱帽无梁楼板；当荷载较大时，必须在柱顶加设柱帽。柱帽可根据室内空间要求和柱截面形式进行设计。

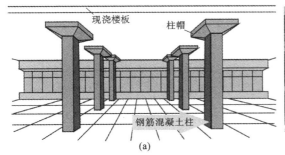
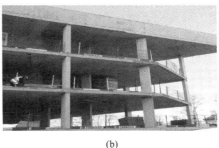

(a)　　　　　　　　　　　　　　　　　　(b)

图 7.7　无梁式楼板

(a)有柱帽；(b)无柱帽

无梁式楼板的柱网一般布置成方形或矩形，以方形柱网较经济，跨度一般不超过 6 m，板厚通常不小于 120 mm。无梁式楼板具有顶棚整齐、净空高度较大、采光通风条件较好、施工简便等优点，但楼板的厚度较大，适用于大型商城、书库、仓库等荷载较大的建筑。

4. 压型钢板组合楼板

压型钢板组合楼板是利用截面为凹凸相间的压型钢板做衬板，与现浇混凝土面层浇筑在一起支撑在钢梁上的板，如图 7.8 所示。这种楼板的特点是：压型钢板起到了现浇钢筋混凝土的永久性模板和板的受拉钢筋双重作用，此外，还可以利用压型钢板肋间空间敷设管线。目前已在大空间建筑和高层建筑中采用。

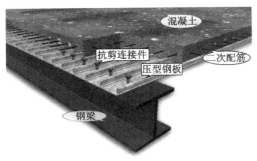

图 7.8　压型钢板组合楼板

7.2.2　装配式钢筋混凝土楼板

装配式钢筋混凝土楼板是把楼板分成若干构件，在工厂或预制厂预先制作好，然后在施工现场进行安装。预制板的长度应与房屋的开间或进深一致，长度一般为 300 mm 的倍数。板的宽度根据制作、吊装和运输条件以及有利于板的排列组合确定，一般为 100 mm 的倍数。板的截面尺寸须经过结构计算确定。

装配式钢筋混凝土楼板能节省模板,并能改善构件制作时工人的劳动条件,有利于提高劳动生产率和加快施工进度,提高施工工业化水平,但楼板的整体性差,施工时需要一定的起重安装设备。

1.预制钢筋混凝土楼板的类型

常用的预制钢筋混凝土楼板按截面形式不同分为实心平板、槽形板、空心板三种。

(1)实心平板

实心平板规格较小,跨度一般在 2.4 m 以内,板厚为 60～100 mm,板宽为 600～1000 mm。由于板的厚度小且为实心板,隔声效果差。这种板一般用于楼梯平台、走道板、阳台板、雨篷板等处,如图 7.9 所示。

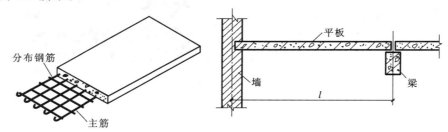

图 7.9　实心平板

(2)槽形板

槽形板是一种肋、板结合的预制构件,即在实心板的两侧设有边肋,这里的肋相当于梁的作用,作用在板上的荷载传给板肋,因此板可以做得比较薄。槽形板减轻了板的自重,具有节约材料、便于在板上开洞等优点,但隔声效果差。

槽形板可分为正槽板与倒槽板两种,如图 7.10 所示。正槽板的槽口向下,板底不平,通常要做吊顶遮盖,为避免端肋被压坏,可在板端伸入墙内部分堵砖填实。倒槽板的槽口向上,可在槽口内填充轻质材料,以解决楼板的隔声和保温隔热问题,还可以形成平整的顶棚。但倒槽板不如正槽板的受力合理。

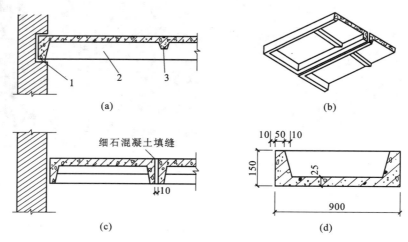

图 7.10　槽形板

(a)槽形板纵剖面;(b)槽形板底面;(c)槽形板横剖面;(d)倒置槽形板横剖面

1—水泥砂浆;2—纵肋;3—横肋

（3）空心板

空心板是一种沿纵向板腹抽孔的钢筋混凝土楼板。孔的形状有圆孔、椭圆孔和方孔等，如图 7.11 所示。由于圆孔板构造合理、制作方便，因此应用广泛。

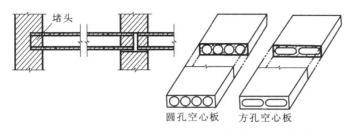

图 7.11 空心板

空心板也是一种梁、板合一的预制构件，其跨度一般为 2.4～2.7 m，板宽通常为 500、600、900、1200（mm），板厚有 120、150、180、240（mm）等。空心板可以用于公共建筑及轻型的工业建筑，其承载力远不如槽形板，但由于其上下板面平整，且隔声效果好，因此是目前使用广泛的一种板。

空心板安装时，支承端的两端孔常用专制的填块、碎砖块或砂浆块填塞，以免灌注板缝时混凝土进入孔内，并保证板端处不被压坏。

2. 预制板的结构布置与构造

1）板的布置

在进行预制板的布置时，首先要根据房间的开间和进深尺寸来确定预制板的支承方式，再根据预制板的规格进行合理的排布，选择一种或几种板结合布置，如图 7.12 所示。板的支承方式有板式和梁板式两种。预制板直接搁置在墙上的称为板式结构布置；若先搁置梁，再在梁上布置预制板的称为梁板式布置。板式结构用于房间的开间和进深尺寸都不大的建筑，如住宅、宿舍等；梁板式结构多用于房间的开间、进深尺寸比较大的建筑，如教学楼等。

在布置楼板时，一般要求板的规格和类型越少越好，以简化板的制作与安装。

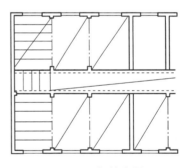

图 7.12 板的布置

2）细部构造

（1）预制板的搁置要求

预制板安装时，应先在墙或梁上铺 10～20 mm 厚的 M5 水泥砂浆进行坐浆，然后再铺预制板，以使板与墙或梁有较好的连接，也能保证墙或梁受力均匀。同时，预制板在墙或梁上均应有足够的搁置长度，在梁上的搁置长度不应小于 80 mm，在内墙上的搁置长度不应小于 100 mm，在外墙上的搁置长度不应小于 120 mm。预制板吊装之前，板端要求堵塞。

在使用预制板作为楼层结构构件时，为了减小结构的高度，必要时可以把结构梁的截面做成花篮梁或十字梁的形式，如图 7.13 所示。

为增强楼板的整体刚度，特别是在地基条件较差或地震地区，应在预制板与墙、梁之间及板端与板端连接处设置拉结钢筋。

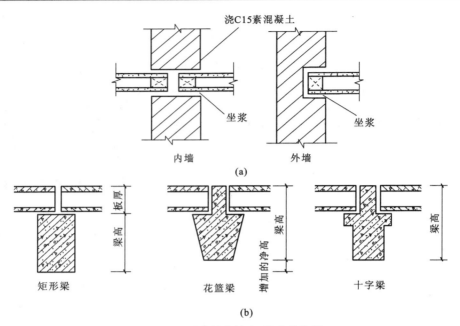

图 7.13　预制板在墙上、梁上的搁置

（2）板缝构造

板间的接缝有端缝和侧缝两种。端缝一般以细石混凝土灌缝，必要时可将板端留出的钢筋交错搭接在一起，或加钢筋网片后再灌注细石混凝土。

侧缝一般有 V 形缝、U 形缝和凹槽缝三种形式，以凹槽缝最为常见，如图 7.14 所示。侧缝的宽度不同时，可采取以下方法解决，如图 7.15 所示。

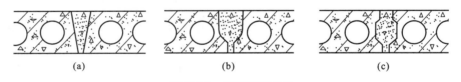

图 7.14　侧缝接缝形式

（a）V 形缝；（b）U 形缝；（c）凹槽缝

① 当缝隙小于 60 mm 时，可调节板缝，一般板缝为 10～20 mm，超过 20 mm 的板缝内应配筋。

② 当缝隙在 60～120 mm 之间时，可在灌缝的混凝土中加配钢筋或对靠墙边的缝进行挑砖。

③ 当缝隙在 120～200 mm 之间时，设现浇钢筋混凝土板带，且将板带设在墙边或有穿管的部位。

④ 当缝隙大于 200 mm 时，需要调整板的规格或采用调缝板。

3）抗震构造

由于预制楼板的整体性差，抗震能力比现浇钢筋混凝土楼板低，因此，必须采取一些构造措施来加强预制楼板的整体性。

有抗震设防要求的建筑物，圈梁应紧贴预制楼板板底设置，外墙则应设缺口圈梁，将预制板箍在圈梁内，以免地震发生时，墙体倾倒致使楼板失去支撑塌落伤人。

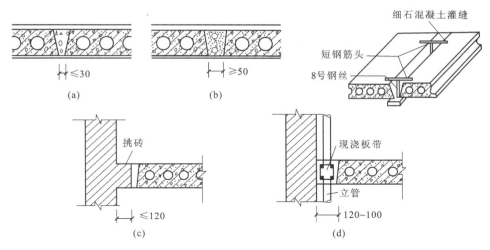

图 7.15 板缝构造

(a) 细石混凝土灌缝; (b) 加钢筋网片; (c) 墙边挑砖; (d) 竖管穿越现浇板带

　　为了加强房屋的整体刚度,对楼板与墙体之间及楼板之间用锚固钢筋即拉结钢筋予以锚固,如图 7.16 所示。

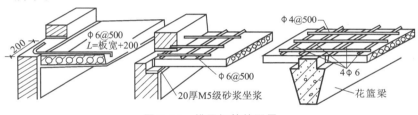

图 7.16 锚固钢筋的配置

7.2.3 装配整体式钢筋混凝土楼板

　　装配整体式钢筋混凝土楼板是将楼板中的部分构件预制安装后,再通过现浇的部分连接成整体。这种楼板的整体性较好,可节省模板,加快施工速度。

1.密肋填充块楼板

　　密肋填充块楼板是指现浇(或预制)密肋小梁间安放预制空心砌块并现浇面板而制成的楼板结构。这种楼板底面平整,有较好的隔声、保温、隔热效果,能充分利用不同材料的性能,节约模板,且整体性好。但由于施工较麻烦,大中城市采用较少。

　　密肋填充块楼板的密肋小梁有现浇和预制两种。现浇密肋填充块楼板以陶土空心砖、矿渣混凝土空心块等作为肋间填充块,然后现浇密肋和面板。填充块与肋和面板相接触的部位带有凹槽,用来与现浇肋或板咬接,使楼板的整体性更好。肋的间距视填充块的尺寸而定,一般为 300~600 mm,面板厚度一般为 40~50 mm,如图 7.17 所示。

　　预制小梁填充块楼板是在预制小梁之间填充陶土空心砖、矿渣混凝土空心块、煤渣空心砖等填充块,上面现浇混凝土面层而成。

2.预制薄板叠合式楼板

(1) 叠合式楼板的特点

　　预制薄板(预应力)与现浇混凝土面层叠合而成的装配整体式楼板,又称预制薄板叠合式楼

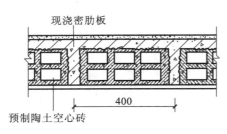 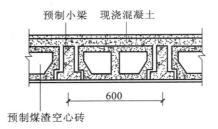

图 7.17　密肋填充块楼板

板,如图 7.18 所示。这种楼板以预制混凝土薄板为永久模板而承受施工荷载,板面现浇混凝土叠合层。所有楼板层中的管线均事先埋在叠合层内,现浇层只需配置少量承受支座负弯矩的钢筋。预制薄板底面平整,作为顶棚可直接喷浆或铺贴其他装饰材料。预制薄板叠合式楼板常用于住宅、宾馆、学校、办公楼、医院以及仓库等装配整体式建筑中,但不适用于有振动荷载的建筑中。

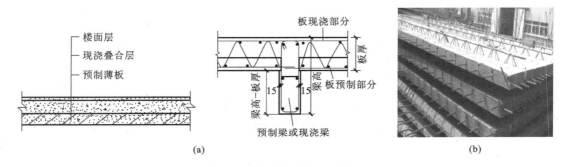

图 7.18　预制薄板叠合式楼板
(a)预制叠合楼板构造;(b)桁架钢筋叠合楼板

叠合楼板跨度一般为 4～6 m,最大可达 9 m,通常以 5.4 m 以内较为经济。预应力薄板厚 50～70 mm,板宽 1.1～l.8 m。为了保证预制薄板与叠合层有较好的连接,薄板上表面需做处理,常见的有两种:一是在上表面做刻槽处理,刻槽直径 50 mm,深 20 mm,间距 150 mm;另一种是在薄板表面露出较规则的三角形的结合钢筋。

(2)叠合式楼板构造

叠合板的预制板厚度不宜小于 60 mm,后浇混凝土叠合层厚度不应小于 60 mm;跨度大于 3 m 的叠合板,宜采用桁架钢筋混凝土叠合板;跨度大于 6 m 的叠合板,宜采用预应力混凝土预制板。

① 叠合板的端部节点

叠合板支座处的纵向钢筋应符合下列规定:

板端支座处,预制板内的纵向受力钢筋宜从板端伸出并锚入支承梁或墙的后浇混凝土中,锚固长度不应小于 $5d$(d 为纵向受力钢筋直径),且宜伸过支座中心线,如图 7.19(a)所示。

② 叠合板的板侧节点

叠合板的板侧支座处,当预制板内的板底分布钢筋伸入支承梁或墙的后浇混凝土中时,应符合板端支座处纵向受力钢筋构造要求;当板底分布钢筋不伸入支座时,宜在紧邻预制板顶面的后浇混凝土叠合层中设置附加钢筋,附加钢筋在板的后浇混凝土叠合层内锚固长度不应小于 $15d$,在支座内锚固长度不应小于 $15d$ 且宜伸过支座中心线,如图 7.19(b)所示。

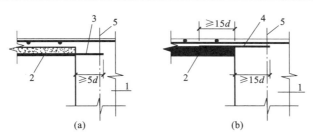

图 7.19 叠合板板端及板侧支座构造示意

（a）板端支座；（b）板侧支座

1—支承梁或墙；2—预制板；3—纵向受力钢筋；4—附加钢筋；5—支座中心线

7.3 楼地面构造

楼地面是楼层地面和底层地面的统称。楼地面属于建筑装修的一部分，各类建筑对地面要求也不尽相同。一般要求坚固耐久，防水，隔声，吸热系数小，经济适用。

7.3.1 楼地面的类型

1. 整体地面

整体地面是采用现场拌合料，经浇抹形成的面层，具有构造简单、造价较低的特点，是一种应用较广泛的类型。它包括水泥砂浆地面、现浇水磨石地面、细石混凝土地面等。

（1）水泥砂浆地面

水泥砂浆地面构造简单，坚固、耐磨、防水，造价低廉，但导热系数大，冬天感觉阴冷，吸水性差，易起灰，不易清洁，是一种广为采用的经济型地面。面层有单层和双层两种做法，如图7.20 所示。单层做法先在找平层上刷一道素水泥浆结合层，再抹 15～20 mm 1:2～1:2.5 水泥砂浆并压光；双层做法是以 15～20 mm 厚 1:3 水泥砂浆打底并找平，再以 5～10 mm 厚1:1.5 或 1:2 水泥砂浆抹面。

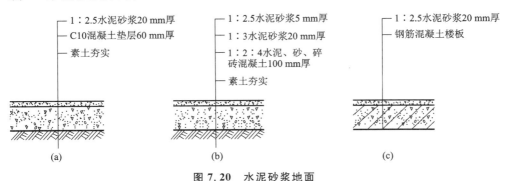

图 7.20 水泥砂浆地面

（a）底层地面单层做法；（b）底层地面双层做法；（c）楼层地面

（2）现浇水磨石地面

现浇水磨石地面是用天然石渣、水泥、颜料加水拌和，摊铺抹面，经抹光、打蜡而成的，如图7.21 所示。水磨石面层美观大方、平整光滑、整体性好、坚固耐久、易于清洁，但施工时湿作业工序多，工期长。

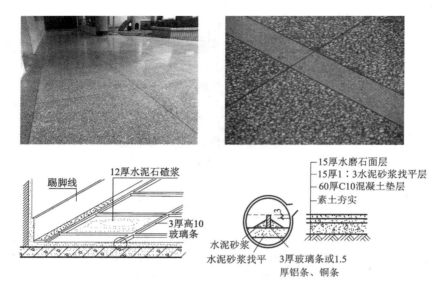

图 7.21　现浇水磨石地面

现浇水磨石地面为双层构造。常用 10～15 mm 厚 1∶3 水泥砂浆打底、找平;按设计图纸用 1∶1 水泥砂浆在找平层上固定分格条(铜条、铝条或玻璃条);再用 1∶1.5～1∶2.5 的水泥石碴抹面。石子粒径多为 4～12 mm,养护一周后,用水磨机磨光;清洗后打蜡保护。

(3)细石混凝土地面

细石混凝土地面分层构造,垫层采用 80～100mm 厚 C20 细石混凝土,结合层为水灰比 0.4～0.5 的水泥浆,面层为 30mm 厚细石混凝土(有敷管时为 50mm),施工时木板拍浆或铁棍压浆。为提高其表面耐磨性和光洁度,可洒 1∶1 的水泥浆随洒随抹光,如图 7.22 所示。

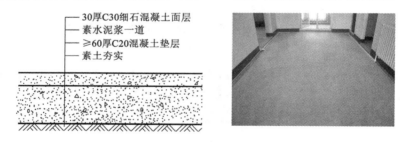

图 7.22　细石混凝土地面

2. 块材地面

块材地面是在基层上用水泥砂浆、水泥浆或胶粘剂铺设装饰块材所形成的楼地面做法。常用板材有陶瓷地砖、陶瓷锦砖、水泥花砖、大理石板、花岗岩板等。

(1)缸砖、地面砖地面

缸砖是陶土加矿物颜料烧制而成的一种无釉砖块,主要有红棕色和深米黄色两种,形状有正方形、矩形、菱形、六角形、八角形等,尺寸有 100 mm×100 mm 和 150 mm×150 mm,厚度 10～19 mm。缸砖质地坚硬,强度较高,耐磨、耐水、耐酸碱,易清洁,施工简单,因此广泛应用于卫生间、盥洗间、浴室、厨房、实验室及有腐蚀性液体的房间地面,如图 7.23(a)所示。做法为 20 mm 厚 1∶3 水泥砂浆找平,3～4 mm 厚水泥胶粘贴缸砖,用素水泥浆擦缝。

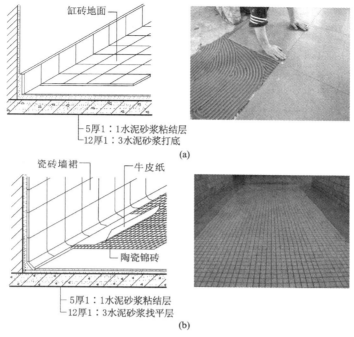

图 7.23　缸砖、陶瓷锦砖地面构造

(a)缸砖地面；(b)陶瓷锦砖地面

地面砖相对缸砖色彩丰富，装饰效果好，造价也较高，用于装修标准比较高的建筑物地面，构造做法根据地砖规格大小有湿铺法和干铺法两种。湿铺法是直接采用水泥砂浆涂抹地砖背面粘贴在地面找平层之上，适用于规格小于 400 mm×400 mm 的地砖，构造做法类同缸砖，如图 7.24(a)所示；而干铺法在地面清理干净并洒水湿润之后，先垫上 30～40 mm 厚 1∶3～1∶4 干硬性水泥砂浆作为基层，然后再在地砖背面涂抹水泥砂浆进行铺贴瓷砖，构造做法类同天然石材地面，如图 7.24(b)所示。

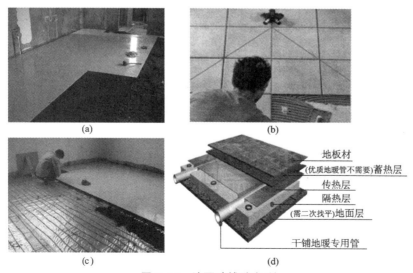

图 7.24　地面砖铺贴方法

(a)湿铺地面砖；(b)干铺地面砖；(c)湿铺带地暖地面砖；(d)带地暖地面砖构造

湿铺法可以有效节约地面厚度,但因为砂浆中的水分较多,凝固过程中水分蒸发,容易出现一些小气泡,从而导致地面砖与砂浆之间出现空隙,从而造成空鼓现象发生;干铺法的优势是可以有效避免瓷砖在铺贴过程中造成空鼓等现象,但铺贴比较费工,技术含量较高。

（2）陶瓷锦砖地面

陶瓷锦砖是以优质瓷土烧制而成,其常用规格有 19 mm×19 mm、39 mm×39 mm 的正方形和 39 mm×19 mm 的长方形以及边长为 25 mm 的六角形等多种,厚度 4~5 mm,可拼成各种新颖、漂亮的图案,常反贴于牛皮纸上以便使用,如图 7.23(b)所示。

陶瓷锦砖色泽丰富、质地坚实、耐磨、耐酸、不渗水和易清洁,多用于工业与民用建筑的洁净车间、门厅、走廊、餐厅、卫生间、游泳池和实验室等地面工程。构造做法类同缸砖。

（3）天然石材地面

天然石材地面是指各种花岗岩、大理石地面,其特点是强度高、耐磨性好、光滑明亮、柔和典雅、纹理清晰、色泽美观、操作简便、施工进度快和工期短,但造价相对较高,适用于宾馆、展览馆、影剧院、商场等。做法是在找平层上实铺 30 mm 厚 1∶3 干硬性水泥砂浆结合层,上洒素水泥浆,再粘贴花岗岩板或大理石板,并用素水泥浆擦缝,如图 7.25 所示。

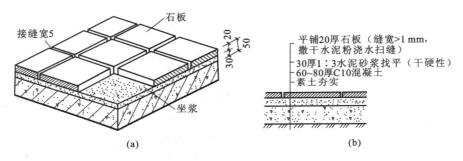

图 7.25　花岗岩、大理石地面

3.木地面

木地板的主要特点是有弹性、不起灰、不返潮、易清洁、保温性好,常用于高级住宅、宾馆、体育馆、健身房、剧院舞台等建筑中。

木地面有实铺和空铺两类做法。空铺木地板因占用空间多、费材料,因而采用较少。实铺地板是在结构层上设置木龙骨,木龙骨上按一定角度铺设毛地板。毛地板上钉接 50 mm×20 mm 硬木长条或席纹、人字纹拼花底板,表面烫硬蜡,如图 7.26 所示。

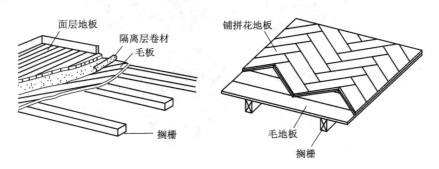

图 7.26　双层木地板构造

（a）双层木地板构造层次；（b）毛板与拼花面板成角度布置

目前使用较多的是强化复合木地板地面,其特点是施工方便,价格便宜,不易变形,对环境要求低,和地砖一样容易清洁维护。其做法是在细石混凝土找平层上铺设泡沫塑料衬垫,面层为 8 mm 厚企口强化复合地板,如图 7.27 所示。

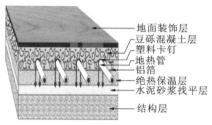

地面装饰层
豆砾混凝土层
塑料卡钉
地热管
铝箔
绝热保温层
水泥砂浆找平层
结构层

图 7.27　复合木地板地面构造

7.3.2　楼地面细部构造

1. 地层防潮

(1)设防潮层

通常对无特殊防潮要求的房间,其地层防潮采用 C10 混凝土垫层 60mm 厚即可。

对防潮要求较高的房间,其地层防潮的具体做法是在混凝土垫层上、刚性整体面层下先刷一道冷底子油,然后刷憎水的热沥青两道或二布三涂防水层,形成防潮层,以防止潮气上升到地面。也可在垫层下铺一层粒径均匀的卵石、粗砂等,切断毛细水的上升通路,如图 7.28(a)、(b)所示。

(2)设保温层

设保温层有两种做法:第一种是在地下水位低、土壤较干燥的地层,可在垫层下铺一层1:3 水泥炉渣或其他工业废料作保温层;第二种是在地下水位较高的地区,可在面层与混凝土垫层间设保温层,并在保温层下做防水层,如图 7.28(c)、(d)所示。

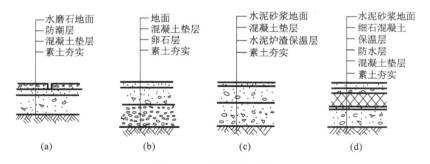

水磨石地面
防潮层
混凝土垫层
素土夯实

地面
混凝土垫层
卵石层
素土夯实

水泥砂浆地面
混凝土垫层
水泥炉渣保温层
素土夯实

水泥砂浆地面
细石混凝土
保温层
防水层
混凝土垫层
素土夯实

(a)　　　　　(b)　　　　　(c)　　　　　(d)

图 7.28　地层防潮构造

(3)架空地层

将地层底板搁置在地垄墙上,将地层架空,形成空铺地层,使地层与土壤间形成通风道,可带走地下潮气。

2. 楼地层防水

(1)楼面排水

为便于排水,首先要在卫生间、水房等房间设置地漏,并使地面由四周向地漏有一定的坡度,从而引导水流入地漏。地面排水坡度一般为 1%～1.5%。

（2）楼层防水

有防水要求的楼层，其结构应以现浇钢筋混凝土楼板为好。面层也宜采用水泥砂浆、水磨石地面或缸砖、瓷砖、陶瓷锦砖等防水性能好的材料。常见的防水材料有防水卷材、防水砂浆和防水涂料等。如图 7.29 所示。

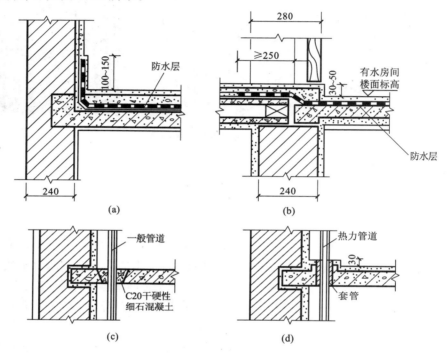

图 7.29　楼板层防水处理及管道穿越楼板时的处理

（a）防水层伸入踢脚；（b）防水层铺至门外；

（c）普通管道穿越楼板的处理；（d）热力管道穿越楼板的处理

3. 楼板层隔声

楼板层隔声的重点是对撞击声的隔绝，可从以下三个方面进行改善：（1）采用弹性面层；（2）采用弹性垫层；（3）采用吊顶。

4. 楼板上隔墙的处理

楼板上设置隔墙时，宜采用轻质隔墙，这样可以直接搁置于楼板的任一位置。当楼板为槽形板楼板时，隔墙可直接搁置在板的纵肋上，如图 7.30（a）所示。当楼板为空心板楼板时，应在隔墙下的板缝处设现浇钢筋混凝土板带或梁来支承隔墙，如图 7.30（b）、（c）所示。

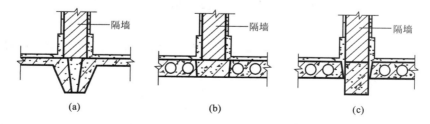

图 7.30　楼板上隔墙的处理

（a）隔墙支承于纵肋上；（b）隔墙支承于现浇板带上；（c）隔墙支承于梁上

7.3.3 踢脚和墙裙

踢脚是室内地面与墙面交接处的构造处理,它的作用是保护墙的根部,防止外界的碰撞和清洗地面时的污染。因此,踢脚宜用强度高、光滑耐磨、耐脏的材料做成。一般与楼地面层材料相同,高度为 120~150 mm。其构造做法如图 7.31 所示。常用踢脚材料有水泥砂浆、水磨石、釉面砖、木板等,如图7.32所示。

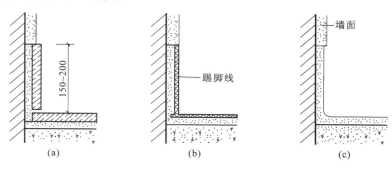

(a)   (b)   (c)

图 7.31　踢脚线构造
(a)凸出墙面;(b)与墙面平齐;(c)凹进墙面

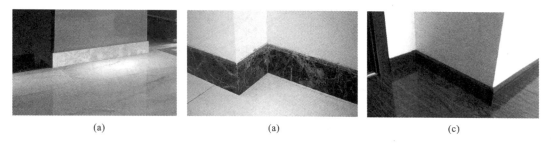

(a)   (a)   (c)

图 7.32　常见踢脚材料做法
(a)釉面砖踢脚;(b)大理石踢脚;(c)木板踢脚

墙裙是踢脚向上延伸后形成的。墙裙的作用有两个:一是主要起装饰作用,常用木板、天然石材板等制作,高度为 900~1200 mm;二是厨房、卫生间的墙裙起到防水和便于清洗的作用,高度为 900~2000 mm。

7.4　顶　棚　构　造

顶棚又称天棚或天花板,是楼板层或屋顶下面的装修层。它的作用是保证房间清洁整齐,封闭管线,增强隔声效果。按其构造方式有直接式顶棚和吊挂式顶棚两种。

7.4.1 直接式顶棚

直接式顶棚是在屋面板、楼板等的底面直接喷浆、抹灰、粘贴壁纸或面砖等饰面材料,如图7.33 所示。

直接式顶棚一般具有构造简单,构造层厚度小,可以充分利用空间,材料用量少,施工方便,造价较低等特点。但这类顶棚没有供隐藏管线等设备、设施的内部空间,通常用于普通建

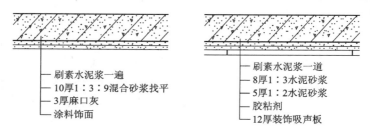

图 7.33　直接式顶棚

筑及室内空间高度受到限制的场所。

　　当底板平整时,可直接喷、刷大白浆或涂料;当楼板结构层为钢筋混凝土预制板时,可用
1:3水泥砂浆填缝刮平,再喷刷涂料。

7.4.2　吊挂式顶棚

　　吊挂式顶棚一般由吊杆、骨架、面层三个部分组成,如图 7.34 所示。

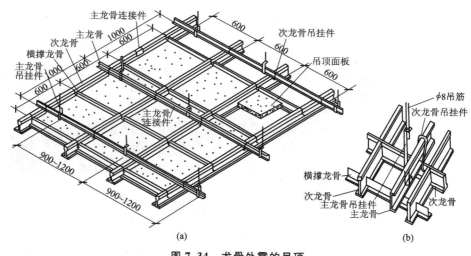

图 7.34　龙骨外露的吊顶

(a) 吊顶龙骨布置;(b) 细部构造

1.吊杆

　　吊杆的作用是承受吊顶面层和龙骨架的荷载,并将荷载传递给屋顶的承重结构。吊杆的
材料大多使用钢筋。

2.骨架

　　骨架的作用是承受吊顶面层的荷载,并将荷载通过吊杆传给屋顶承重结构。吊顶工程中
常用的骨架材料有木龙骨、轻钢龙骨、铝合金龙骨等。木龙骨一般宜选用针叶树类,其含水率
不得大于 18%。

　　骨架的结构主要包括主龙骨(又称主格栅)和次龙骨(又称次格栅)所形成的网架体系。轻
钢龙骨和铝合金龙骨按外形有 T 形、U 形及各种异型龙骨等。

3.面层

　　面层的作用是装饰室内空间以及吸声、反射等功能。面层的材料有纸面石膏板、纤维板、
胶合板、钙塑板、矿棉吸音板、铝合金等金属板、PVC 塑料板等。面层的形式有条形、矩形等。

7.5 阳台与雨篷

7.5.1 阳台构造

阳台是多层或高层建筑中不可缺少的室内外过渡空间,为人们提供户外活动的场所。

1.阳台的种类

居住建筑的阳台按使用功能分为服务阳台和生活阳台两种。其中,生活阳台多与客厅或卧室相连,在建筑向阳面,主要供人们休息、晾晒用;服务阳台多与厨房相连,主要供人们存放杂物及辅助家庭劳务操作。

按阳台与建筑外墙的相对位置关系,可分为凸阳台、凹阳台和半凸半凹阳台三种形式,如图 7.35 所示。

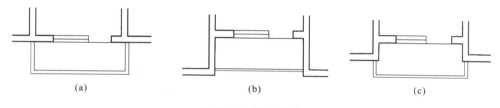

图 7.35 阳台类型

(a) 凸阳台;(b) 凹阳台;(c) 半凸半凹阳台

2.阳台的组成

阳台由承重结构(梁、板)、栏杆(栏板)、扶手等部分组成。

凸阳台及半凸半凹阳台的出挑部分的承重结构为悬臂结构,出挑长度应满足抗倾覆的要求,以保证结构安全。阳台挑出长度根据使用要求确定,一般为 1~1.5 m。

阳台栏杆(栏板)是设置在阳台外围的垂直构件。栏杆的形式有三种:空花栏杆、栏板和由空花栏杆与栏板组合而成的组合栏板。空花栏杆空透,具有较高的装饰性,在公共建筑和南方地区建筑中应用较多;栏板便于封闭阳台保暖,在北方地区的居住建筑中使用广泛。

空花栏杆一般采用圆钢、方钢、扁钢或钢管等制作。低层、多层住宅栏杆净高不应低于1.05 m,中高层住宅阳台栏杆净高不应低于 1.1 m,但也不应高于 1.2 m。空花栏杆垂直杆之间的净距不应大于 110 mm,有儿童活动的建筑内栏杆不应设置水平杆件,以防儿童攀爬。此外,栏杆应用阳台板连接牢固,通常是在阳台板顶面上预埋扁钢与金属栏杆焊牢,也可将栏杆插入预留孔洞中,再用砂浆灌实。栏板多采用钢筋混凝土,有现浇和预制两种:现浇栏板通常与阳台板整体浇筑在一起;预制栏板可将其预留钢筋与阳台板的预留部分交互在一起,或预埋铁件焊接,如图7.36所示。扶手是供人们手扶持时用,所用材料有金属、塑料、混凝土等类型,如图 7.37 所示。

为了防止雨水流入室内,要求开敞式阳台地面低于室内地面 20~30 mm,并设排水孔,抹出 1%的排水坡度,将水由排水孔排走,如图 7.38 所示。

3.阳台的结构布置方式

凹阳台实际上是楼板层的一部分,它的承重结构布置按楼板层的受力分析进行。而凸阳台和半凸半凹阳台的受力构件是悬挑构件,构造上应予以重视。常采用以下两种结构方式布置,如图 7.39 所示。

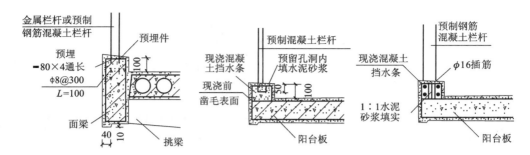

图 7.36　栏杆与梁面、阳台板的连接

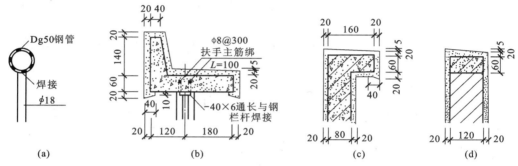

图 7.37　栏杆与扶手的连接

（a）焊接；（b）整体现浇扶手；（c）整体现浇；（d）现浇扶手

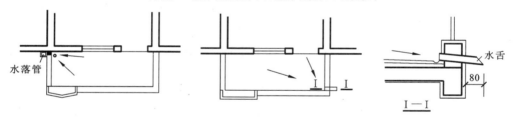

图 7.38　阳台排水处理

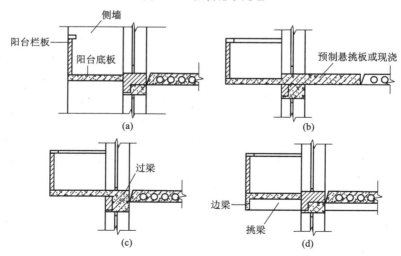

图 7.39　阳台的结构布置

（a）墙承式；（b）楼板悬挑式；（c）墙梁悬挑式；（d）挑梁式

（1）挑梁式　由墙或柱上伸出挑梁,梁上承接阳台板。此种方式构造简单、施工方便,是较常采用的一种方式。

（2）挑板式　楼板从室内延伸向外挑出,是纵墙承重住宅阳台的常用做法。

7.5.2　雨篷构造

雨篷位于建筑出入口的上方,用来遮挡雨雪,保护外门免受侵蚀,给人们提供一个从室外到室内的过渡空间,并起到保护门和丰富建筑立面的作用。现代雨篷的形式多种多样,以材料和结构形式不同分为钢筋混凝土雨篷、钢结构悬挑雨篷、玻璃采光雨篷等,如图 7.40 所示。根据雨篷板的支承方式不同,钢筋混凝土雨篷又分为板式和梁板式两种。

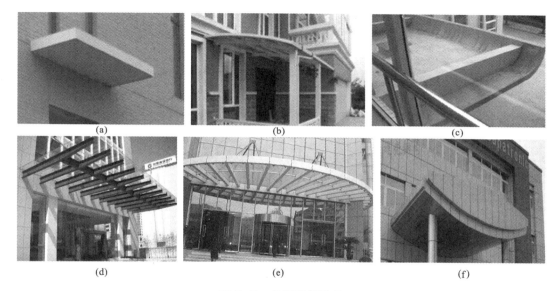

图 7.40　常见雨篷形式

（a）钢筋混凝土板式雨篷;（b）钢筋混凝土有柱雨篷;（c）钢筋混凝土反梁雨篷;
（d）钢结构悬挑采光雨篷;（e）钢结构弧形悬挑采光雨篷;（f）钢结构有柱雨篷

钢筋混凝土雨篷一般由雨篷梁和雨篷板组成;钢结构悬挑雨篷由支承系统、骨架系统和板面系统三部分组成;玻璃采光雨篷是用阳光板、钢化玻璃作雨篷面板的新型透光雨篷,其特点是结构轻巧,造型美观,透明新颖,富有现代感。

1. 板式雨篷

板式雨篷一般与门洞口的过梁整体现浇在一起,上下表面平整,一般做成变截面形式。板式雨篷外挑长度一般为 0.9～1.5 m,板根部厚度不小于挑出长度的 1/8,且不小于 70 mm,雨篷宽度比门洞口每边宽 250 mm,如图 7.40(a)所示。

2. 梁板式雨篷

当门洞口尺寸较大、雨篷出挑尺寸也较大时,雨篷应采用梁板式结构,即雨篷由梁和板组成。为使雨篷底面平整,梁一般采用上翻梁,如图 7.40(c)所示。当雨篷尺寸更大时,可在雨篷梁下设柱子增加支撑。

钢筋混凝土雨篷顶面应做防水处理,一般采用 20 mm 厚防水砂浆抹面,防水层应沿墙面向上延伸,高度不小于 250 mm。雨篷排水可采用无组织排水(即自由落水)和有组织排水两种方式。雨篷采用有组织排水时,应在一侧或双侧设排水管排水,顶面设置 1‰ 的排水坡,如图 7.41 所示。

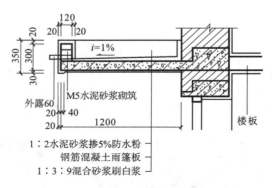

图 7.41　钢筋混凝土有组织排水雨篷构造

单元 8 楼　梯

教学目标

1. 熟悉楼梯的作用及分类；
2. 掌握楼梯的组成及类型；
3. 掌握楼梯的尺度要求；
4. 掌握钢筋混凝土楼梯的分类及其优缺点；
5. 掌握楼梯的细部构造；
6. 了解室外台阶及坡道的构造要求。

8.1　概　述

8.1.1　楼梯的作用和分类

1. 楼梯的作用

楼梯是由连续行走的梯级、休息平台和维护安全的栏杆（或栏板）、扶手以及相应的支托结构组成的作为楼层之间垂直交通用的建筑部件，是联系建筑上下层的垂直交通工具，用于楼层之间和高差较大时的交通联系。可以毫不夸张地说，当代城市建筑绝大多数都少不了楼梯这个交通工具，高层建筑尽管采用电梯作为主要垂直交通工具，但是仍然要保留楼梯供紧急情况发生时逃生之用，并已作为建筑法律约束建筑相关设计。

所以楼梯的作用主要表现在两个方面，一是作为垂直交通工具联系上下楼层，二是作为安全疏散的交通工具供紧急情况发生时疏散及逃生之用。

2. 楼梯的类型

（1）按楼梯所处位置可分为室内楼梯和室外楼梯。

（2）按楼梯的使用性质可分为主要楼梯、辅助楼梯、疏散楼梯和消防楼梯。

（3）按楼梯的材料可分为钢筋混凝土楼梯、钢楼梯、木楼梯和混合材料楼梯，如图 8.1 所示。

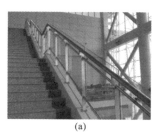　　

(a)　　　　　　　　　　(b)　　　　　　　　　　(c)

图 8.1　常见材料的楼梯形式

（a）钢筋混凝土楼梯；（b）钢楼梯；（c）木楼梯

　　（4）按楼梯的施工方式可分为现浇钢筋混凝土楼梯和预制装配式钢筋混凝土楼梯。

　　（5）按楼梯间的平面形式可分为开敞楼梯、封闭楼梯和防烟楼梯。

　　（6）按楼梯的平面形式可分为直行单跑楼梯、直行多跑楼梯、平行双跑楼梯、平行双分楼梯、平行双合楼梯、折行多跑楼梯、交叉楼梯、剪刀楼梯和螺旋楼梯等。如图 8.2 所示。

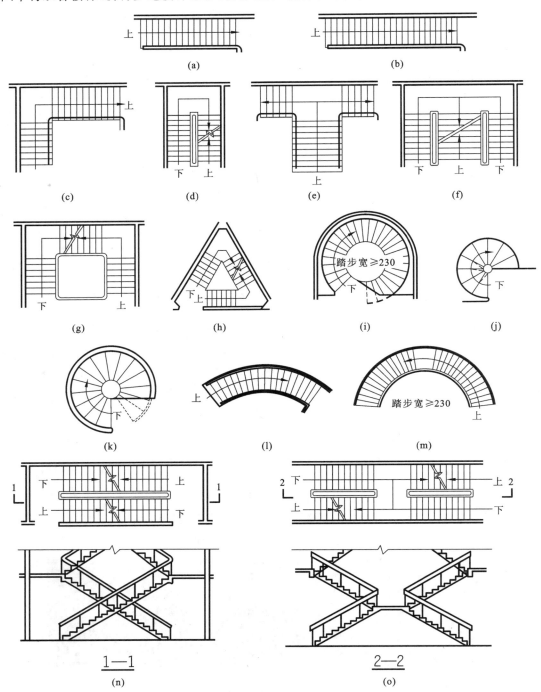

图 8.2　楼梯形式

楼梯类型的选择不是随意的,而是取决于所处位置、楼梯间的平面形状与大小、楼层的高低与层数、人流多少等因素,设计时应综合考虑各种因素。

目前建筑中使用较多的是平行双跑楼梯,其他如平行双分楼梯、平行双合楼梯、折行多跑楼梯等均是在它的基础上变化而来的。

8.1.2　楼梯的组成

楼梯主要由楼梯段、楼梯平台和栏杆(板)三部分组成,如图 8.3 所示。

1. 楼梯段

楼梯段又称楼梯跑,是联系两个不同标高平台的倾斜构件,是楼梯的主要使用和承重部分,它由若干个踏步组成。为减少人们上下楼梯时的疲劳和适应人行的习惯,我国规定每段楼梯的踏步数量应在3～18步。

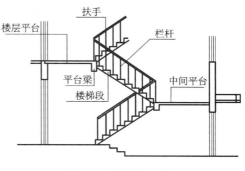

图 8.3　楼梯的组成

2. 楼梯平台

楼梯平台是指两楼梯段之间的水平板,有楼层平台、中间平台之分。其主要作用在于缓解疲劳,让人们在连续上楼时可在平台上稍加休息,故又称休息平台。同时,平台还是梯段之间转换方向的连接处。

3. 栏杆(板)和扶手

栏杆是楼梯段的安全设施,一般设置在梯段的边缘和平台临空的一边,要求它必须坚固可靠,并保证有足够的安全高度。栏杆的上沿为扶手,供人们行走时依扶之用。

8.1.3　楼梯的尺度

1. 踏步尺度

楼梯的坡度由踏步高 h(踢面)与踏步宽 b(踏面)来控制,如图 8.4 所示,常用坡度为 30° 左右。踏步的高度,成人以 150 mm 左右为宜,不应高于 175 mm。踏步的宽度以300 mm 左右为宜,不窄于 260 mm。踏步尺度按经验公式来确定,即 $2h+b=600～630$ mm 或 $h+b=400$ mm。

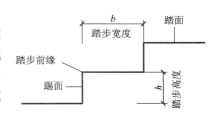

图 8.4　踏步形式和尺寸

2. 梯段尺度

楼梯梯段净宽是指墙面装饰面至扶手中心线之间的水平距离,梯段宽度按每股人流550～600 mm 宽度考虑,单人通行时为 900 mm,双人通行时为 1100～1200 mm,三人通行时为1650～1800 mm,依次类推。同时,需满足各类建筑设计规范中对梯段宽度的限定,如住宅大于或等于 1100 mm,公共建筑大于或等于 1300 mm 等,如图 8.5 所示。

梯段长度 L 是梯段的水平投影长度,其值为

$$L=b \cdot (N-1)$$

式中　b——踏步宽度;

　　　N——踏步数。

3.平台宽度

楼梯平台宽度是指墙面到转角扶手中心线的距离,对于平行多跑和折行多跑类型的楼梯,休息平台宽度必须大于或等于梯段宽度且不小于 1200 mm;对于直行多跑楼梯,其中间平台宽度大于或等于梯段宽度且不小于 1200 mm,如图 8.5 所示。

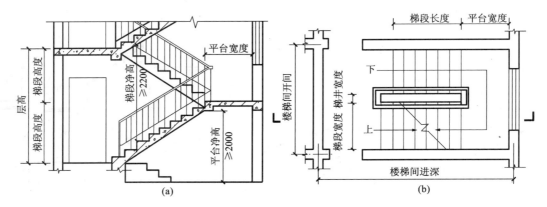

图 8.5 楼梯各部分尺度

(a)剖面图;(b)平面图

4.梯井宽度

梯井是相邻楼梯段和平台所围成的上下连通的空间,从顶层到底层贯通。梯井宽度为 60～200 mm。公共建筑的梯井宽度以不小于 150 mm 为宜(消防要求),如图 8.5 所示。

5.栏杆(或栏板)扶手高度

一般室内扶手高度取 900 mm,托幼建筑中扶手高度一般取 600 mm,顶层平台的水平安全栏杆扶手高度一般不宜小于 1000 mm,栏杆之间的水平距离不应大于 120 mm,室外楼梯扶手高度不小于 1050 mm。如图 8.6 所示。

6.楼梯的净空高度

净空高度是指由楼梯任意一踏面前缘线至上一段楼梯底面或平台下面突出物件下缘间的铅重高度,楼梯的净空高度包括楼梯段的净高和平台过道处的净高。在平台过道处应大于 2 m。在楼梯段处应大于 2.2 m,如图 8.7 所示。

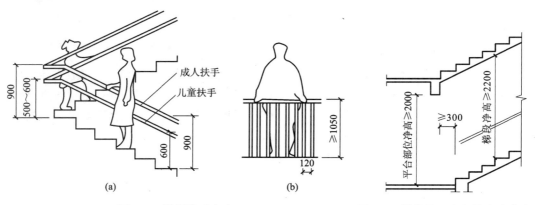

图 8.6 栏杆扶手高度

(a)梯段处;(b)顶层平台处安全栏杆

图 8.7 梯段及平台部位净空高度要求

8.2　钢筋混凝土楼梯构造

8.2.1　现浇式钢筋混凝土楼梯

现浇钢筋混凝土楼梯是指楼梯段、楼梯平台等整浇在一起的楼梯。它的整体性好,刚度大,坚固耐久,抗震较为有利,并能适应各种楼梯间平面和楼梯形式。但由于需要现场支模板、绑扎钢筋、浇灌混凝土等,受外界环境因素影响较大,施工进度慢,耗费模板,因而较适合于形状特殊或抗震设防要求较高的建筑中如螺旋形楼梯、弧形楼梯等形状复杂的楼梯。现浇式钢筋混凝土楼梯根据梯段的传力和结构形式的不同,可分为板式楼梯和梁板式楼梯两种,如图 8.8 所示。

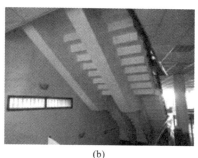

(a)　　　　　　　　　　　(b)

图 8.8　现浇钢筋混凝土楼梯结构形式

(a)板式楼梯;(b)梁板式楼梯

1.板式楼梯

板式楼梯的楼梯段作为一块整浇板,斜向搁置在平台梁上,楼梯段相当于一块斜放的板,平台梁之间的距离即为板的跨度,楼梯段应沿跨度方向布置受力钢筋,其传力过程为:楼梯段→平台梁→楼梯间墙。也有带平台板的板式楼梯,即把两个或一个平台板和一个梯段组合成一块折形板,这样处理平台下净空扩大了,但斜板跨度增加了。如图 8.9 所示。

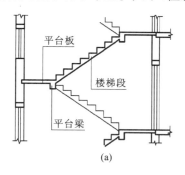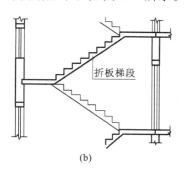

(a)　　　　　　　　　　　(b)

图 8.9　板式楼梯

(a)板式构造;(b)折板式构造

板式楼梯结构简单,梯段的底面平整,施工方便,便于装修。但当楼梯荷载较大,楼梯段斜板跨度较大时,斜板的截面高度也将很大,钢筋和混凝土用量增加,经济性下降。所以板式楼梯常用于楼梯荷载较小、楼梯段的跨度也较小的住宅等建筑中。

2. 梁板式楼梯

梁板式楼梯是由踏步板、楼梯斜梁、平台梁和平台板组成。荷载的传力过程为:踏步板→斜梁→平台梁→楼梯间墙。梁板式楼梯踏步板厚主要由梯段宽度决定。

梁板式楼梯板跨度小,斜梁承重,对受力有利,可减小板厚,自重轻,节约钢材和混凝土。一般用于跨度大、荷载大的建筑或异型楼梯。

梁板式梯段在结构布置上有双梁布置和单梁布置之分。

双梁式梯段系将梯段斜梁布置在踏步的两端,这时踏步板的跨度便是梯段的宽度,也就是楼梯段斜梁间的距离。梁板式楼梯与板式楼梯相比,板的跨度小,故在板厚相同的情况下,梁板式楼梯可以承受较大的荷载。反之,荷载相同的情况下,梁板式楼梯的板厚可以比板式楼梯的板厚减薄。而且踏步部分的混凝土在板式梯段中是一种负担,梁板式楼梯中则作为板结构的一部分,这样板的计算便可以扩大到踏步三角形中。

当斜梁在板下部时称为正梁式梯段,上面踏步露明,常称明步,如图8.10所示。有时为了让楼梯段底表面平整或避免洗刷楼梯时污水沿踏步端头下淌,弄脏楼梯,常将楼梯斜梁反向上面(称为反梁式梯段),下面平整,踏步包在梁内,常称暗步,如图8.11所示。边梁的宽度要做得窄一些,必要时可以和栏杆结合。双梁式楼梯在有楼梯间的情况下,有时为了节约用料,通常在楼梯段靠墙一边也可不设斜梁,用承重的砖墙代替斜梁,则踏步板一端搁在墙上,另一端搁在斜梁上。

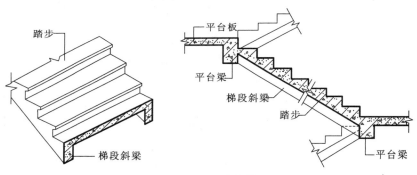

图 8.10　明步楼梯

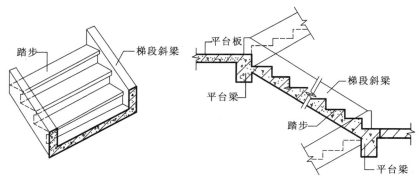

图 8.11　暗步楼梯

8.2.2　预制装配式钢筋混凝土楼梯

预制装配式钢筋混凝土楼梯是指用预制厂生产或现场制作的构件安装拼合而成的楼梯。采用预制装配式楼梯可较现浇式钢筋混凝土楼梯提高工业化施工水平,节约模板,简化操作程序,较大幅度地缩短工期。但预制装配式钢筋混凝土楼梯的整体性、抗震性、灵活性等不及现浇钢筋混凝土楼梯。

预制装配式钢筋混凝土楼梯主要包括小型构件装配式楼梯、中型预制装配式楼梯和大型预制装配式楼梯几种主要类型,如图 8.12 所示。

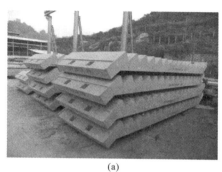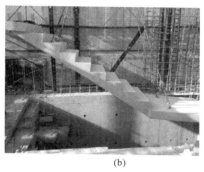

（a）　　　　　　　　　　　　　　　　　　　　　（b）

图 8.12　预制装配式钢筋混凝土楼梯

（a）小型构件装配式楼梯；（b）中型构件装配式楼梯

1. 小型构件装配式楼梯

小型构件装配式楼梯一般把预制踏步板作为基本构件,构件尺寸小、数量多,具有构件生产、运输、安装方便等优点,同时也存在着施工较复杂、施工进度慢、往往需要现场湿作业配合等不足。

预制踏步的支承有两种形式,梁承式和墙承式。

梁承式支承的构件是斜向的梯梁。预制梯梁的外形随支承的踏步形式而变化。当梯梁支承三角形踏步时,梯梁常做成上表面平齐的等截面矩形梁;如果梯梁支承一字形或 L 形踏步时,梯梁上表面须做成锯齿形。

墙承式楼梯依其支承方式不同可分为悬挑踏步式楼梯和双墙支承式楼梯。

2. 大中型预制装配式楼梯

中型构件装配式楼梯一般由楼梯段和带平台梁的平台板两个构件组成。带梁平台板把平台板和平台梁合并成一个构件。当起重能力有限时,可将平台梁和平台板分开。这种构造做法的平台板,可以和小型构件装配式楼梯的平台板一样,采用预制钢筋混凝土槽形板或空心板两端直接支承在楼梯间的横墙上;或采用小型预制钢筋混凝土平板,直接支承在平台梁和楼梯间的纵墙上。

大型构件装配式楼梯是把整个梯段和平台预制成一个构件。按结构形式不同,有板式楼梯和梁板式楼梯两种。为减轻构件的重量,可以采用空心楼梯段。楼梯段和平台这一整体构件支承在钢支托或钢筋混凝土支托上。

大型构件装配式楼梯的构件数量少,装配化程度高,施工速度快,但施工时需要大型的起重运输设备,主要用于大型装配式及大量性建筑中。

8.3　楼梯的细部构造

楼梯是建筑中与人体接触最频繁的构件之一,为更好地满足人们的需要,应对楼梯的踏步、栏杆(栏板)、扶手进行适当的构造处理,以满足楼梯的正常使用及美观要求。

8.3.1　踏步

楼梯踏步应使踏面光洁、耐磨,易于清扫。踏面面层常采用水泥砂浆、水磨石等,亦可采用铺缸砖、贴油地毡或铺大理石板。前两种多用于一般工业与民用建筑中,后几种多用于有特殊要求或较高级的公共建筑中。

为防止行人在上下楼梯时滑跌,特别是水磨石面层以及其他表面光滑的面层,常在踏步近踏口处用不同于面层的材料做出略高于踏面的防滑条,常用的防滑条材料有水泥铁屑、金刚砂、金属条(铸铁、铝条、铜条)、马赛克及带防滑条缸砖等。防滑条应高出踏步面 2~3 mm,如图 8.13 所示。

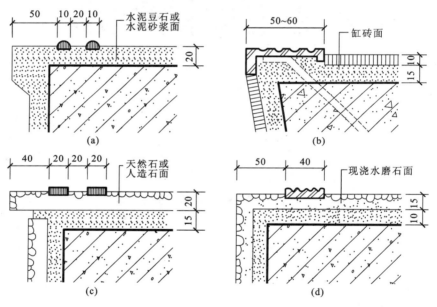

图 8.13　踏步面层及防滑处理

(a) 金刚砂防滑条;(b) 铸铁防滑条;(c) 马赛克防滑条;(d) 有色金属防滑条

8.3.2　栏杆(栏板)、扶手

为保证楼梯的使用安全,应在楼梯段的临空一侧设置栏杆或栏板,并在其上部设置扶手。

栏杆多采用方钢、圆钢、钢管或扁钢等材料,并可焊接或铆接成各种图案,既起防护作用,又起装饰作用。

栏杆与踏步的连接方式有锚接、焊接和螺栓连接三种,如图 8.14 所示。

锚接是在踏步上预留孔洞,然后将钢条插入孔内,预留孔一般为 50 mm×50 mm,插入洞

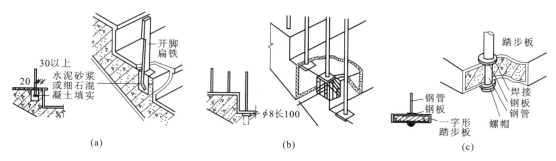

图 8.14　栏杆与踏步的连接方式

(a) 锚接；(b) 焊接；(c) 螺栓连接

内至少 80 mm，洞内浇筑水泥砂浆或用细石混凝土嵌固。焊接则是在浇筑楼梯踏步时，在需要设置栏杆的部位，沿踏面预埋钢板或在踏步内埋套管，然后将钢条焊接在预埋钢板或套管上。螺栓连接是指利用螺栓将栏杆固定在踏步上。

栏板多用钢筋混凝土或加筋砖砌体制作，也有用钢丝网水泥板的。钢筋混凝土栏板有预制和现浇两种。

楼梯扶手按材料分有木扶手、金属扶手、塑料扶手等，以构造分有镂空栏杆扶手、栏板扶手和靠墙扶手等。

木扶手、塑料扶手借木螺丝通过扁铁与镂空栏杆连接；金属扶手则通过焊接或螺钉连接；靠墙扶手则由预埋铁脚的扁钢借木螺丝来固定。栏板上的扶手多采用抹水泥砂浆或水磨石粉面的处理方式。如图 8.15 所示。

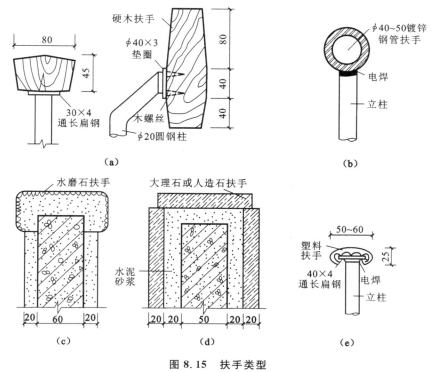

图 8.15　扶手类型

8.4 室外台阶与坡道

室外台阶与坡道是建筑出入口处室内外高差之间的交通联系部件,如图 8.16 所示。由于其位置明显,人流量大,特别是当室内外高差较大或基层土质较差时,须慎重处理。

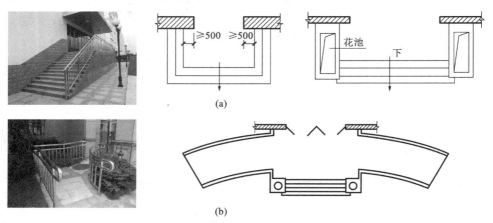

图 8.16 建筑室内外联系部件

(a)室外台阶;(b)室外坡道

8.4.1 室外台阶的构造

台阶处于室外,其踏步宽度应比楼梯大一些,使坡度平缓,以提高行走舒适度。它的踏步高一般为 120~150 mm,踏步宽为 300~400 mm,一些医院及运输港的台阶常选择 100 mm 左右的步高和 400 mm 左右的步宽,以方便病人及负重的旅客行走。如图 8.17 所示。

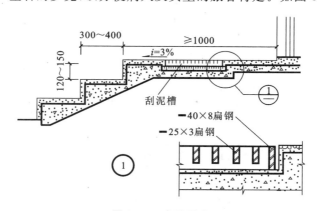

图 8.17 台阶尺度

步数根据室内外高差确定。在台阶与建筑出入口大门之间常设一缓冲平台,作为室内外空间的过渡。平台深度一般不应小于 1000 mm,平台需设 3%左右的排水坡度,以利于雨水排除。

由于台阶位于易受雨水腐蚀的环境之中,应慎重考虑防滑和抗风化问题。其面层材料应选择防滑和耐久的材料,如水泥石屑、斩假石(剁斧石)、天然石材、防滑地面砖等。对于人流量大的建筑台阶,还宜在台阶平台处设刮泥槽。需注意刮泥槽的刮齿应垂直于人流方向。步数较少的台阶,其垫层做法与地面垫层做法类似,一般采用素土夯实后按台阶形状尺寸做 C15 混凝土垫层或砖、石垫层,标准较高或地基土质较差的还可在垫层下加一层碎砖或碎石层。

对于步数较多或地基土质太差的台阶,可根据情况架空成钢筋混凝土台阶,以避免过多填土或产生不均匀沉降。严寒地区的台阶还应考虑地基土冻胀因素,可用含水率低的砂石垫层换土至冰冻线以下。如图 8.18 所示。

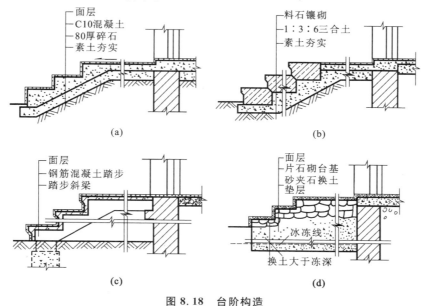

图 8.18 台阶构造

(a) 混凝土台阶;(b) 石砌台阶;(c) 钢筋混凝土架空台阶;(d) 换土地基台阶

8.4.2 坡道的构造

坡道的坡度一般为 1:6～1:12。面层光滑的坡道,坡度不宜大于 1:10;粗糙材料和设防滑条的坡道,坡度可稍大,但不应大于 1:6;锯齿形坡道的坡度可加大至 1:4。台阶与坡道因为在雨天也一样使用,所以面层材料必须防滑,坡道表面常做成锯齿形或带防滑条。如图 8.19 所示。

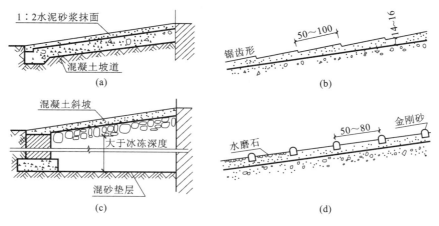

图 8.19 坡道构造

(a) 混凝土坡道;(b) 锯齿形坡面;(c) 换土地基坡道;(d) 防滑条坡面

8.5 电梯与自动扶梯

电梯是多层及高层建筑中的常用建筑设备。

8.5.1 电梯

8.5.1.1 电梯的类型

按使用性质可分为客梯、货梯和消防电梯。

按电梯行驶速度可分为高速电梯（速度大于 2 m/s）、中速电梯（速度在 2 m/s 之内）、低速电梯（运送食物用，速度在 1.5 m/s 以内）。

此外，观光电梯是把竖向交通工具和登高流动观景相结合的电梯。

8.5.1.2 电梯的组成

（1）电梯轿厢　它是直接运载乘客的类似于车厢的箱体。

（2）电梯井道　不同性质的电梯，其井道根据需要有各种井道尺寸，以配合不同的电梯轿厢。井道壁多为钢筋混凝土或框架填充墙井道。

（3）电梯机房　机房和井道的平面相对位置允许机房任意向一个或两个方向伸出，并满足机房内所需各设备的安装要求。

（4）井道地坑　井道地坑在最底层平面标高下不小于 1.3 m，作为轿厢下降时所需的缓冲器的安装空间。

（5）其他相关配件　如井壁导轨、导轨支架、牵引轮及其钢支架、钢丝绳、平衡锤、轿厢开关门、检修起重吊钩等。

电梯的构造组成如图 8.20、图 8.21 所示。

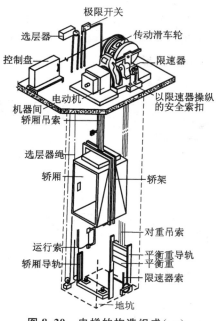

图 8.20　电梯的构造组成（一）

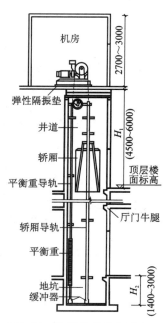

图 8.21　电梯的构造组成（二）

8.5.2　自动扶梯

　　自动扶梯是通过机械传动,在一定方向上能大量连续运送人流的交通工具。它适用于车站、码头、航空港、商场等人流量大的建筑层间,是连续运输效率高的载客设备。自动扶梯的倾角有 27.3°、30°、35°,其中 30°是优先选用的角度。

　　自动扶梯可用于室外或室内。用于室内时,运输的垂直高度最低 3 m,最高可达 11 m 左右;用于室外时,运输的垂直高度最低 3.5 m,最高可达 60 m 左右。自动扶梯的宽度一般有 600、800、1000、1200(mm)几种,理论载客量为 4000~10000 人次/h。

　　自动扶梯对建筑室内具有较强的装饰作用,扶手多为特制的耐磨胶带,有多种颜色。栏板分为玻璃、装饰面板、不锈钢板等。如图 8.22 所示。

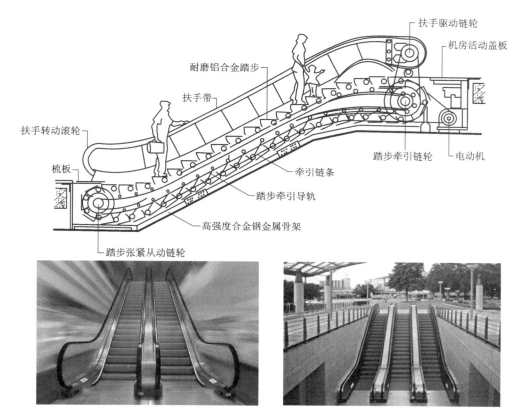

图 8.22　自动扶梯构成及应用

　　由于自动扶梯在安装及运行时需要在楼板上开洞,使上下楼层连为一体,当防火分区面积超过规范限定时,需进行特殊处理,可以按防火要求用防火卷帘封闭自动扶梯井。

单元9 门窗构造

1. 熟悉门窗的作用及分类；
2. 掌握门窗的组成及安装；
3. 了解木门窗的构造组成；
4. 掌握不同门窗的优缺点。

9.1 概　述

9.1.1 门窗的作用

门和窗是房屋的重要组成部分，均属建筑的围护构件。

1.门的作用

门的主要功能是内外交通和房间的分隔联系。但在不同的使用条件下，门同时具有以下功能：在紧急事故状态下供人们紧急疏散，此时门的大小、数量、位置以及开启方式均应按建筑的使用要求和有关规范规定选用；对建筑空间来说，门的位置、大小、材料、造型对装饰均起着非常重要的作用；同时，门作为建筑围护的一部分，也应考虑保温隔热、隔声防风等作用。

2.窗的作用

窗主要供采光、通风、观察和递物之用，同时也起着围护作用，对建筑的立面效果有着重要的影响。

除特殊情况外，大部分房间均需设窗，以满足房间的采光和通风要求。

和门一样，作为建筑围护的一部分，窗也应考虑保温隔热、隔声防风、防雨等能力。

9.1.2 门窗的分类

1.门的分类

门可以按材料、用途及开启方式等进行分类。

（1）按材料可分为木门、钢门、铝合金门、塑料门、玻璃门以及其他材料门。

（2）按用途可分为普通门、防火门、隔声门、防盗门等。

（3）按开启方式可分为平开门、推拉门、弹簧门、折叠门、转门、卷帘门等。

门的开启方式如图9.1所示，目前采用较多的是平开门。平开门是水平开启的门，它的铰链安装在门的一侧与门框相连，构造简单，开启灵活，制作、安装和维护均较方便。

2.窗的分类

窗可以按窗框所用材料、镶嵌的材料以及开启方式进行分类。

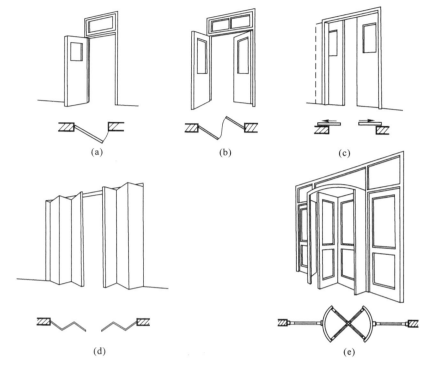

图 9.1 门的开启方式

(a) 平开门;(b) 弹簧门;(c) 推拉门;(d) 折叠门;(e) 转门

(1) 按材料可分为木窗、钢窗、铝合金窗以及塑料窗等,目前大量采用的是铝合金窗和塑料窗(也称塑钢窗)以及一些新型窗户(如断桥铝合金窗、铝木复合窗)等。

(2) 按开启方式可分为平开窗、固定窗、推拉窗、悬窗等,如图 9.2 所示。

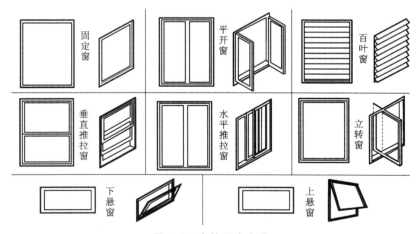

图 9.2 窗的开启方式

(3) 按镶嵌的材料可分为玻璃窗、纱窗、百叶窗等。

9.1.3 门窗的尺度

门的尺度通常是指门洞的高、宽尺寸。门的尺寸要根据门的使用要求、安全疏散以及对建筑空间的美观要求来确定。一般民用建筑门的高度不宜小于 2100 mm，如门设有亮子时，亮子的高度一般为 300～600 mm，则门洞高度为门扇高加亮子高。门的宽度：单扇门为 700～1000 mm，双扇门为 1200～1800 mm。

　　窗的尺度主要取决于房间的采光通风、构造做法与建筑造型等要求，并应符合现行《建筑模数协调标准》的规定。为使窗坚固耐久，一般平开木窗的窗扇高度为 800～1200 mm，宽度不宜大于 500 mm。

9.1.4　门窗的构造要求

　　现阶段，建筑能耗占社会总能耗的 40% 左右。门窗是建筑物开口采光、通风的部位，是建筑物薄弱的环节，通过门窗流失的能量占建筑能耗的 45%～50%，占社会总能耗的 20%。

　　(1)作为围护结构构件时，门窗的材料、构造和施工质量均应满足保温、隔热、隔声、防风沙、防雨淋等要求。随着节能环保时代的来临，主要体现在气密性、水密性和抗风压性等指标。

　　(2)作为交通设施和采光通风等构件时，门窗的设置位置、开启方式、开启方向应满足方便简捷、开启自如和减少交叉等要求。

　　(3)门窗在满足功能要求的前提下，力求做到形式与内容的统一和协调，同时还必须符合整体建筑立面处理的要求。

　　(4)窗的尺寸应符合模数制的有关规定。

　　近几年，断桥铝门窗逐渐普及，它是继普通铝合金门窗和彩色铝合金门窗之后的新型保温节能门窗。断桥铝门窗是采用断桥隔离导热技术和中空玻璃，具有节能、隔声、防水等功能，比普通门窗热量散失减少 50%，降低取暖费用 35% 左右，隔声性、水密性、气密性均达国家标准。

9.2　窗 的 构 造

9.2.1　窗的组成

　　窗一般由窗框、窗扇和五金零件组成，如图 9.3 所示。

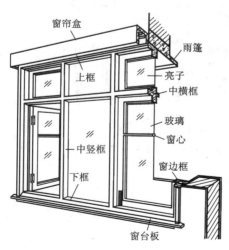

　　窗框是窗与墙体的连接部分，由上框、下框、边框、中横框和中竖框组成。

　　窗扇是窗的主体部分，分为活动扇和固定扇两种，一般由上冒头、下冒头、边梃和窗心（又叫窗棂）组成骨架，中间固定玻璃、窗纱或百叶。

　　五金零件包括铰链、插销、风钩等。

9.2.2　窗框与墙的连接

1.窗在墙洞中的位置

　　窗在墙洞中的位置主要根据房间的使用要求和墙体的厚度来确定，一般有窗框内平、窗框外平、窗框居中三种形式，如图 9.4 所示。

图 9.3　窗的构造组成

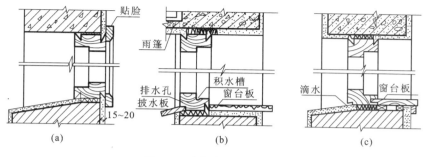

图 9.4 窗框在墙中的位置

2.窗框的安装

窗框的安装有立口和塞口两种形式。

（1）立口：砌墙时就将窗框立在相应的位置，找正后继续砌墙。

它的特点是：能使窗框与墙体连接紧密牢固，但安装窗框和砌墙两种工序相互交叉进行，会影响施工进度，并且容易对窗造成损坏。

（2）塞口：砌墙时将窗洞口预留出来，预留的洞口一般比窗框外包尺寸大 30～40 mm，当整幢建筑的墙体砌筑完工后，再将窗框塞入洞口固定。

它的特点是：不会影响施工进度，但窗框与墙体之间的缝隙较大，应加强固定时的牢固性和对缝隙的密闭处理。

9.2.3 木窗构造

木窗主要由窗框、窗扇、五金零件及配件组成，如图 9.5 所示。

（1）窗框：主要由上框、下框、中横框、中竖框及边框组成。

（2）窗扇：包括玻璃扇、纱窗扇等。

（3）五金零件：包括铰链、风钩、插销、把手等。

（4）配件：包括窗帘盒、窗台板、贴脸板、筒子板等。

木窗多采用平开的开启方式，铰链装于窗扇的一侧与窗框相连，使窗扇围绕铰链轴转动。

窗框和墙的安装方式有立口和塞口两种方式。

窗框在墙中的位置有内平、外平、居中三种位置关系。

图 9.6 为平开木窗构造详图。

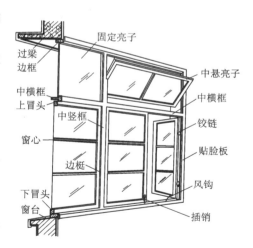

图 9.5 平开木窗构造组成

9.2.4 铝合金窗构造

铝合金窗多采用水平推拉式的开启方式，窗扇在窗框的轨道上滑动开启。窗扇与窗框之间用尼龙密封条进行密封，以避免金属材料之间相互摩擦。玻璃卡在铝合金窗框料的凹槽内，并用橡胶压条固定。如图 9.7 所示。

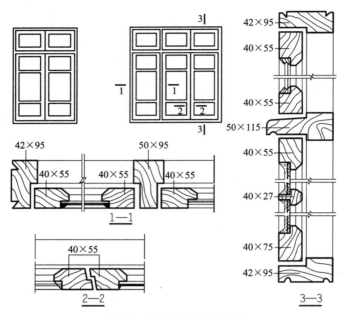

图 9.6 平开木窗构造详图

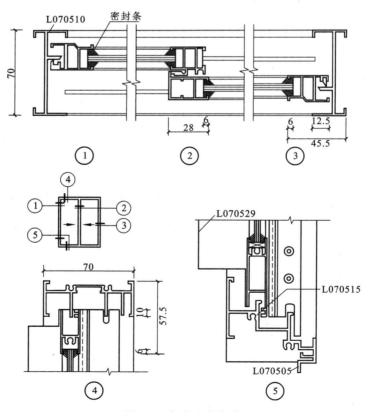

图 9.7 铝合金窗构造

　　铝合金窗一般采用塞口的方法安装。固定时,窗框与墙体之间采用预埋铁件、燕尾铁脚、膨胀螺栓、射钉固定等方式连接,如图 9.8 所示。

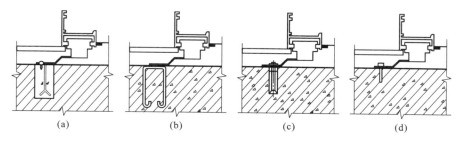

图 9.8　铝合金窗框与墙体的固定方式

(a) 预埋铁件;(b) 燕尾铁脚;(c) 金属膨胀螺栓;(d) 射钉

　　目前被广泛使用的断桥铝合金窗是指采用隔热断桥铝型材、中空玻璃、专用五金配件、密封胶条等辅件制作而成的节能型窗。其主要特点是采用断热技术将铝型材分为室内、外两部分,采用的断热技术包括穿条式和浇注式两种,其构造如图 9.9 所示。

(a)　　　　　　　　　　　　(b)

图 9.9　隔热断桥铝型材

(a)穿条式隔热铝型材;(b)浇注式隔热铝型材

9.2.5　塑钢窗构造

　　塑钢窗是以 PVC 为主要原料制成的空腹多腔异型材,中间设置薄壁加强型钢,经加热焊接而成窗框料。

　　它的特点是:导热系数低,耐弱酸碱,无需油漆并具有良好的气密性、水密性、隔声性等优点,其构造如图 9.10 所示。

　　塑钢窗的开启方式及安装构造与铝合金窗基本相同。

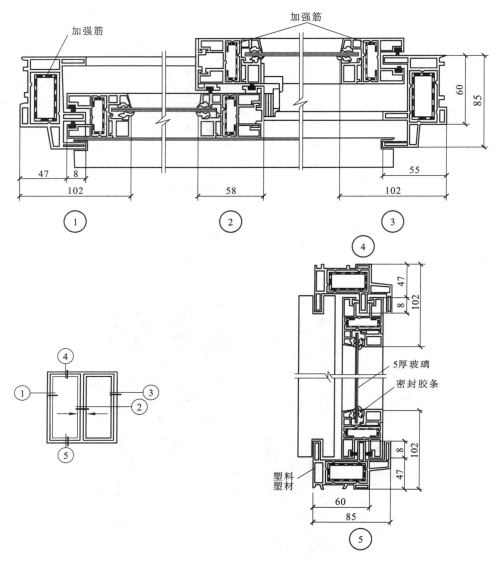

图 9.10　塑钢窗构造

9.3　门 的 构 造

9.3.1　门的组成

门一般由门框、门扇、五金零件及附件组成,如图 9.11 所示。

门框是门与墙体的连接部分,由上框、边框、中横框和中竖框组成。

门扇一般由上冒头、中冒头、下冒头和边梃组成骨架,中间固定门心板。

五金零件包括铰链、插销、门锁、拉手等。

附件有贴脸板、筒子板等。

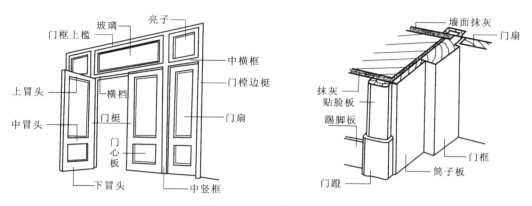

图 9.11 门的构造组成

9.3.2 门框的固定

门框与墙体的连接构造与窗框和墙的连接构造相同。一般情况下,除次要门和尺寸较小的门外,门框均应采用紧密牢固的立口做法。同窗框一样,门框在墙中的位置主要有三种:门框外平、门框立中、门框内平,如图 9.12 所示。

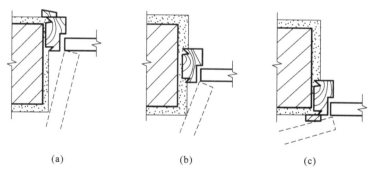

图 9.12 门框在墙洞中的位置

9.3.3 木门构造

木门的组成即为常规门的组成,也是由门框、门扇、五金零件及附件组成。

(1)门框

门框的断面形状与尺寸取决于门扇的开启方式和门扇的层数。由于门框要承受各种撞击荷载和门扇的重量,应有足够的强度和刚度,故其断面尺寸较大,如图 9.13 所示。

(2)门扇

木门的门扇有多种做法,常见的有镶板门、夹板门、拼板门等。

① 镶板门:由上冒头、中冒头、下冒头和边梃组成骨架,中间镶嵌门心板。门心板可采用 15 mm 厚的木板拼接而成,也可采用胶合板、硬质纤维板或玻璃等,如图 9.14 所示。玻璃门、百叶门、纱门等均属镶板门之列。

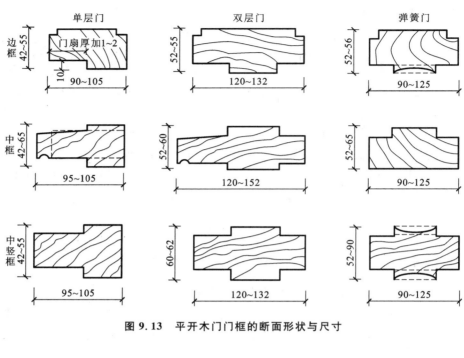

图 9.13　平开木门门框的断面形状与尺寸

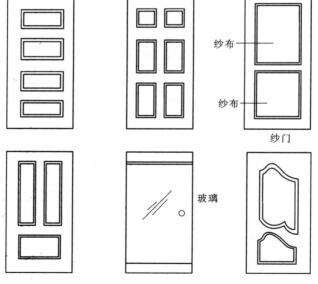

图 9.14　镶板门构造详图

②夹板门:用小截面的木条(35 mm×50 mm)组成骨架,在骨架的两面铺钉胶合板或纤维板等,如图 9.15 所示。

③拼板门:构造与镶板门相同,由骨架和拼板组成,只是拼板门的拼板用 35~45 mm 厚的木板拼接而成,因而自重较大,但坚固耐久,多用于库房、车间的外门,如图 9.16 所示。

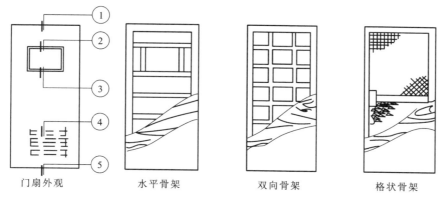

图 9.15 夹板门构造

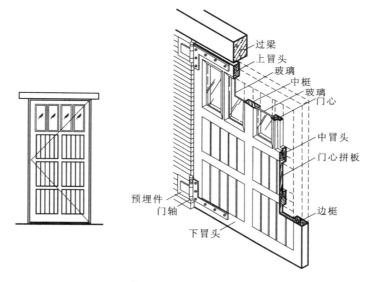

图 9.16 拼板门构造

9.3.4 金属门构造

目前建筑中金属门包括钢门、塑钢门、铝合金门、彩板门等，如图 9.17 所示。

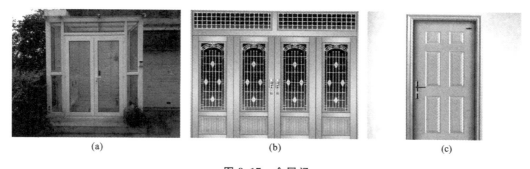

图 9.17 金属门
(a) 平开塑钢门;(b) 平开铝合金门;(c)平开彩板门

（1）塑钢门

塑钢门多用于住宅的阳台门或外门，开启方式多为平开或推拉。塑钢门的特性、材料、施工方法及细部构造可参照塑钢窗的构造做法。

（2）铝合金门

铝合金门多为半截玻璃门，采用平开的开启方式，门扇边梃的上下端用地弹簧连接。铝合金门的特性与铝合金窗相同，铝合金门型材系列尺寸可以参考相应的标准规范。铝合金门的构造可参照铝合金窗的构造做法。

（3）彩板门

彩板门是以彩色镀锌钢板经机械加工而成的门，它具有质量轻、硬度高、采光面积大、防尘、隔声、保温密封性好、造型美观、色彩绚丽、耐腐蚀等特点。

9.4　建筑遮阳与门窗节能

9.4.1　建筑遮阳

1.遮阳的作用和形式

（1）遮阳的作用

建筑遮阳是为了避免阳光直射室内，防止建筑物的外围护结构被阳光过分加热，从而防止局部过热和眩光的产生，以及保护室内各种物品而采取的一种必要的措施。它的合理设计是改善夏季室内热舒适状况和降低建筑物能耗的重要因素。

（2）遮阳形式

建筑遮阳的形式和种类非常多，遮阳设施从总体上可以分为活动遮阳和固定遮阳板两大类。活动遮阳是指在窗口设置的布帘、竹帘、软百叶、帆布篷等，如图9.18所示。固定遮阳板是指在建筑围护结构上各部分安装的长期使用的遮阳构件。

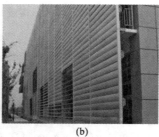

（a）　　　　　　　　（b）　　　　　　　　（c）

图 9.18　活动遮阳设施

（a）帆布篷遮阳；（b）软百叶遮阳；（c）竹帘遮阳

固定遮阳板的基本形式有水平式、垂直式、综合式、挡板式和旋转式，如图9.19所示。

水平式遮阳板主要遮挡太阳高度角较大时从窗口上方照射下来的阳光，主要适用于朝南的窗洞口，如图9.19（a）所示。

垂直式遮阳板主要遮挡太阳高度角较小时从窗口侧面射来的阳光，主要适用于南偏东、南偏西及其附近朝向的窗洞口，如图9.19（b）所示。

综合式遮阳板是水平式和垂直式遮阳板的综合,能遮挡从窗口两侧及前上方射来的阳光。遮阳效果比较均匀,主要适用于南、东南、西南及其附近朝向的窗洞口,如图 9.19(c)所示。

挡板式遮阳板主要遮挡太阳高度角较小时从窗口正面射来的阳光,主要适用于东、西及其附近朝向的窗洞口,如图 9.19(d)所示。

旋转式遮阳板遮挡任意角度的阳光,通过旋转不同的角度,达到不同的遮阳效果,如图 9.19(e)所示。

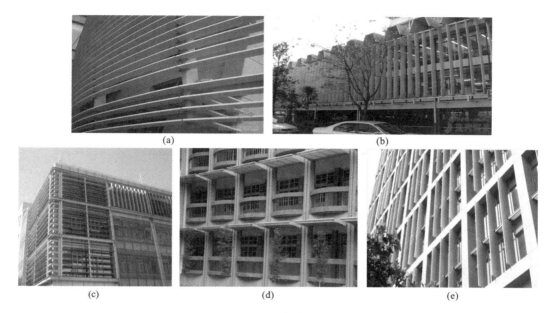

图 9.19 固定遮阳设施

(a)水平式遮阳板;(b)垂直式遮阳板;(c)综合式遮阳板;(d)挡板式遮阳板;(e)旋转式遮阳板

2. 一体化遮阳窗

将遮阳装置与建筑外窗一体化设计便于保证遮阳效果、简化施工安装、方便使用保养,并符合国家建筑工业化产业政策导向。

活动遮阳产品与门窗一体化设计,主要受力构件或传动受力装置与门窗主体结构材料或与门窗主要部件设计、制造、安装成一体,并采用与建筑设计同步的产品。主要产品类型有:内置百叶一体化遮阳窗、硬卷帘一体化遮阳窗、软卷帘一体化遮阳窗、遮阳篷一体化遮阳窗和金属百叶帘一体化遮阳窗等。分类如下:

(1)按遮阳位置分外遮阳、中间遮阳和内遮阳。

(2)按遮阳产品类型分内置遮阳中空玻璃、硬卷帘、软卷帘、遮阳篷、百叶帘及其他。

(3)按操作方式分为电动、手动和固定。

9.4.2 门窗节能

随着我国建筑节能新标准的出台,门窗节能产品倍受市场关注。在建筑节能政策的推动下,铝合金节能门窗、玻璃钢节能门窗、铝塑复合门窗等一大批新型环保门窗节能产品不断涌现,新品迭出。

1. 影响门窗热量损耗因素

影响门窗热量损耗大小的因素很多,主要有以下几方面:

(1) 门窗的传热系数;

(2) 门窗的气密性;

(3) 窗墙比系数与朝向。

2. 门窗节能主要途径

门窗节能主要途径是保温隔热。其措施包括选择节能窗型、提高门窗的保温性能、提高门窗的气密性、确定合适的窗墙比和朝向。

单元 10　屋顶构造

 **教学目标**

1. 了解屋顶的类型及作用；
2. 掌握平屋顶的构造做法；
3. 熟悉坡屋顶的构造做法。

屋顶是建筑物最上层的构造部分，它覆盖整个房屋，必须满足坚固耐久、保温隔热、抵抗侵蚀，特别是防水排水的要求，还应做到自重轻、构造简单、施工方便、造价经济。

10.1　概　　述

10.1.1　屋顶的作用和构造要求

屋顶也称屋盖，是建筑物最上部的覆盖构件。

1. 屋顶的作用

（1）作为承重构件，承受建筑物顶部的荷载并将这些荷载传给下部的承重构件，同时还起着对房屋上部的水平支撑作用。

（2）作为外围护构件，抵御自然界的风霜雨雪、太阳辐射、气候变化和其他外界的不利因素，使屋顶覆盖下的空间有一个良好的使用环境。

2. 屋顶的构造要求

（1）功能要求

① 防水和排水要求　屋顶的防水、排水是屋顶构造应满足的基本要求。防水是通过选择不透水的屋面材料，同时采用合理的构造处理来达到防水的目的；排水是通过合理的组织（如屋面合适的坡度、雨水口、落水管等的布置），以达到排水的目的。

② 保温（隔热）要求　屋顶是建筑物最上部的围护构件，应具备良好的保温隔热性能，以满足建筑物的使用要求。

（2）足够的强度和刚度要求

首先，屋顶要承受风、雨、水等的荷载及其自身的重量，上人屋顶还要承受人和设备等的荷载，所以屋顶应有足够的强度来承受作用在屋顶上的各种荷载，以保证房屋的结构安全；其次，要有足够的刚度要求，防止屋顶受力后因过大的结构变形而引起防水层开裂造成屋面渗漏。

（3）建筑艺术要求

屋顶是整个建筑物外形的重要组成部分，所以在屋顶的形式上应满足建筑艺术美观要求。

10.1.2 屋顶的类型

屋顶通常按其外形或屋面所用防水材料分类。

屋顶按外形一般可分为平屋顶、坡屋顶和其他形式的屋顶,如图 10.1 所示。

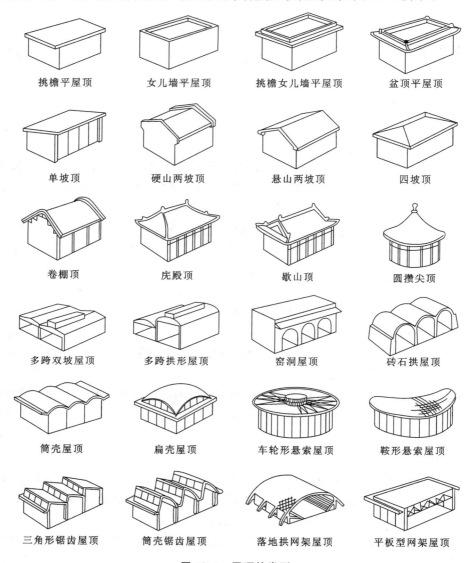

挑檐平屋顶　　女儿墙平屋顶　　挑檐女儿墙平屋顶　　盆顶平屋顶

单坡顶　　硬山两坡顶　　悬山两坡顶　　四坡顶

卷棚顶　　庑殿顶　　歇山顶　　圆攒尖顶

多跨双坡屋顶　　多跨拱形屋顶　　窑洞屋顶　　砖石拱屋顶

筒壳屋顶　　扁壳屋顶　　车轮形悬索屋顶　　鞍形悬索屋顶

三角形锯齿屋顶　　筒壳锯齿屋顶　　落地拱网架屋顶　　平板型网架屋顶

图 10.1　屋顶的类型

(1) 平屋顶

大量性民用建筑如采用与楼盖基本类同的屋顶结构就形成平屋顶。平屋顶节约材料,屋面可供多种利用,如设露台、屋顶花园、屋顶游泳池等。

平屋顶也有一定的排水坡度,其排水坡度小于 5%,最常用的排水坡度为 2%～3%。

(2) 坡屋顶

坡屋顶是指屋面坡度较陡的屋顶,其坡度一般在 10% 以上。坡屋顶在我国有着悠久的历史,广泛运用于民居等建筑。即使是一些现代的建筑,在考虑到景观环境或建筑风格的要求时也常采用坡屋顶。

（3）其他形式的屋顶

随着建筑科学技术的发展,出现了许多新型结构的屋顶,如拱形屋顶、折板式屋顶、薄壳屋顶、悬索结构屋顶等。这些屋顶的结构形式独特,使得建筑物的造型更加丰富多彩,如图 10.2 所示。

图 10.2　不同结构形式屋顶

（a）拱形屋顶;（b）折板式屋顶;（c）薄壳屋顶;（d）悬索结构屋顶;（e）壳体结构屋顶;（f）桁架结构屋顶

10.2　平屋顶的构造

屋面坡度小于 5% 的屋顶称为平屋顶。一般常用坡度为 2%～3%,上人屋顶通常为 1%～2%。平屋顶与坡屋顶相比,具有构造简单、施工方便等优点,但平屋顶的排水慢,屋面积水的机会多,易产生渗漏现象。

10.2.1　平屋顶的组成

平屋顶主要由结构层（承重结构）、防水层（屋面层）、保温（隔热）层组成。有些工程由于构造要求添加找平层、隔汽层、找坡层等。

平屋顶的组成如图 10.3 所示。

10.2.2　平屋顶的排水

1.平屋顶屋面排水坡度的形成

平屋顶屋面应有 1%～5% 的排水坡,排水坡的形成有材料找坡和结构找坡两种方法。

（1）材料找坡

材料找坡也称构造找坡或构造垫置[图 10.4（a）],它是在水平搁置的屋面板上用轻质的

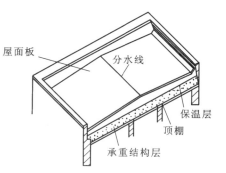

图 10.3　平屋顶的组成

材料,如水泥炉渣、石灰炉渣等垫置成所需要的坡度,用于坡向长度较小的屋面。平屋顶屋面材料找坡的坡度宜为 2%。

（2）结构找坡

结构找坡也称结构搁置或搁置坡度[图 10.4(b)],它是将屋面板按所需的坡度倾斜搁置,即屋顶结构自身带有排水坡度。这种方法的室内顶板是倾斜的,多用于工业建筑和做吊顶的公共建筑等。平屋顶屋面结构找坡的坡度宜为 3%。

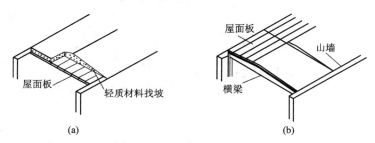

图 10.4　屋面坡度的形成

（a）材料找坡;（b）结构找坡

2.平屋顶的排水方式

平屋顶的排水方式分为有组织排水和无组织排水两大类。

1）无组织排水

无组织排水是指屋面雨水直接从檐口滴落至地面的排水方式,又称自由落水,如图 10.5 所示。

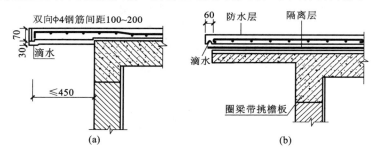

图 10.5　无组织排水构造

（a）混凝土防水层悬挑檐口;（b）挑檐板悬挑檐口

无组织排水具有构造简单、造价低廉的优点。但也存在一些不足之处,如:雨水直接从槽口流落至地面,外墙脚常被飞溅的雨水浸蚀,降低了外墙的坚固耐久性;从槽口滴落的雨水可能影响人行道的交通等。当建筑物较高、降雨量又较大时,这些缺点就更加突出。采用无组织排水时,必须做挑檐,挑出尺寸一般大于 450 mm。无组织排水一般用于低层或次要建筑及降雨量较少地区的建筑。

2）有组织排水

有组织排水是指雨水经由天沟、雨水管等排水装置被引导至地面或地下管沟的一种排水方式,如图 10.6 所示。采用有组织排水时须设天沟。天沟的断面尺寸应根据地区降雨量和汇水面积的大小确定,净宽应不小于 200 mm,沟底的纵向坡度一般在 5‰~10‰,天沟上口与分水线的距离不应小于 120 mm。雨水管的间距宜在 18 m 以内,最大不超过 24 m,雨水管直径经常选用 100 mm。其优缺点与无组织排水正好相反,由于优点较多,在建筑工程中得到广泛应用。

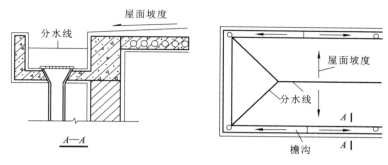

图 10.6 有组织排水

有组织排水又分为外排水和内排水两种。

（1）外排水

外排水是指雨水管装在建筑外墙以外的一种排水方案。其优点是雨水管不影响室内空间的使用和美观,使用广泛,尤其适用于湿陷性黄土地区,因为可以避免水落管渗漏造成地基沉陷。有组织外排水主要分为檐沟外排水、女儿墙排水两种形式,如图 10.7、图 10.8 所示。

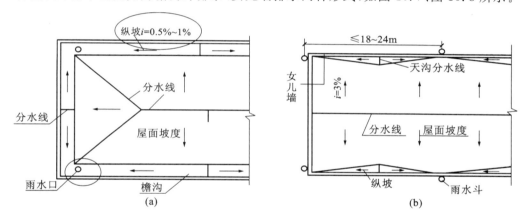

图 10.7 天沟构造

（a）槽形天沟；（b）三角形天沟

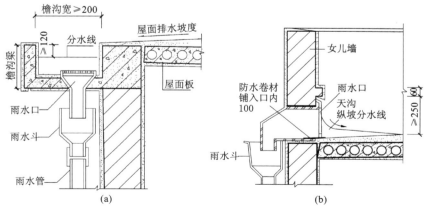

图 10.8 檐口排水构造

（a）檐沟外排水；（b）女儿墙排水

（2）内排水

外排水构造简单,雨水管不进入室内,有利于室内美观和减少渗漏,故南方地区应优先采用。有些情况下采用外排水就不一定恰当,如高层建筑不宜采用外排水,因为维修室外雨水管既不方便也不安全;又如严寒地区的建筑不宜采用外排水,因为低温会使室外雨水管中的雨水冻结;再如某些屋面宽度较大的建筑,无法完全采用外排水排除屋面雨水,自然要采用内排水方式。如图 10.9 所示。

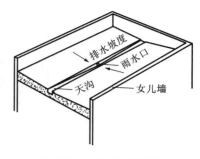

图 10.9　内排水示意图

总之,在民用建筑中,应根据建筑物的高度、地区年降雨量及气候条件等情况,恰当地选择排水方式。

10.2.3　平屋顶的防水

按照屋面防水层的材质不同,平屋顶的防水分为柔性防水屋顶、刚性防水屋顶两种。

1.柔性防水屋顶

柔性防水屋顶又称卷材防水屋顶,是利用防水卷材与粘结剂结合,形成连续致密结构层来防水的一种方式。防水层具有一定的延伸性和适应变形的能力。

柔性防水屋面较能适应温度、振动、不均匀沉陷等因素的变化作用,整体性好,不易渗漏,但施工操作较为复杂,技术要求较高。柔性防水屋面适用于防水等级为Ⅰ、Ⅱ级的屋面防水。

1）卷材

柔性防水屋面所用的卷材有沥青类防水卷材、高聚物改性沥青类防水卷材和合成高分子防水卷材。

（1）沥青类防水卷材

沥青类防水卷材是用原纸、纤维织物、纤维毡等胎体材料浸涂沥青,表面撒布段状、粒状或片状材料后制成的可卷曲片状材料,传统上用得最多的是纸胎石油沥青油毡。纸胎油毡是将纸胎在热沥青中渗透浸泡两次后制成,其标号按纸胎每平方米的质量而定,用于屋面防水工程的标号不宜低于 350 号。

（2）高聚物改性沥青类防水卷材

高聚物改性沥青类防水卷材是以高分子聚合物改性沥青为涂盖层,以纤维织物或纤维毡为胎体,以粒状、片状或薄膜材料为覆面材料制成的可卷曲片状防水材料,如改性沥青油毡、再生胶改性沥青聚酯油毡、铝箔塑胶聚酯油毡、丁苯橡胶改性沥青油毡等。

（3）合成高分子防水卷材

凡以各种合成橡胶、合成树脂或二者的混合物为主要原料,加入适量化学助剂和填充料加工制成的弹性或弹塑性卷材,均称为合成高分子防水卷材。合成高分子防水卷材具有质量轻、适用温度范围宽、耐候性好、抗拉强度高、延伸率大等优点。

2）柔性防水屋面构造及做法

柔性防水屋面具有多层次构造的特点,其构造组成分为基本层次和辅助层次两类。卷材防水屋面的基本构造层次按其作用分别为结构层、找平层、结合层、防水层、保护层。辅助层次有保温层、隔热层、隔汽层等,如图 10.10 所示。

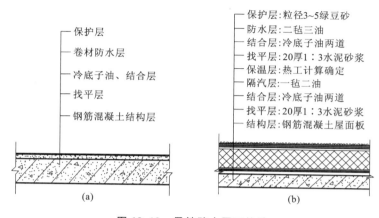

图 10.10　柔性防水屋面构造
(a)柔性防水非保温屋面构造;(b)柔性防水保温屋面构造

（1）结构层

多为强度大、刚度好、变形小的预制或现浇钢筋混凝土屋面板。

（2）找平层

卷材防水层要求铺贴在坚固而平整的基层上,以防止卷材凹陷或断裂,因而在松软材料及预制屋面板上铺设卷材以前都须先做找平层。找平层一般采用 1∶3 水泥砂浆或 1∶8 沥青砂浆。整体混凝土结构可以做较薄的找平层(15～20 mm),表面平整度较差的装配式结构宜做较厚的找平层(20～30 mm)。为防止找平层变形开裂而波及卷材防水层,宜在找平层中留设分格缝。分格缝的宽度一般为20 mm,纵横间距不大于 6 m。屋面板为预制装配式时,分格缝应设在预制板的端缝处。分格缝上面应覆盖一层 200～300 mm 宽的附加卷材,用粘结剂单边点贴,以使分格缝处的卷材有较大的伸缩余地,避免开裂。

（3）结合层

结合层的作用是在卷材与基层间形成一层胶质薄膜,使卷材与基层胶结牢固。沥青类卷材通常用冷底子油作结合层,高分子卷材则多用配套基层处理剂,也有采用冷底子油或稀释乳化沥青作结合层的。

（4）防水层

沥青油毡防水层由多层油毡和沥青玛琋脂交替粘合形成,它的特点是造价低、防水性能较好,但易老化,使用寿命短,低温脆裂,高温流淌,须热施工,污染环境,国内一些大城市已禁止使用。取而代之的是一批新型的卷材和片材,如高聚物改性沥青类的 SBS、APP 改性沥青防水卷材等。

沥青油毡卷材防水的做法为:先在找平层上涂刷冷底子油一道,然后将调制好的沥青胶均匀涂刷在找平层上,边刷边铺油毡;铺好后再刷沥青胶、铺油毡。如此交替进行至防水层所需层数为止,最后一层油毡面上也需刷一层沥青胶。

非永久性的简易建筑屋面防水层采用两层油毡和三层沥青胶,简称二毡三油。一般民用建筑应做三毡四油。

（5）保护层

设置保护层的目的是保护防水层,使卷材不至于因光照和气候等的作用迅速老化,防止沥青类卷材的沥青过热流淌或受到暴雨的冲刷。保护层的构造做法视屋面的利用情况而定,分为上人屋顶和不上人屋顶两种。

① 不上人屋顶

不上人屋顶需设屋面检修口,其保护层的构造做法为:沥青油毡防水屋顶一般在防水层撒粒径 3～5 mm 的小石子作为保护层,称为绿豆砂保护层;高分子卷材如三元乙丙橡胶防水屋面等通常是在卷材上涂刷水溶型或溶剂型的浅色保护着色剂,如氯丁银粉胶等,如图 10.11 所示。

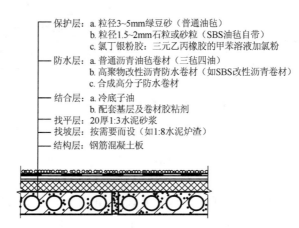

图 10.11 不上人卷材防水屋面的保护层做法

② 上人屋顶

上人屋顶保护层又是楼面面层,故要求保护层平整耐磨,它的构造做法通常有:用沥青砂浆铺贴缸砖、大阶砖、混凝土板等块材;在防水层上现浇 30～40 mm 厚的细石混凝土。块材或整体保护层均应设分格缝,位置是:屋顶坡面的转折处,屋面与凸出屋面的女儿墙、烟囱等的交接处,如图 10.12 所示。保护层分格缝应尽量与找平层分格缝错开。

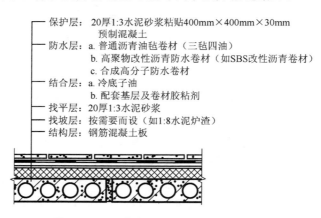

图 10.12 上人卷材防水屋面的保护层做法

(6)保温(隔热)层

屋面保温(隔热)层材料主要有膨胀珍珠岩、水泥聚苯板、加气混凝土、陶粒混凝土、聚苯乙烯板(EPS)等材料。平屋顶因其屋面坡度平缓,保温层通常放在防水层之下、结构层之上,这种做法称为正置式保温屋面,如图 10.13(a)所示。为了防止室内空气中的水蒸气随热气流上升,透过结构层进入保温层,从而降低保温效果,应当在保温层下面设置隔汽层。

当保温隔热层材料采用吸湿性低、耐候性强的憎水材料时,保温层可设置在防水层之上,对防水层起到屏蔽和保护作用,这种做法又称为倒置式保温屋面,如图 10.13(b)所示,并在保温层上加设钢筋混凝土、卵石、砖等较重的覆盖层。

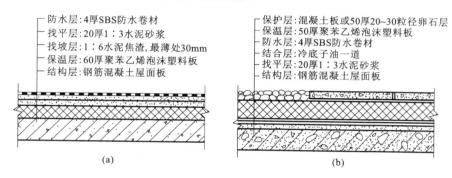

图 10.13　保温层不同构造做法

(a)正置式保温层构造;(b)倒置式保温层构造

3）柔性防水屋顶的细部构造

仅仅做好大面积屋面部位的卷材防水,各构造层还不能完全确保屋顶不渗漏。如果屋顶开设有孔洞、有管道出屋顶、屋顶边缘封闭不牢等,都有可能破坏卷材屋面的整体性,造成防水的薄弱环节,因而还应该通过正确地处理细部构造来完善屋顶的防水。屋顶细部是指屋面上的泛水、檐口、天沟、雨水口、变形缝等部位。

（1）泛水构造

泛水是指屋面与垂直墙面交接处的构造处理。凸出于屋面之上的女儿墙、烟囱、楼梯间、变形缝、检修孔、立管等的壁面与屋顶的交接处是最容易漏水的地方,必须将屋面防水层延伸到这些垂直面上,形成立铺的防水层,称为泛水,如图 10.14 所示。

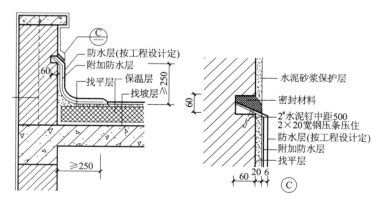

图 10.14　女儿墙泛水构造

泛水的构造做法及构造要点如下：

① 将屋面的卷材防水层继续铺至垂直面上,其上再加铺一层附加卷材,泛水高度不得小于 250 mm。

② 在屋面与垂直面交接处应将卷材下的砂浆找平层抹成直径不小于 150 mm 的圆弧形或 45°斜面。禁止把油毡折成直角或架空,以免油毡断裂。

　　③ 做好泛水上口的卷材收头固定。在垂直墙面上应把油毡上口压住,同时收头的上部还应有防护措施。

　　(2)檐口构造

　　平屋顶常见的檐口形式有挑檐口、女儿墙外排水檐口等。其不同的构造做法如图 10.15 所示。

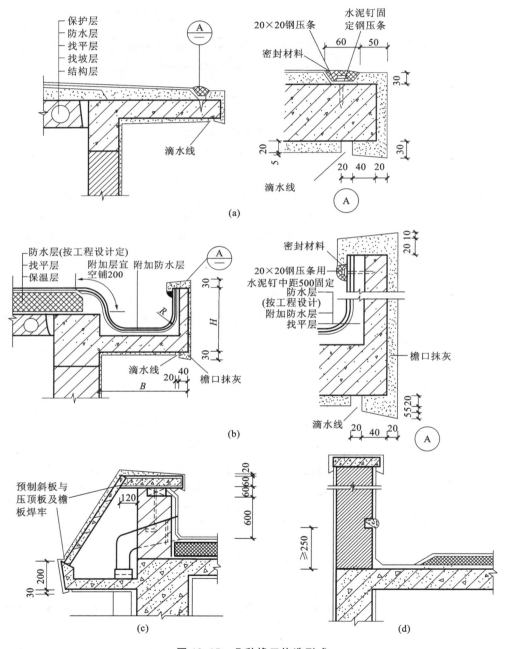

图 10.15　几种檐口构造形式

(a)自由落水檐口;(b)挑檐沟檐口构造;(c)斜板挑檐檐口构造;(d)女儿墙内檐沟构造

（3）雨水口构造

雨水口是用来将屋面雨水排至雨水管而在檐口处或檐沟内开设的洞口，如图 10.16 所示。有组织外排水常用的有檐沟雨水口和女儿墙雨水口两种形式。

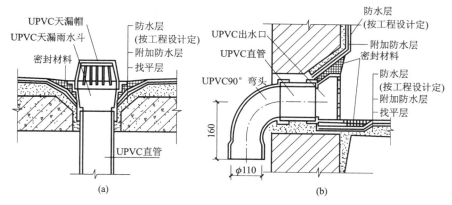

图 10.16　雨水口构造

（a）直管式雨水口；（b）弯管式雨水口

① 直管式雨水口　直管式雨水口有多种型号，应根据降雨量和汇水面积加以选择。

② 弯管式雨水口　弯管式雨水口呈 90°弯曲状。

（4）变形缝构造

常见的处理方式有等高屋面变形缝和不等高屋面变形缝两种。

不等高屋面处变形缝要防止低屋面雨水流入变形缝，故要做好挡水、泛水及缝的处理，如图 10.17（a）所示。

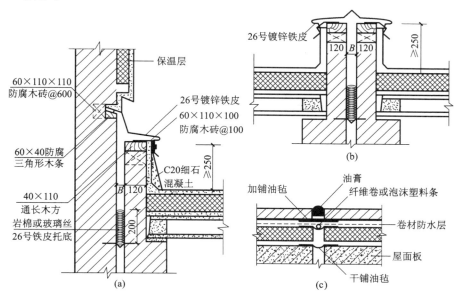

图 10.17　变形缝构造

（a）不等高屋面变形缝；（b）等高屋面变形缝；（c）上人等高屋面变形缝

等高屋面变形缝一般是在屋面板上缝的两端加砌矮墙，矮墙高度应大于 250mm，并做好屋面防水及泛水处理，其要求同屋面泛水构造，如图 10.17（b）所示。

2. 刚性防水屋面

刚性防水屋面是指用刚性材料作为防水层的屋面,如防水砂浆、细石混凝土、配筋细石混凝土防水屋顶等。因混凝土属于脆性材料,抗拉强度较低,故而称为刚性防水屋面。刚性防水屋顶的主要优点是构造简单、施工方便、造价较低;其缺点是易开裂,对气温变化和屋面基层变形的适应性较差,不宜在寒冷地区应用。

(1) 刚性防水屋面的构造层次及做法

刚性防水屋面的构造层一般有防水层、隔离层、找平层、结构层等,如图 10.18 所示。刚性防水屋面应尽量采用结构找坡。

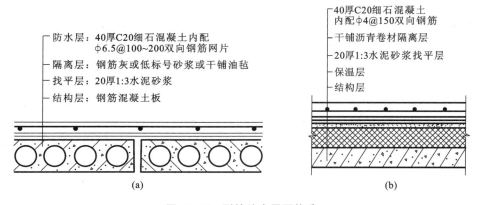

图 10.18　刚性防水屋面构造
(a)刚性防水非保温屋面;(b)刚性防水保温屋面

① 防水层　防水层采用不低于 C20 的细石混凝土整体现浇而成,其厚度不小于 40 mm,并应配置直径为 4~6.5 mm、间距为 100~200 mm 的双向钢筋网片,以提高防水层的抗裂和抗渗性能,可在细石混凝土中掺入适量的外加剂,如膨胀剂、减水剂、防水剂等。

② 隔离层　隔离层位于防水层与结构层之间,其作用是减少结构变形对防水层的不利影响。结构层在荷载作用下产生挠曲变形,在温度变化作用下产生胀缩变形。由于结构层较防水层厚,刚度相应也较大,当结构层产生上述变形时容易将刚度较小的防水层拉裂。因此,宜在结构层与防水层间设一隔离层使二者脱开。隔离层可采用铺纸筋灰、低标号砂浆,或在薄砂层上铺一层油毡等做法。

③ 找平层　当结构层为预制钢筋混凝土楼板时,结构表面不平整,通常抹 20 mm 厚 1:3 水泥砂浆找平。若采用现浇钢筋混凝土屋面板或设有纸筋灰等材料时,可不设找平层。

④ 结构层　屋面结构层一般采用预制或现浇的钢筋混凝土屋面板。结构层应有足够的刚度,以免结构变形过大而引起防水层开裂。

图 10.19　分格缝示意图

(2) 刚性防水屋面的细部构造

刚性防水屋面的细部构造包括分格缝、泛水、檐口等部位的构造处理。

① 分格缝

分格缝是一种设置在刚性防水层中的变形缝,如图 10.19 所示。

分格缝的作用是:

a.大面积的整体现浇混凝土防水层受气温影响产生的温度变形较大,容易导致混凝土开裂。设置一定数量的分格缝将单块混凝土防水层的面积减小,从而减少其伸缩变形,可有效地防止和限制裂缝的产生。

b.在荷载作用下,屋面板会产生挠曲变形,支承端翘起,从而引起混凝土防水层开裂。如在这些部位预留分格缝,就可避免防水层开裂。

分格缝的设置位置及构造做法:分格缝应设置在屋面板的支承端、屋面转折处、防水层与凸出屋面结构的交接处,并与屋面板板缝对齐。纵横间距不宜大于 6 m,宽度 20～40 mm,将缝内防水层的钢筋网片断开,用弹性材料如泡沫塑料或沥青麻丝填底,密封材料嵌填缝上口,最后密封材料的上部铺贴一层防水卷材,如图 10.20 所示。

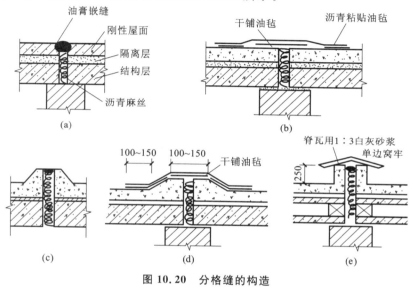

图 10.20　分格缝的构造

（a）、(c) 油膏嵌缝;(b)、(d)油毡盖缝;(e)脊瓦盖缝

② 泛水

刚性防水层与山墙、女儿墙交接处应留宽度为 30 mm 的缝隙,并用密封材料嵌填。泛水处应铺设卷材或涂膜附加层。它的高度及收头构造与柔性防水屋面的泛水相同,如图 10.21 所示。

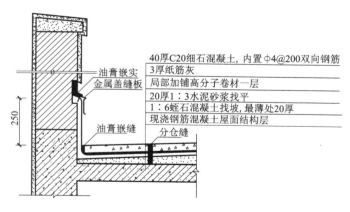

图 10.21　刚性防水屋面女儿墙泛水构造

③ 檐口

刚性防水屋面的檐口包括自由落水檐口和挑檐沟檐口等,如图 10.22 所示。

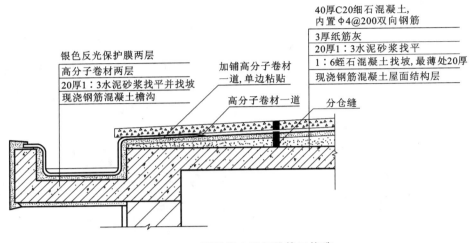

图 10.22　刚性防水屋面挑檐口构造

10.3　坡屋顶的构造

屋面坡度大于 5% 的屋顶称为坡屋顶。坡屋顶是我国传统的建筑形式,它的造型丰富多彩,排水性能好。随着社会的发展,为了满足景观和建筑风格的要求,很多建筑屋顶采用坡屋顶。

10.3.1　坡屋顶的承重结构

坡屋顶的承重结构方式分为砖墙承重、屋架承重和钢筋混凝土梁板承重。

1. 砖墙承重

砖墙承重又称为硬山搁檩或山墙承重,是指按屋顶所要求的坡度,将横墙上部砌成三角形,在墙上直接搁置檩条来承受屋面重量的一种结构方式。这种做法构造简单、施工方便、造价较低,有利于屋顶的防火和隔声,适用于开间为 4.5 m 以内的尺寸较小的房间,如住宅、宿舍、旅馆等。

檩条一般用圆木或方木制成,也可使用钢檩条和钢筋混凝土檩条,如图 10.23(a)所示。

2. 屋架承重

屋架又称桁架,屋架承重是指由一组杆件在同一平面内互相结合成整体屋架,在其上搁置檩条来承受屋面重量的一种结构方式。与砖墙承重相比,屋架承重可以省去承重的横墙,又因杆件截面较小,能获得较大的跨度和空间,如图 10.23 所示。

屋架可用木材、钢材或钢筋混凝土等材料制成,根据排水坡度和空间要求组成三角形、梯形、多边形等形式。

为防止屋架倾斜并加强屋架的稳定性,应在屋架之间设置支撑。

3. 钢筋混凝土梁板承重

钢筋混凝土梁板承重屋顶又称为无檩式屋顶,它是将钢筋混凝土屋面板直接搁置在上部为三角形的横墙、屋架或斜梁上,然后在上面再做保温层、防水层等。

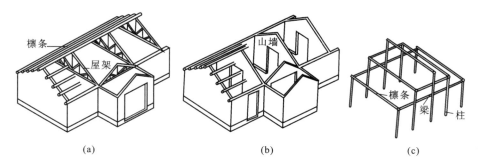

图 10.23　屋架承重的具体形式

10.3.2　坡屋顶的屋面构造

坡屋顶的屋面由屋面承重基层和屋面瓦材两部分组成,它是利用各种瓦材做防水层,靠瓦与瓦之间的搭盖来达到防水的目的。坡屋顶的屋面构造是按屋面瓦材来选择相应的屋面承重基层。屋面承重基层是指檩条上支撑屋面瓦材的构造层,如椽条、挂瓦条、屋面板等。屋面瓦材的种类有多种,如平瓦、波形瓦、油毡瓦、金属压型板等。

1. 平瓦屋面

平瓦有黏土平瓦和水泥平瓦之分。平瓦屋面按基层不同有冷摊瓦屋面、木望板平瓦屋面和钢筋混凝土板盖瓦屋面三种做法。平瓦屋面适宜的排水坡度为 20%～50%。

平瓦屋面的瓦行小,接缝多,易因飘雨而渗漏。平瓦屋面的瓦下应铺设油毡或垫以泥背方能避免和减缓渗漏。

(1) 冷摊瓦屋面

冷摊瓦屋面是在屋架上弦或檩条上钉挂瓦条,在瓦条上直接挂瓦的屋面,如图 10.24所示。这种屋面做法构件少、构造简单、造价低,但保温和防漏都很差,多用于简易房屋或敞棚。

(2) 木望板平瓦屋面

木望板平瓦屋面是在檩条上钉 15～25 mm 厚的木望板(屋面板),板上沿屋脊方向干铺油毡一层;沿顺水方向钉顺水条,以固定油毡和支架上面的挂瓦条;在顺水条上钉挂瓦条以挂瓦,如图 10.25 所示。这种屋面的防水及保温效果比冷摊瓦屋面好。

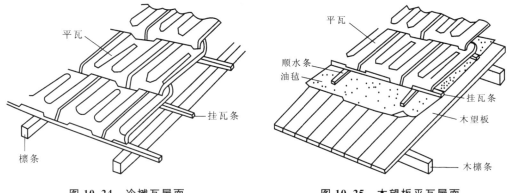

图 10.24　冷摊瓦屋面　　　　　　　　图 10.25　木望板平瓦屋面

（3）钢筋混凝土板盖瓦屋面

钢筋混凝土板盖瓦屋面是将各类钢筋混凝土屋面板（现浇板、预制空心板、挂瓦板等）作为屋面的基层，然后在屋面板上盖瓦的屋面。盖瓦的方式有三种：①钉挂瓦条挂瓦或用钢筋混凝土挂瓦板直接挂瓦；②用草泥或煤渣灰窝瓦；③在屋面板上直接抹防水水泥砂浆并贴瓦或齿形面砖（又称装饰瓦）。如图 10.26 所示。

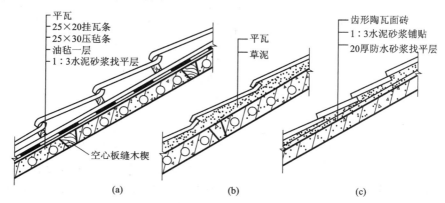

图 10.26　钢筋混凝土板盖瓦屋面的构造

（a）挂瓦条挂瓦；（b）草泥窝瓦；（c）砂浆贴瓦

现代坡屋顶建筑一般是在钢筋混凝土斜板上铺设筒瓦，瓦块的固定方式有粘结和挂设两种，其构造做法如图 10.27 所示。

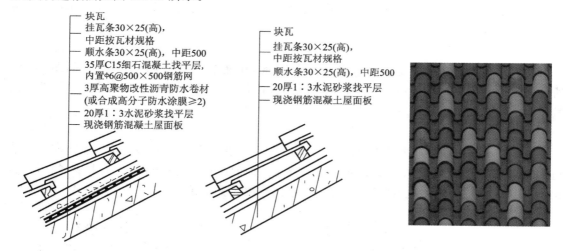

图 10.27　钢筋混凝土坡屋面挂设筒瓦构造

2. 波形瓦屋面

波形瓦的横截面是起伏波浪，以提高薄瓦板的刚度。波形瓦屋面的适宜排水坡度为 10%～50%，常用 33%。

波形瓦按材料分有水泥石棉瓦、纤维水泥瓦、玻璃钢瓦、彩色钢板瓦等；按波垄形状分有大波、中波、小波、弧形波、梯形波、不等波等。

波形瓦应直接固定在檩条上，每块瓦应固定在三根檩条上，瓦的端部搭接长度应不小于 100 mm，横向搭接应按主导风向至少搭接一波半。瓦钉的钉固孔位应在瓦的波峰处，并应加设铁垫圈和毡垫或灌厚质防潮油防水。铺瓦时应由檐口铺向屋脊,屋脊处盖脊瓦并用麻刀灰或纸筋灰嵌缝。

3. 油毡瓦屋面

油毡瓦是以玻璃纤维为胎基,经浸涂石油沥青后,面层压天然色彩砂,背面撒以隔离材料制成的瓦状片材。油毡瓦适用于排水坡度大于 20％的坡屋面。

油毡瓦具有质量轻、柔性好、耐酸碱、不褪色等特点,适用于坡屋面的防水层或多层防水层的面层。

4. 彩色压型钢板屋面

彩色压型钢板俗称彩钢板,是近年在一般工业及民用建筑中普遍采用的一种屋面板材。它既可以作为单一的屋面覆盖构件,也同时兼有保温功能,具有自重轻、构造简单、色彩丰富、保温性能好的特点。

彩钢板分为单一彩钢板和复合彩钢板(夹心彩钢板)两种,后者是在两层压型钢板中间加设一层保温材料(如聚苯板),使板具有保温功能。这种板材一般用配套的型钢檩条支撑,其跨度可达 3～4 m。连接方式是用与板材配套的压盖条、封口条进行封堵,并用专用胶填缝嵌固,其构造做法如图 10.28 所示。

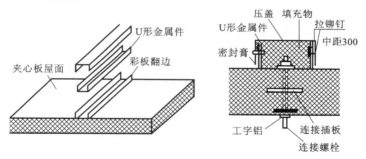

图 10.28 复合彩钢板接缝构造

10.3.3 坡屋顶的保温与隔热

屋顶像外墙一样属于房屋的外围护结构,不但要有遮风避雨的功能,还应有保温与隔热的功能。

10.3.3.1 坡屋顶的保温

当坡屋顶有保温要求时,屋顶应设计成保温屋顶。在墙体中,防止室内热损失的主要措施是提高墙体的热阻。这一原则同样适用于屋顶的保温,为了提高屋顶的热阻,需要在屋顶中增加保温层。保温材料可根据工程具体要求选用松散材料、块体材料或板状材料。常用的保温材料有木屑、膨胀珍珠岩、玻璃棉、泡沫塑料、聚苯板等。

坡屋顶保温有屋面层保温和顶棚层保温两种。

(1)屋面层保温 当采用屋面层保温时,其保温层可设置在瓦材下面或檩条之间;也可在檩条之下钉保温板材,上设通风层,避免产生冷凝水。

(2)顶棚层保温 当采用顶棚层保温时,先在顶棚搁栅上铺木板,板上铺一层油毡作隔汽层,在隔汽层上铺设保温材料。目前常用的顶棚保温法是采用屋面夹心板。

10.3.3.2　坡屋顶的隔热

炎热地区在坡屋顶中设进气口和排气口,利用屋顶内外的热压差和迎风面的压力差组织空气对流,形成屋顶内的自然通风,以减少由屋顶传入室内的辐射热,从而达到隔热降温的目的。进气口一般设在檐墙、屋檐部位或室内顶棚上;出气口最好设在屋脊处,以增大高差,有利于加速空气流通。

屋顶的隔热除了采用实体材料隔热外,较为有效的方法是设置通风间层(图 10.29),常见的做法有:

(1)屋面通风隔热　屋面通风隔热的做法是铺设双层瓦屋面,由檐口进风至屋脊处排风,利用空气流动带走一部分热量,以降低瓦底面的温度;还可利用檩条的间距通风。

(2)吊顶棚通风隔热　吊顶内空间较大,如能组织自然通风,隔热效果明显,且对木结构屋顶起驱潮防腐作用。通风口可设在檐口、屋脊、山墙和坡屋面上。

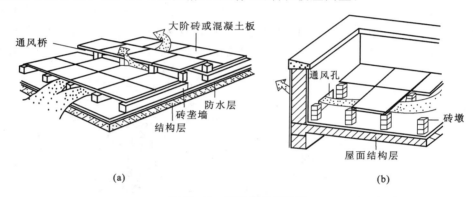

图 10.29　通风隔热的构造
(a)架空隔热小板与通风桥;(b)架空隔热小板与通风孔

10.4　种植屋面的构造

随着绿色建筑的发展,种植屋面作为建筑节能技术的重要组成部分,在实际工程中得到了较大的发展与应用。

10.4.1　种植屋面概述

10.4.1.1　种植屋面的概念

种植屋面是在屋面防水层上覆土或覆盖锯木屑、膨胀蛭石、膨胀珍珠岩、轻砂等多孔松散材料,进行种植草皮、花卉、蔬菜、水果或设架种植攀缘植物等作物。覆土的叫有土种植屋面,覆有多孔松散材料的叫无土种植屋面。

10.4.1.2　种植屋面的作用

种植屋面不仅有效地保护了防水层和屋盖结构层,而且对建筑物有很好的保温隔热效果,对城市环境起到绿化和美化作用,有益于人们的健康。如果管理得当,还能获得一定的经济效益。它集节能、环保、美观、可持续、与自然和谐共存等作用于一体,对于我国城镇建筑稠密、植被绿化不足的情况,种植屋面是绿色建筑一种很有发展前途的形式。

10.4.1.3　种植屋面的分类

种植屋面的分类如图 10.30 所示。

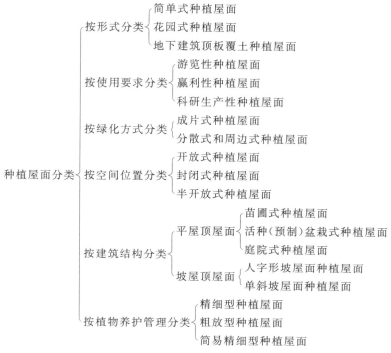

图 10.30　种植屋面的类型

其中,简单式种植屋面是仅以地被植物和低矮灌木绿化的屋面,如图 10.31(a)所示。花园式种植屋面是以乔木、灌木和地被植物绿化,并设有亭台、园路、园林小品和水池、小溪等,可提供人们进行休闲活动的屋面,如图 10.31(b)所示。

(a)　　　　　　　　　　　　　　　(b)

图 10.31　种植屋面的不同形式

(a)简单式种植屋面;(b)花园式种植屋面

10.4.2　种植屋面构造

10.4.2.1　基本规定

(1)种植屋面工程设计应遵循"防、排、蓄、植"并重和"安全、环保、节能、经济,因地制宜"的原则。

（2）种植屋面不宜设计为倒置式屋面。

（3）种植屋面工程结构设计时应计算种植荷载。即由建筑屋面改造为种植屋面前,应对原结构进行鉴定。简单式种植屋面荷载不应小于 1.0 kN/m²,花园式种植屋面荷载不应小于 3.0 kN/m²,均应纳入屋面结构永久荷载。

（4）屋面基层为压型金属板,采用单层防水卷材的种植屋面设计应符合国家现行有关标准的规定。

（5）当屋面坡度大于 20% 时,绝热层、防水层、排(蓄)水层、种植土层等均应采取防滑措施。

（6）种植屋面应根据不同地区的风力因素和植物高度,采取植物抗风固定措施。

10.4.2.2　构造层次

种植屋面构造包括结构层、保温(隔热)层、找坡层(找平层)、普通防水层、耐根穿刺防水层、排(蓄)水层、过滤层、种植土及植被层,如图 10.32 所示。

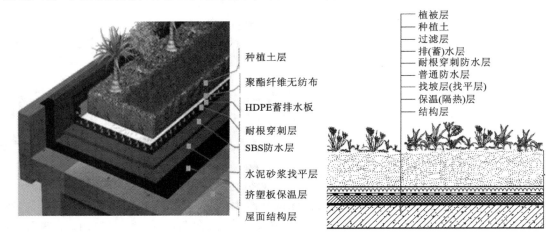

种植土层
聚酯纤维无纺布
HDPE蓄排水板
耐根穿刺层
SBS防水层
水泥砂浆找平层
挤塑板保温层
屋面结构层

植被层
种植土
过滤层
排(蓄)水层
耐根穿刺防水层
普通防水层
找坡层(找平层)
保温(隔热)层
结构层

图 10.32　种植屋面的构造层次

（1）结构层

种植屋面的结构层宜采用现浇钢筋混凝土,根据种植植物的种类及平均覆土厚度荷载进行设计和施工。一般应采用强度等级不低于 C20 和抗渗等级不小于 S6 的现浇钢筋混凝土作屋面的结构层。

（2）保温(隔热)层

屋面绿色植被一般具有保温隔热效果,但通常还是需要附加保温隔热层。

（3）找坡层(找平层)

原结构面因存在高低不平或坡度而进行找平铺设的基层,如水泥砂浆、细石混凝土等,有利于在其上面铺设面层或防水、保温层。

（4）普通防水层

防水层的作用是防止水分渗入屋顶,影响建筑内部美观。可选用碎石、泡沫块、陶粒等作为防水层材料。防水层应满足一级防水等级设防要求,且必须至少设置一道具有耐根穿刺性能的防水材料。

（5）耐根穿刺防水层

聚氯乙烯双面复合防水卷材以铜胎基作为阻根防水层,具有长期的耐植物根(或根状茎)

穿刺性能,从根本上防止了植物根尖穿透防水层,同时不影响植物的正常生长,减轻了绿化屋顶的技术障碍。

种植屋面防水层应采用不少于两道防水设防,上道应为耐根穿刺防水材料;两道防水层应相邻铺设且防水层的材料应相容。

耐根穿刺防水层上应设置保护层,保护层应符合下列规定:

① 简单式种植屋面和容器种植宜采用体积比为 1∶3、厚度为 15～20 mm 的水泥砂浆作保护层;

② 花园式种植屋面宜采用厚度不小于 40 mm 的细石混凝土作保护层;

③ 地下建筑顶板种植应采用厚度不小于 70 mm 的细石混凝土作保护层;

④ 采用水泥砂浆和细石混凝土作保护层时,保护层下面应铺设隔离层;

⑤ 采用土工布或聚酯无纺布作保护层时,单位面积质量不应小于 300 g/m²;

⑥ 采用聚乙烯丙纶复合防水卷材作保护层时,芯材厚度不应小于 0.4 mm;

⑦ 采用高密度聚乙烯土工膜作保护层时,厚度不应小于 0.4 mm。

(6) 排(蓄)水层

种植屋面的排、蓄水层对植被的生长起着至关重要的作用。排(蓄)水层应结合排水沟分区设置,雨水要及时排放才能保证植物不会烂根,而蓄存一定水分才能满足植被生长所需水分。

(7) 过滤层

过滤层材料的搭接宽度不应小于 150 mm,过滤层应沿种植挡墙向上铺设,与种植土高度一致。过滤层可采用鹅卵石、珍珠岩等滤水物质。

(8) 种植土及植被层

种植屋面宜根据屋面面积大小和植物配置,结合园路、排水沟、变形缝、绿篱等划分种植区。考虑到屋面荷载的影响,优先选用轻质材料作为栽培介质,如谷壳、锯末、蛭石等;同时,栽培介质的厚度应满足所栽植物正常生长的需要。植物配植以浅根生多年生草木、匍匐类、矮生灌木植物为宜,要求耐热、抗风、耐旱、耐贫瘠。多种植物的选用,可以对城市不同地段的光照、水分、土壤和养分等多种生态条件进行合理的利用,获得良好的生态效益。

10.4.2.3 细部构造

(1) 种植屋面的女儿墙、周边泛水部位和屋面檐口部位,应设置缓冲带,其宽度不应小于300 mm。缓冲带可结合卵石带、园路或排水沟等设置。

(2) 防水层的泛水高度应符合下列规定:

① 屋面防水层的泛水高度高出种植土不应小于 250 mm;

② 地下建筑顶板防水层的泛水高度高出种植土不应小于 500 mm。

(3) 竖向穿过屋面的管道,应在结构层内预埋套管,套管高出种植土不应小于 250 mm。

(4) 坡屋面种植檐口构造(图 10.33)应符合下列规定:

① 檐口顶部应设种植土挡墙;

② 挡墙应埋设排水管(孔);

③ 挡墙应铺设防水层,并与檐沟防水层连成一体。

(5) 变形缝的设计应符合现行国家标准《屋面工程技术规范》(GB 50345—2012)的规定。变形缝上不应种植,变形缝墙应高于种植土,可铺设盖板作为园路,如图 10.34 所示。

（6）种植屋面宜采用外排水方式，水落口宜结合缓冲带设置，如图 10.35 所示。

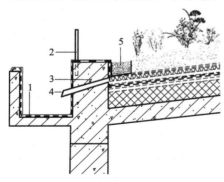

图 10.33　檐口构造

1—防水层；2—防护栏杆；3—挡墙；4—排水管；5—卵石缓冲带

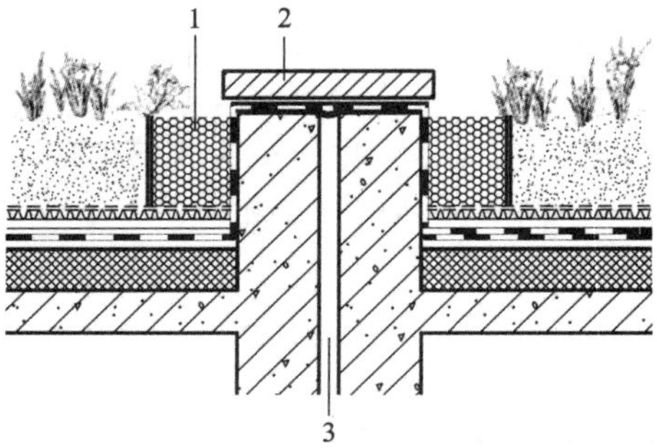

图 10.34　变形缝铺设盖板

1—卵石缓冲带；2—盖板；3—变形缝

（7）排水系统细部设计应符合下列规定：

① 水落口位于绿地内时，水落口上方应设置雨水观察井，并应在周边设置宽度不小于 300 mm 的卵石缓冲带，如图 10.36 所示；

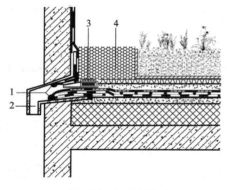

图 10.35　外排水

1—密封胶；2—水落口；3—雨箅子；4—卵石缓冲带

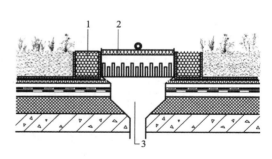

图 10.36　绿地内水落口

1—卵石缓冲带；2—井盖；3—雨水观察井

② 水落口位于铺装层上时，基层应满铺排水板，上设雨箅子，如图 10.37 所示。

（8）屋面排水沟上可铺设盖板作为园路，侧墙应设置排水孔，如图 10.38 所示。

（9）硬质铺装应向水落口处找坡，找坡应符合现行国家标准《屋面工程技术规范》（GB 50345—2012）的规定。当种植挡墙高于铺装时，挡墙应设置排水孔。

（10）根据植物种类、种植土厚度，可采用地形起伏处理。

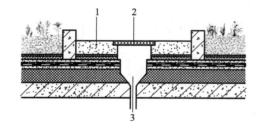

图 10.37　铺装层上水落口

1—铺装层；2—雨箅子；3—水落口

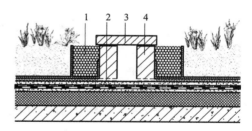

图 10.38　排水沟

1—卵石缓冲带；2—排水管（孔）；3—盖板；4—种植挡墙

单元 11 变 形 缝

教学目标

1. 了解变形缝的概念和设置原则；
2. 掌握变形缝的构造做法。

11.1 变形缝的概念与设置原则

11.1.1 变形缝的概念

变形缝是为防止建筑物在外界因素(温度变化、地基不均匀沉降及地震)作用下产生变形、导致开裂甚至破坏而人为地设置的构造缝,进而达到保证建筑正常使用和保护建筑安全的目的。

变形缝包括伸缩缝、沉降缝和防震缝三种类型。

11.1.2 变形缝的设置原则

1. 伸缩缝(温度缝)

为了防止房屋在正常使用条件下,由温差、砌体干缩引起的墙体竖向裂缝,应在墙体中设置伸缩缝,也叫温度缝。伸缩缝从基础顶面开始,将墙体、楼地面、屋顶全部断开。基础因埋在地下,受气候等因素影响小,可不断开。伸缩缝的宽度一般采用20～30 mm,以保证缝两侧的建筑构件能在水平方向自由伸缩。伸缩缝之间允许的最大距离与建筑的结构类型和屋面保温材料有直接关系,如表11.1、表11.2所示。

表 11.1 砌体房屋温度伸缩缝的最大间距

屋盖和楼盖类别		间距(m)
装配式或装配整体式钢筋混凝土结构	有保温层或隔热层的屋盖、楼盖	50
	无保温层或隔热层的屋盖、楼盖	40
装配式无檩体系钢筋混凝土结构	有保温层或隔热层的屋盖、楼盖	60
	无保温层或隔热层的屋盖、楼盖	50
装配式有檩体系钢筋混凝土结构	有保温层或隔热层的屋盖、楼盖	75
	无保温层或隔热层的屋盖、楼盖	60
瓦材屋盖、木屋盖或楼盖、轻钢楼盖		100

表 11.2　钢筋混凝土结构伸缩缝的最大间距

结构类别		室内或土中(m)	露天(m)
排架结构	装配式	100	70
框架结构	装配式	75	50
	现浇式	55	35
剪力墙结构	装配式	65	40
	现浇式	45	30
挡土墙、地下室墙等类结构	装配式	40	30
	现浇式	30	20

为了防止外界自然条件对墙体的侵袭,伸缩缝内应填塞经防腐处理的可塑材料,如浸了沥青的麻丝、橡胶条、塑料条等。外墙面用铁皮、镀锌薄钢板、彩色薄钢板、铝皮等盖缝,内墙面用木制盖缝条或有一定装饰效果的金属调节盖板装修。所有的填缝及盖缝材料的安装构造均应能保证在水平方向自由伸缩。

伸缩缝设置的方案有两种,一种是单墙方案,另一种是双墙方案,如图 11.1 所示。

(1)单墙方案　伸缩缝两侧共用一道墙体,这种方案只加设一根梁,比较经济。但是墙体未能闭合,对抗震不利,在非震区可以采用。$a_i = t/2 + a_e$。

(2)双墙方案　伸缩缝两侧各有自己的墙体,各温度区段组成完整的闭合墙体,对抗震有利。但造价较高,插入距较大,在震区宜于采用。$a_i = t + a_e$。

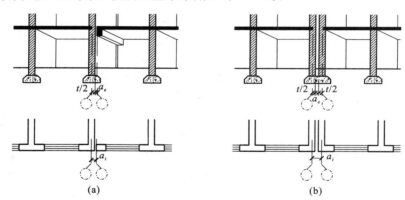

图 11.1　伸缩缝的设置方案

(a)单墙方案;(b)双墙方案

a_e—变形缝宽度;a_i—插入距;t—内墙厚度

2.沉降缝

当建筑物的地基承载能力差别较大或建筑物相邻部分的高度、荷载、结构类型有较大差别时,为防止地基不均匀沉降而破坏,故应在适当的位置设置垂直的沉降缝。沉降缝应从基础底面起,沿墙体、楼地面、屋顶等在构造上全部断开,相邻两侧各单元各自沉降、互不影响。

沉降缝宜设置在下列部位:

(1)建筑平面转折部位;

(2)高度差异或荷载差异处;

（3）长高比过大的砌体承重结构或钢筋混凝土框架结构的适当部位；

（4）地基土压缩性有显著差异处；

（5）建筑结构（或基础）不同类型交接处；

（6）分期建造房屋的交接处。

沉降缝的宽度与地基情况及建筑物高度有关，地基越软的建筑物沉陷的可能性越高，沉降后所产生的倾斜距离越大，其宽度如表 11.3 所示。

表 11.3　沉降缝的宽度

地基性质	建筑物高度或层数	缝宽（mm）
一般地基	$H < 5$ m	30
	$H = 5 \sim 8$ m	50
	$H = 10 \sim 15$ m	70
软弱地基	2～3 层	50～80
	4～5 层	80～120
	6 层以上	＞120
湿陷性黄土地基		30～70

3. 防震缝

为了防止建筑物的各部分在地震时相互撞击造成变形和破坏而设置的垂直缝叫作防震缝。防震缝一般设在结构变形敏感的部位，沿房屋基础顶面全高设置，其构造要求与伸缩缝相似，缝宽在 50～70 mm 之间，且为平缝。由于防震缝的缝隙较大，故在外墙缝处常用可伸缩的、呈 V 形或 W 形的镀锌铁皮或铝皮遮盖，盖缝条应满足牢固、防风和防水等要求。

防震缝的设置原则依抗震设防烈度、房屋结构类型和高度不同而异。对多层砌体房屋来说，遇下列情况时宜设置防震缝：

（1）房屋立面高差在 6 m 以上；

（2）房屋有错层，且楼板高差较大；

（3）房屋相邻各部分结构刚度、质量截然不同。

防震缝的宽度应根据抗震设防烈度、结构材料种类、结构类型、结构单元的高度和高差确定，一般多层砌体房屋的缝宽采用 50～70 mm，多层和高层框架结构则按不同的抗震设防烈度和建筑高度取 70～200 mm。地震设防区房屋的伸缩缝和沉降缝应符合防震缝的要求。

一般情况下防震缝应与伸缩缝、沉降缝协调布置，做到一缝多用。沉降缝可以兼起伸缩缝的作用，伸缩缝却不能代替沉降缝。当伸缩缝与沉降缝结合设置或防震缝与沉降缝结合设置时，基础也应断开。

11.2　变形缝的构造

11.2.1　墙体变形缝

变形缝的构造处理既要保证其两侧的墙体自由伸缩、沉降或摆动，又要密封较严，以满足防风沙、防飘雨、保温、隔热和外形美观的要求，因此，在构造上对变形缝暴露在内侧和外侧的缝隙分别按内装修和外装修予以处理。

1. 伸缩缝

伸缩缝可做成平口缝、错口缝、企口缝等形式,如图 11.2 所示。

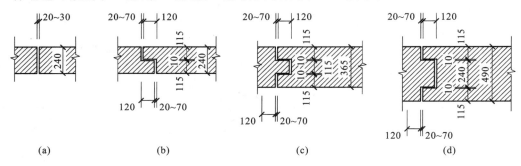

图 11.2 墙体伸缩缝形式

(a) 平口缝;(b) 错口缝;(c)、(d) 企口缝

为防止外界自然条件对墙体及室内环境的侵袭,外墙伸缩缝内应填塞具有防水、保温和防腐性能的弹性材料。当缝口较宽时,外侧缝口还应用镀锌铁皮或铝片等金属调节片覆盖;内侧缝口通常用具有一定装饰效果的木质盖缝条、金属片或塑料片遮盖,仅一边固定在墙上。内墙伸缩缝缝内一般不填塞保温材料,缝口处理与外墙内侧缝口相同。如图 11.3 所示。

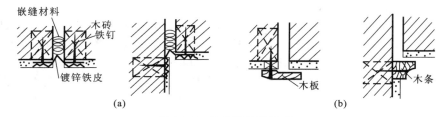

图 11.3 伸缩缝构造形式

(a) 外侧缝口;(b) 内侧缝口

2. 沉降缝

沉降缝一般兼起伸缩缝的作用,其构造与伸缩缝构造基本相同,只是调节片或盖缝板在构造上应保证两侧墙体在水平方向和垂直方向均能自由变形,如图 11.4 所示。

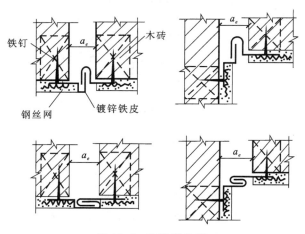

图 11.4 沉降缝构造

3. 防震缝

防震缝与伸缩缝、沉降缝的构造基本相同。考虑防震缝宽度较大,构造上更应注意盖缝的牢固、防风、防雨等,寒冷地区的外缝口还须用具有弹性的软质聚氯乙烯泡沫塑料、聚苯乙烯泡沫塑料等保温材料填实,如图 11.5 所示。

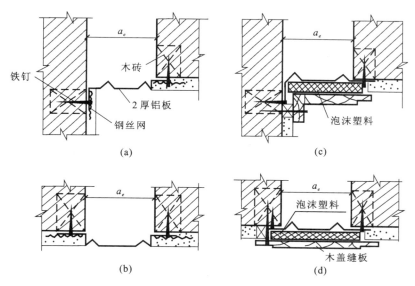

图 11.5　墙体防震缝构造

(a) 外墙转角;(b) 内墙转角;(c) 外墙平缝;(d) 内墙平缝

11.2.2　楼地层变形缝

楼地层变形缝有地坪变形缝、地面(楼面)变形缝和顶棚变形缝,如图 11.6～图 11.8 所示。其位置和宽度应与墙体变形缝一致,一般贯通楼地面各层,缝内采用具有弹性的油膏、金属调节片、沥青麻丝等材料做嵌缝处理,地坪、地面(楼面)和顶棚应加设不妨碍构件之间变形需要的盖缝板,盖缝板的形式和色彩应与室内装修相协调。

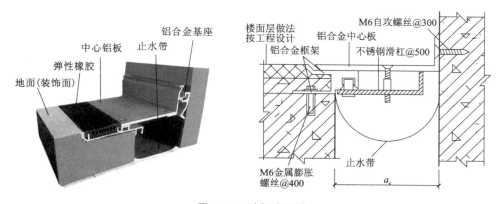

图 11.6　地坪变形缝

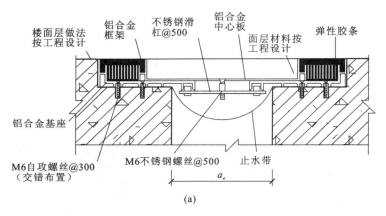

(a)

(b)

图 11.7　地面变形缝

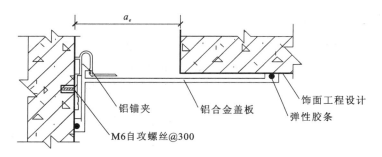

图 11.8　顶棚变形缝

11.2.3　屋顶变形缝

　　屋顶变形缝的位置和宽度应与墙体、楼地层的变形缝一致,缝内用金属调节片、沥青麻丝等材料做嵌缝和盖缝处理。

　　(1)同层等高不上人屋面

　　一般是在缝两侧各砌半砖厚矮墙,并做好屋面防水和泛水构造处理,矮墙顶部用镀锌薄钢板或钢筋混凝土盖板盖缝,如图 11.9 所示。

　　(2)同层等高上人屋面

　　为便于行走,缝两侧一般不砌矮墙,应做好屋面防水,如图 11.10 所示。

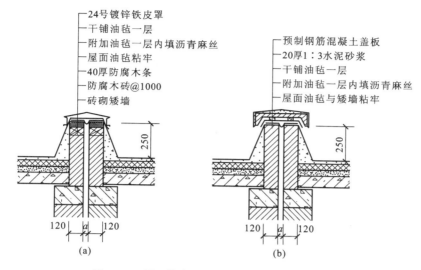

图 11.9 同层等高不上人屋面变形缝构造做法

（a）铁皮罩式；（b）盖板式

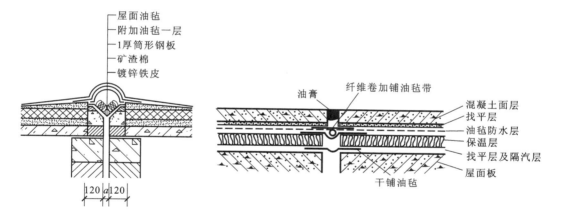

图 11.10 等高屋面筒板式变形缝构造做法

（3）不等高屋面的变形缝

应在低侧屋面板上砌半砖矮墙，与高侧墙之间留出变形缝隙，并做好屋面防水和泛水处理。矮墙之上可用从高侧墙上悬挑的钢筋混凝土板或镀锌薄钢板盖缝，如图 11.11 所示。

根据屋面防水材料的不同，屋顶变形缝还可分为柔性防水屋面变形缝和刚性防水屋面变形缝。图 11.9、图 11.10、图 11.11 都是柔性防水屋顶变形缝，刚性防水屋面变形缝的构造与柔性防水屋面的做法基本相同，只是防水材料不同。

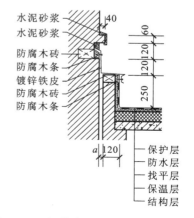

图 11.11 不等高屋面的变形缝构造做法

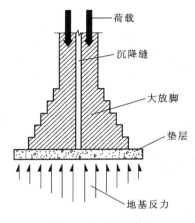

图 11.12　偏心基础

11.2.4　基础沉降缝

　　沉降缝处基础的做法:沉降缝底面以上的做法与伸缩缝的做法大同小异,但难度大、施工复杂、造价高,要将基础断开。一般可采取下列三种方法:

　　(1)偏心基础(双墙式构造)　如图 11.12 所示,将双墙下的基础大放脚断开留缝,垫层可不断开。这种做法施工简单、造价很低,但易形成偏心基础,地基的反力不均匀,有可能向中间倾斜,仅适用于低矮、耐久等级低且地质较好的情况。

　　(2)悬挑基础(挑梁式构造)　图 11.13 所示为悬挑基础,为减少悬挑梁的荷载,被悬挑的梁及墙体应尽可能压缩截面尺寸和采用轻质材料。

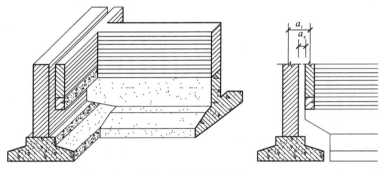

图 11.13　悬挑基础

　　(3)跨越基础(交叉式构造)　图 11.14 所示为跨越基础,沉降缝两侧的墙下均设置基础梁,基础放脚均划分若干个段,并伸入另一侧基础梁之下,两侧基础各自沉降自如、互不影响。这种做法受力明显、效果较好,但施工难度很大,造价也较高。

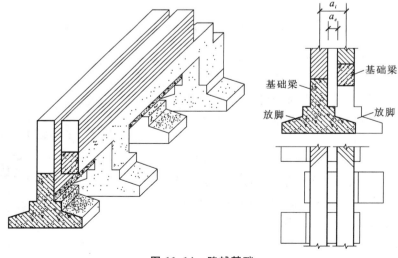

图 11.14　跨越基础

*单元 12　单层工业厂房

教学目标

1. 了解工业建筑的概念、特点和分类；
2. 熟悉单层工业厂房的定位轴线及构件组成；
3. 熟悉单层工业厂房的构造。

12.1　概　　述

12.1.1　工业建筑的定义及特点

工业建筑是指从事各类工业生产以及直接为生产服务的房屋，是工业建设必不可少的物质基础。从事工业生产的房屋主要包括生产厂房、辅助生产用房以及为生产提供动力的房屋，这些房屋往往被称为厂房或车间。

工业建筑在设计原则、建筑技术、建筑材料等方面与民用建筑有许多相同之处，但还具有以下特点：

（1）满足生产工艺要求　厂房的设计以生产工艺为基础，必须满足不同工业生产的要求，并为工人创造良好的生产环境。

（2）内部有较大的通敞空间　由于厂房内各生产环节联系紧密，需要大量的或大型的生产设备和起重运输设备，因此，厂房的内部大多具有较大的面积和通敞的空间。

（3）采用大型的承重骨架结构　由于上述原因，厂房屋盖和楼板荷载较大，多数厂房采用由大型的承重构件组成的钢筋混凝土骨架结构或钢结构。

（4）结构、构造复杂，技术要求高　由于厂房的面积、体积较大，有时采用多跨组合，工艺联系密切，不同的生产类型对厂房提出的功能要求也不同，因此在空间组织、采光通风和防水排水等建筑处理上以及结构、构造上都比较复杂，技术要求高。

12.1.2　工业建筑的分类

工业建筑通常按厂房的用途、生产状况及层数进行分类。

1. 按厂房用途分类

（1）主要生产厂房　指用于完成产品从原料到成品的主要工艺过程的各类厂房。例如：钢铁厂的烧结、焦化、炼铁、炼钢车间；机械厂的铸造、锻造、热处理、铆焊、冲压、机械加工和装配车间。

（2）辅助生产厂房　为主要生产车间服务的各类厂房，如机械修理和工具等车间。

（3）动力用厂房　为工厂提供能源和动力的各类厂房，如发电站、锅炉房等。

（4）贮存用房屋　贮存各种原料、半成品或成品的仓库，如材料库、成品库等。

（5）运输用房屋　停放、检修各种运输工具的库房，如汽车库、电瓶车库等。

2. 按厂房生产状况分类

（1）冷加工车间　在正常温、湿度状态下进行生产的车间，如机械加工、装配等车间。

（2）热加工车间　在高温或熔化状态下进行生产的车间，在生产中产生大量的热量及有害气体、烟尘，如冶炼、铸造、锻造和轧钢等车间。

（3）恒温恒湿车间　在稳定的温、湿度状态下进行生产的车间，如纺织车间和精密仪器车间等。

（4）洁净车间　为保证产品质量，在无尘、无菌、无污染的洁净状况下进行生产的车间，如集成电路车间以及医药工业、食品工业的一些车间等。

3. 按厂房层数分类

（1）单层厂房　指层数为一层的厂房，主要用于机械、冶金等重工业，适用于有大型设备及加工件、有较大动荷载和大型起重运输设备、需要水平方向组织工艺流程和运输的生产项目，如图 12.1 所示。

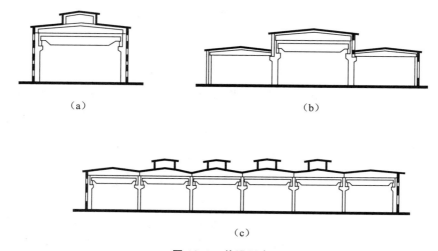

图 12.1　单层厂房

(a) 单跨；(b) 高低跨；(c) 多跨

（2）多层厂房　指层数为两层以上的厂房，常见的层数为 2～6 层，用于电子、精密仪器、食品和轻工业，适用于设备、产品较轻及竖向布置工艺流程的生产项目，如图 12.2 所示。

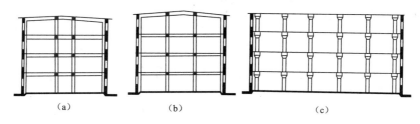

图 12.2　多层厂房

(a) 内廊式；(b) 统间式；(c) 大跨度式

（3）混合层数厂房　同一厂房内既有多层也有单层，单层或跨层内设置大型生产设备，多用于化工和电力工业，如图 12.3 所示。

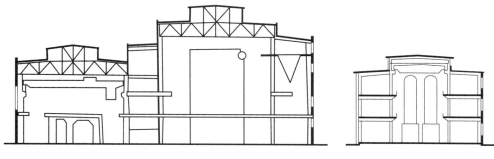

图 12.3　混合层数厂房

12.2　单层工业厂房的定位轴线及结构构件

在厂房建筑中,支承各种荷载作用的构件所组成的骨架通常称为结构。以装配式钢筋混凝土横向排架结构为例,厂房承重结构是由横向排架构件、纵向连系构件以及支撑构件组成,如图 12.4 所示。横向排架构件包括屋架(或屋面梁)、柱子和基础,它承受屋盖、天窗、外墙及吊车等荷载;纵向连系构件包括吊车梁、基础梁、连系梁(或圈梁)、大型屋面板等,这些构件联系横向排架,保证了横向排架的稳定性,并将作用在山墙上的风荷载和吊车纵向制动力传给柱子;支撑构件包括屋盖支撑系统和柱间支撑系统,它可保证厂房的整体性和稳定性。从图 12.4 中还可看出,除了厂房骨架构件之外,还有外墙围护构件。

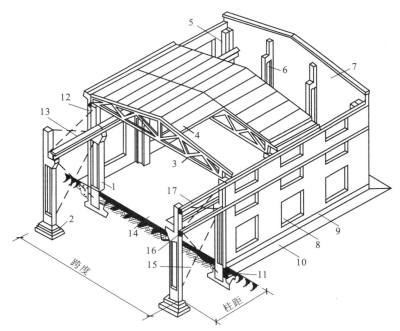

图 12.4　单层厂房的构件组成

1—柱子;2—基础;3—屋架;4—屋面板;5—端头柱;6—抗风柱;7—山墙;8—窗洞口;9—勒脚;

10—散水;11—基础梁;12—纵向外墙;13—吊车梁;14—室内地面;15—支撑系统;16—连系梁;17—圈梁

12.2.1 单层工业厂房柱网尺寸及定位轴线

单层工业厂房定位轴线是确定主要承重构件标志尺寸及其相互关系的基准线,也是作为定位、安装及厂房施工放线的依据。厂房设计只有采用合理的定位轴线划分,才可能采用较多的标准构件来建造,从而提高厂房建筑设计标准化、生产工业化和施工机械化水平。

12.2.1.1 柱网尺寸

单层厂房的定位轴线分横向定位轴线和纵向定位轴线两种,如图 12.5 所示。由纵、横向定位轴线形成平面轴线网格,称为柱网。横向定位轴线之间的距离为柱距,纵向定位轴线之间的距离为跨度。

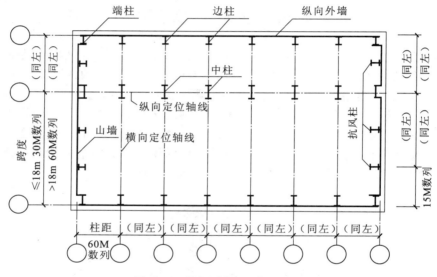

图 12.5 单层厂房平面柱网布置

《厂房建筑模数协调标准》(GB/T 50006—2010)为单层厂房柱网尺寸作了规定:

1. 跨度

单层厂房跨度在 18 m 和 18 m 以下时,应采用扩大模数 30 M 数列,即 9 m、12 m、15 m、18 m 等。在 18 m 以上时,应采用扩大模数 60 M 数列,即 24 m、30 m、36 m 等(图 12.5)。当有特殊工艺要求时,亦可采用 30 M 数列。

2. 柱距

单层厂房的柱距应采用扩大模数 60 M 数列,常采用 6 m 柱距(图 12.5),有时也可采用 12 m 柱距。单层厂房山墙处的抗风柱柱距宜采用扩大模数 15 M 数列,即 4.5 m、6 m、7.5 m。

12.2.1.2 墙、柱、吊车梁与定位轴线的关系

1. 与横向定位轴线的关系

(1)中间柱与横向定位轴线的关系

除山墙端部柱和横向变形缝两侧柱以外,横向定位轴线应与柱的中心线相重合,且横向定位轴线通过屋架中心线和屋面板、吊车梁等构件的横向接缝,如图 12.6 所示。

（2）山墙处柱与横向定位轴线的关系

当山墙为非承重墙时，横向定位轴线与山墙的内缘重合，且端部柱及端部屋架的中心线应自横向定位轴线向内移 600 mm，如图 12.7 所示。当山墙为承重墙时，山墙的内缘与横向定位轴线间的距离应为墙厚的一半或半砖及半砖的倍数。

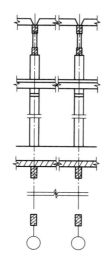

图 12.6　中间柱与横向定
　　　　　位轴线的关系

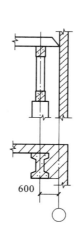

图 12.7　山墙处柱与横向
　　　　　定位轴线的关系

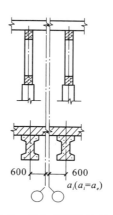

$a_i(a_i=a_e)$

图 12.8　横向变形缝处柱与横
　　　　　向定位轴线的关系

a_i—插入距；a_e—伸缩缝宽度

（3）横向变形缝处柱与横向定位轴线的关系

在横向伸缩缝或防震缝处，应采用双柱及两条横向定位轴线，如图 12.8 所示。柱的中心线均自横向定位轴线向两侧各移 600 mm，两条横向定位轴线分别通过两侧屋面板、吊车梁等构件的标志尺寸端部，两轴线间所需缝的宽度应符合有关国家标准的规定。

2. 与纵向定位轴线的关系

（1）边柱与纵向定位轴线的关系

一般情况下，边柱外缘与墙内缘宜与纵向定位轴线相重合，使上部屋面板与外墙之间形成"封闭结合"构造，如图 12.9（a）所示。它适用于无吊车或只有悬挂吊车及柱距为 6 m、吊车起重量不大的厂房。

在有桥式吊车的厂房中，由于吊车起重量、柱距或构造要求等原因，边柱外缘与纵向定位轴线间可加设联系尺寸 a_c，联系尺寸常取 300 mm 及其倍数。由于屋架端部与墙内缘存在缝隙，形成"非封闭结合"构造，如图 12.9（b）所示。

（2）等高跨中柱与纵向定位轴线的关系

当等高跨厂房没有设纵向伸缩缝时，中柱宜设单柱和一条纵向定位轴线，纵向定位轴线一般与上柱中心线相重合；当设插入距时，中柱可采用单柱及两条纵向定位轴线，其插入距 a_i 应符合 3 M 数列，即 300 mm 及其整数倍，柱中心线宜与插入距中心线相重合，如图 12.10 所示。

当等高跨中柱设有纵向伸缩缝时，中柱可采用单柱并设两条纵向定位轴线，伸缩缝一侧的屋架应搁置在活动支座上，两条定位轴线间插入距 a_i 为伸缩缝的宽度 a_e，如图 12.11 所示。

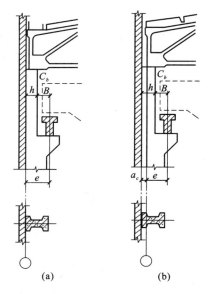

图 12.9　边柱与纵向定位轴线的关系

a_c—联系尺寸

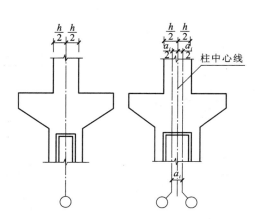

图 12.10　等高跨中柱（无纵向伸缩缝）
与纵向定位轴线的关系

a_i—插入距

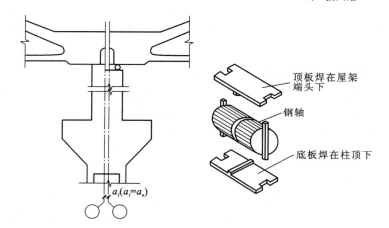

图 12.11　等高跨中柱（有纵向伸缩缝）与纵向定位轴线的关系

a_i—插入距；a_e—伸缩缝宽度

（3）不等高跨中柱与纵向定位轴线的关系

不等高跨处采用单柱且高跨为"封闭结合"时,宜采用一条纵向定位轴线。当封墙底面高于屋面时,纵向定位轴线与高跨上柱外缘、封墙内缘及低跨屋架标志尺寸端部相重合,如图 12.12(a)所示;当封墙底面低于屋面时,应采用两条纵向定位轴线,其插入距 a_i 等于封墙厚度,即 $a_i=t$,如图 12.12(b)所示。

不等高跨处采用单柱且高跨为"非封闭结合"时,应采用两条纵向定位轴线,其插入距 a_i 根据封墙位置不同分别等于"联系尺寸"或"联系尺寸加封墙厚度",即 $a_i=a_c$ 或 $a_i=t+a_c$,如图 12.12(c)、(d)所示。

不等高跨处采用单柱且设纵向伸缩缝时,低跨的屋架搁置在活动支座上,不等高跨处应采

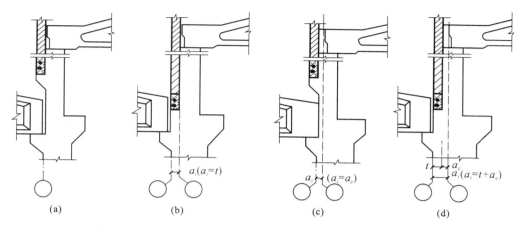

图 12.12　不等高跨中柱（无纵向伸缩缝）与纵向定位轴线的关系

a_i—插入距；t—封墙厚度；a_c—联系尺寸

用两条纵向定位轴线，并设插入距。其插入距 a_i 可根据封墙的高低位置及高跨纵向定位轴线是否"封闭结合"确定。

当高低跨纵向定位轴线均采取"封闭结合"时，高跨封墙底面低于低跨屋面时，其插入距 $a_i = a_e + t$，如图 12.13(a)所示。

当高跨纵向定位轴线采取"非封闭结合"，低跨纵向定位轴线采取"封闭结合"，高跨封墙底面低于低跨屋面时，其插入距 $a_i = a_e + t + a_c$，如图 12.13(b)所示。

当高低跨纵向定位轴线均采取"封闭结合"时，高跨封墙底面高于低跨屋面时，其插入距 $a_i = a_e$，如图 12.13(c)所示。

当高跨纵向定位轴线采取"非封闭结合"，低跨纵向定位轴线采取"封闭结合"，高跨封墙底面高于低跨屋面时，其插入距 $a_i = a_c + a_e$，如图 12.13(d)所示。

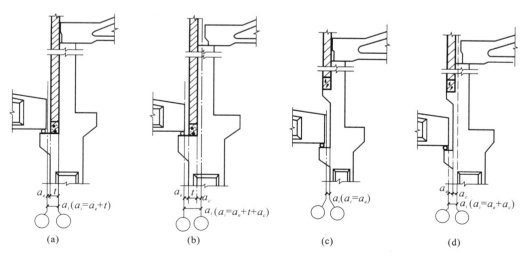

图 12.13　不等高跨中柱（有纵向伸缩缝）与纵向定位轴线的关系

a_i—插入距；t—封墙厚度；a_c—联系尺寸；a_e—伸缩缝宽度

12.2.2 单层工业厂房的结构类型

12.2.2.1 砌体结构

砌体结构是由砖石等砌块砌筑成的柱子、钢筋混凝土屋架（或屋面大梁）、钢屋架等组成，图 12.14 所示为砖柱、组合屋架的工业建筑。

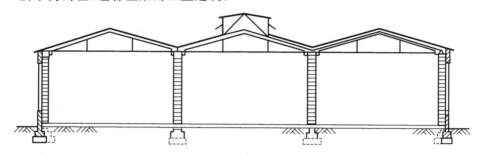

图 12.14　砖砌体结构工业建筑

12.2.2.2 钢筋混凝土结构

这种骨架结构多采取预制装配的施工方式，结构构成主要由横向骨架、纵向连系构件和支撑构件组成，如图 12.15 所示。横向骨架主要包括屋面大梁（或屋架）、柱子、柱基础，纵向构件包括屋面板、连系梁、吊车梁、基础梁等。此外，垂直和水平方向的支撑构件用以提高建筑物的整体稳定性。

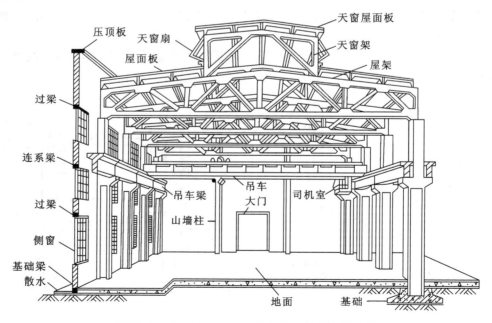

图 12.15　装配式钢筋混凝土排架结构及主要构件

这种结构建设周期短、坚固耐久，与钢结构相比可节省钢材，造价较低，故在国内外工业建筑中应用十分广泛。但其自重大，抗震性能比钢结构工业建筑差。

12.2.2.3　钢结构

钢结构工业建筑的主要承重构件全部采用钢材制作,如图 12.16 所示。这种骨架结构自重轻,抗震性能好,施工速度快,主要用于跨度巨大、空间高、吊车荷载重、高温或振动荷载大的工业建筑。对于那些要求建设速度快、早投产、早受益的工业建筑,可采用钢结构。但钢结构易锈蚀、保护维修费用高、耐久性能较差、防火性能差,使用时应采取必要的防护措施。

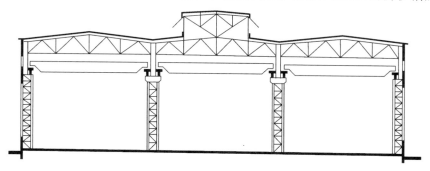

图 12.16　钢结构工业建筑

12.2.2.4　其他结构

单层工业厂房的承重结构除上述骨架结构之外,还有其他结构形式。

（1）空间结构

在上述骨架结构中,屋顶部分改用轻型屋盖,如 V 形折板结构、单面或双面曲壳结构或者网架结构。这类结构的屋盖属于空间结构,其特点是受力合理,能充分地发挥材料的力学性能,其空间刚度大,抗震性能较强。缺陷是施工复杂,大跨及连跨厂房不便采用。

（2）门式刚架和 T 形板结构

门式刚架（简称门架）是一种梁柱合一的结构形式;而 T 形板用作竖向承重构件时相当于墙柱结合的构件。这类结构的共同特点是构件类型少,节省材料。

12.2.3　单层工业厂房的构件组成

单层厂房的骨架结构由支承各种竖向和水平荷载作用的构件所组成。厂房依靠各种结构构件合理地连接为一体,组成一个完整的结构空间,以保证厂房的坚固、耐久。我国广泛采用钢筋混凝土排架结构,其结构构件的组成如图 12.15 所示。

（1）承重结构

① 横向排架　由基础、柱、屋架组成,主要承受厂房的各种荷载。

② 纵向连系构件　由吊车梁、圈梁、连系梁、基础梁等组成,与横向排架构成骨架,保证厂房的整体性和稳定性。纵向连系构件主要承受作用在山墙上的风荷载及吊车纵向制动力,并将这些力传递给柱子。

③ 支撑系统构件　支撑构件设置在屋架之间的称为屋架支撑系统;设置在纵向柱列之间的称为柱间支撑系统。支撑构件主要传递水平风荷载及吊车产生的水平荷载,以保证厂房空间的刚度和稳定性。

（2）围护结构

单层厂房的外围护结构包括外墙、屋顶、地面、门窗、天窗、地沟、散水、坡道、消防梯、吊车梯等。

12.2.3.1　基础与基础梁

1. 基础

基础支承厂房上部结构的全部荷载,并将荷载传递到地基中去,因此,基础起着承上传下的作用,是厂房结构中的重要构件之一。

单层排架工业厂房的基础主要采用钢筋混凝土杯形基础,这种基础外形可做成锥形或阶梯形,顶部预留杯口以便插入预制柱,柱吊装就位后杯口与柱子四周缝隙用 C20 混凝土灌缝填实。基础的构造如图 12.17 所示。

2. 基础梁

采用排架结构的单层工业厂房,外墙仅起围护作用。为避免墙的不均匀沉降,一般将墙身支承在基础梁上,基础梁的两端搁置在相邻杯形基础的杯口上。

基础梁的标志尺寸一般为 6 m,截面形状多采用倒梯形。基础梁的顶面标高至少应低于室内地面 50 mm,高于室外地坪 100 mm。基础梁一般直接搁置在基础顶面上,当基础较深时,可采取在杯形基础顶面设置混凝土垫块,也可设置高杯口基础或在柱上设牛腿等措施。如图 12.18 所示。

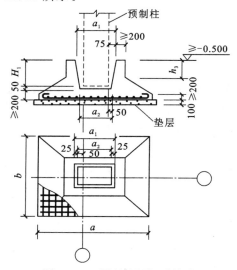

图 12.17　预制柱下杯形基础

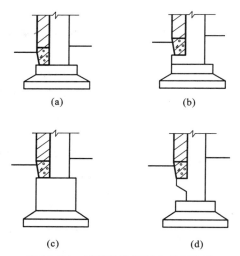

图 12.18　基础梁的搁置方式与位置

(a) 搁在柱基础顶面;(b) 搁在混凝土垫块上;
(c) 搁在高杯口基础上;(d) 搁在柱牛腿上

基础梁下面的回填土一般不需夯实,并应留有不少于 100 mm 的空隙,以利于沉降。在寒冷地区,为避免土壤冻胀引起基础梁反拱而开裂,除在基础梁底部留有 50~150 mm 的空隙外,还应在基础梁下面及周围铺大于或等于 300 mm 的干砂或炉渣等松散材料,同时在外墙周围做散水坡,如图 12.19 所示。

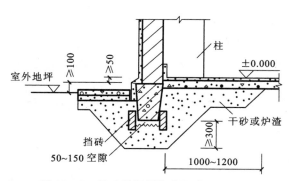

图 12.19　基础梁搁置构造要求及防冻措施

12.2.3.2 柱和柱间支撑

在单层工业厂房中,柱按其作用分有承重柱和抗风柱两种。

1. 承重柱

承重柱是厂房结构中的主要承重构件之一,它主要承受屋盖、吊车梁、墙体等传来的荷载,并把这些荷载连同自重一起传递给基础。

柱按材料可分为钢筋混凝土柱、钢柱、砖柱等,目前单层工业厂房多采用钢筋混凝土柱。钢筋混凝土柱可分为单肢柱和双肢柱两大类。单肢柱的截面形式有矩形、工字形、管柱等;双肢柱的截面形式有平腹杆双肢柱、斜腹杆双肢柱、双肢管柱等。如图 12.20 所示。

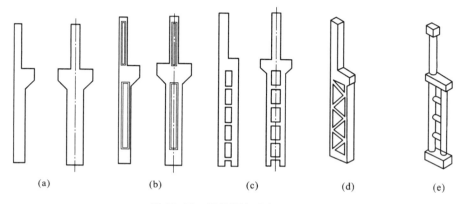

图 12.20 钢筋混凝土柱的类型

(a) 矩形柱;(b) 工字形柱;(c) 平腹杆双肢柱;(d) 斜腹杆双肢柱;(e) 双肢管柱

柱的截面尺寸根据其高度及受力情况经计算确定,同时还应满足构造要求,如图 12.21 所示。

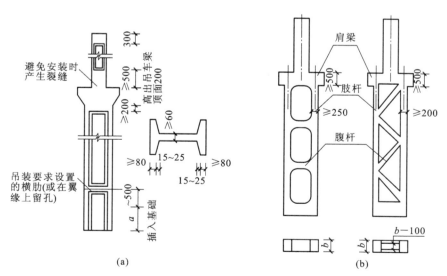

图 12.21 柱的构造尺寸和外形要求

(a) 工字形柱;(b) 双肢柱

为保证柱与其他构件有可靠的连接,在柱的相应位置应设预埋件,如图 12.22 所示。

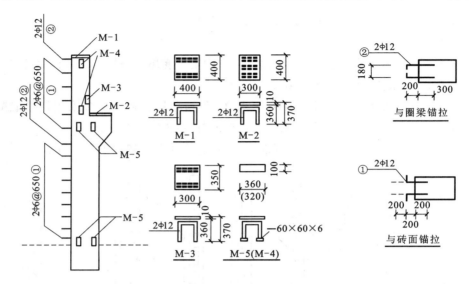

图 12.22　柱子预埋件

2. 抗风柱

单层工业厂房的山墙面积很大,所受到的风荷载也很大,为保证山墙的稳定性,应在山墙内侧设置抗风柱,使山墙的风荷载一部分由抗风柱传至基础,另一部分由抗风柱的上端传至屋盖系统,再传至纵向柱列。所以抗风柱的柱顶在水平方向应与屋架上弦有可靠的连接,在垂直方向应允许屋架与抗风柱有相对的竖向位移,因此屋架与抗风柱之间常采用弹簧钢板连接,如图 12.23 所示。

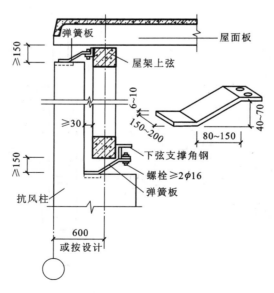

图 12.23　抗风柱与屋架的连接

3.柱间支撑

柱间支撑是为了承受吊车纵向制动力和山墙抗风柱传来的水平风荷载及纵向地震力,提高厂房的纵向刚度和稳定性。

柱间支撑以牛腿为界线,分上柱柱间支撑和下柱柱间支撑。它一般用型钢制作,通常采用交叉形式,交叉倾角通常为 35°～55°。当柱间需要布置设备或作为通道时,下柱之间支撑采用门式支撑,如图 12.24 所示。

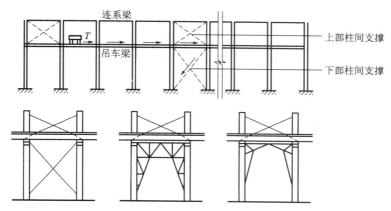

图 12.24　柱间支撑形式

12.2.3.3　吊车梁

当单层工业厂房设有吊车时,需要在柱子的牛腿上设吊车梁,吊车梁上铺吊车轨道,吊车在轨道上运行。吊车梁除承受吊车工作时各个方向的动力荷载外,还可传递厂房纵向荷载,对厂房的纵向刚度和稳定性起一定的作用。

1.吊车梁的类型

吊车梁一般为钢筋混凝土梁,可用非预应力和预应力钢筋混凝土制作。其截面形式有等截面的 T 形、工字形和变截面的折线形、鱼腹式等,如图 12.25 所示。

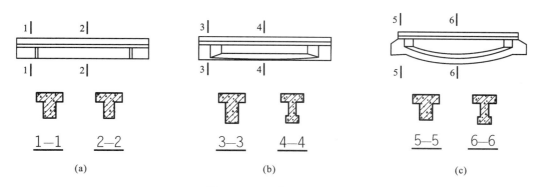

图 12.25　吊车梁的形式

（a）T 形梁;（b）工字形梁;（c）鱼腹式梁

2.吊车梁与柱的连接

钢筋混凝土吊车梁翼缘的预埋件与柱牛腿的预埋件用钢板或角钢焊接,梁与柱中间的空隙用 C20 细石混凝土填实,如图 12.26 所示。

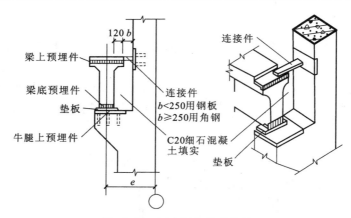

图 12.26　吊车梁与柱的连接

3.吊车轨道与吊车梁的连接

吊车轨道有轻型和重型两类,吊车梁的翼缘上留有安装孔,安装前先用 C20 细石混凝土作垫层找平,再铺设钢垫板或压板,用螺栓固定,如图 12.27 所示。

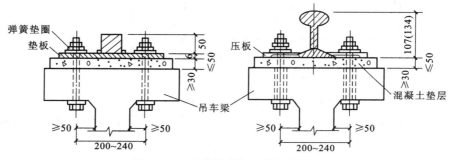

图 12.27　吊车轨道与吊车梁的连接

为防止吊车在行驶中刹车失灵冲撞山墙,在吊车梁尽端应设置车挡,如图 12.28 所示。

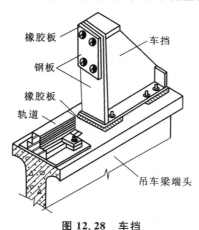

图 12.28　车挡

12.2.3.4　屋盖结构构件

屋盖构件包括承重构件和覆盖构件两部分。根据承重方式,屋盖可分为无檩体系和有檩体系。无檩体系是将大型屋面板直接搁置在屋架上弦(或屋面梁)上,如图 12.29 所示;有檩体系是将檩条搁置在屋架上弦(或屋面梁)上,然后在檩条上铺设小型屋面板,如图12.30所示。

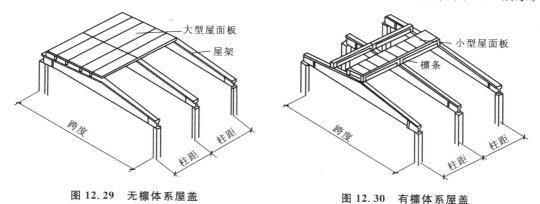

图 12.29　无檩体系屋盖　　　　　　　　　　　　图 12.30　有檩体系屋盖

1.屋面梁

屋面梁因其腹板较薄,又称为薄腹梁。屋面梁分单坡和双坡,单坡跨度为 6 m、9 m、12 m,双坡跨度为 9 m、12 m、15 m、18 m 等。屋面坡度为 1/18～1/12。屋面梁形状简单,制作方便,因梁高较小,所以稳定性好,但自重较大。为减轻自重,其截面常做成 T 形和工字形两种形式,如图 12.31 所示。

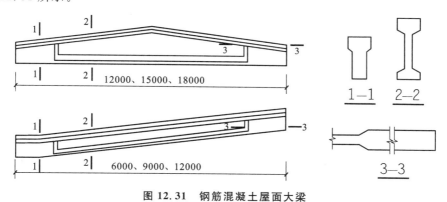

图 12.31　钢筋混凝土屋面大梁

2.屋架

(1)屋架的类型

在单层工业厂房中一般采用钢筋混凝土屋架,其形式有三角形、梯形、折线形等,如图12.32所示。按其受力情况可分为预应力和非预应力钢筋混凝土屋架。

(2)屋架与柱的连接

屋架和柱的连接方式有焊接和螺栓连接。焊接法是在屋架就位校正后与柱顶预埋钢板进行焊接,如图 12.33(a)所示。螺栓连接是在安装后不能及时进行焊接和校正工作时采用的一种方法,是利用柱顶的预埋螺栓与屋架端部的支座钢板临时固定,经校正后用螺母拧紧,如图12.33(b)所示。

3.屋面板

(1)大型屋面板　　目前,在无檩体系屋面中一般采用预应力钢筋混凝土屋面板(又称大型屋面板),其标志尺寸为 1.5 m×6 m。为配合屋架尺寸和檐口做法,还有嵌板和檐口板等,如图 12.34 所示。

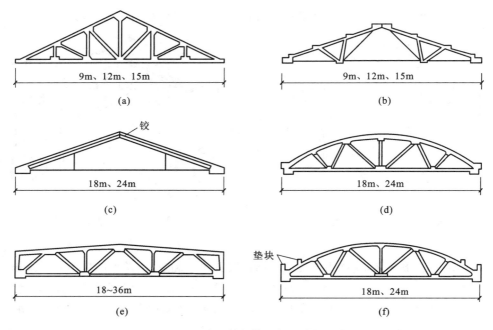

图 12.32　常见的钢筋混凝土屋架形式

（a）三角形；（b）组合式三角形；（c）预应力三角拱；（d）拱形；（e）预应力梯形；（f）折线形

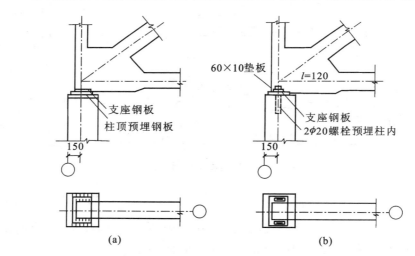

图 12.33　屋架与柱的连接

（a）焊接；（b）螺栓连接

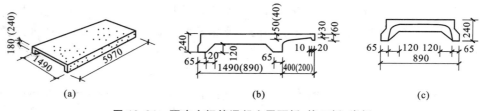

图 12.34　预应力钢筋混凝土屋面板、檐口板、嵌板

（a）屋面板；（b）檐口板；（c）嵌板

　　大型屋面板与屋架的连接是通过屋面板的肋部底面的预埋铁件与屋架的预埋铁件进行焊接,板与板间的缝隙用不低于 C15 的细石混凝土填实。

　　(2)檩条与小型屋面板(或槽瓦)　在有檩体系屋面中,檩条支承槽瓦或小型屋面板,并将屋面荷载传给屋架。檩条通过端部铁件与屋架焊接,如图 12.35 所示。

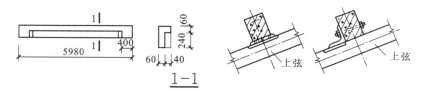

图 12.35　檩条与屋架的连接

4.屋盖支撑系统

　　屋盖支撑包括上弦或下弦横向水平支撑、纵向水平支撑、垂直支撑和水平系杆等,如图 12.36 所示。屋盖支撑主要用以保证屋架上下弦杆件受力后的稳定,并保证山墙受到风力后的传递。横向水平支撑和垂直支撑一般布置在厂房端部和伸缩缝两侧的第二(或第一)柱间。

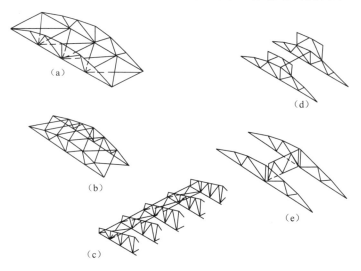

图 12.36　屋盖支撑的种类

(a)下弦横向水平支撑;(b)上弦横向水平支撑;(c)纵向水平支撑;
(d)纵向水平系杆(加劲杆);(e)垂直支撑

12.2.3.5　连系梁和圈梁

1.连系梁

　　单层工业厂房砖墙高度超过 15 m 时,须在适当位置设置连系梁。连系梁设置在边柱外侧和高低跨交接处的墙上,是柱与柱之间的纵向水平连系构件,加强厂房的纵向刚度,承受其上部墙体的荷载,并将荷载传给柱。

　　连系梁与柱的连接方式有焊接和螺栓连接两种。焊接是连系梁端部的预埋铁件与柱牛腿上的预埋铁件进行焊接。螺栓连接是柱上设牛腿,并设预留孔,连系梁安装就位后,用螺栓固定。为使柱预制时外形简单,牛腿也可用钢牛腿。如图 12.37 所示。

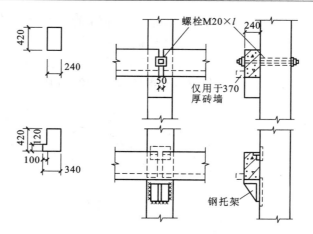

图 12.37　连系梁与柱的连接

2. 圈梁

单层工业厂房墙体内除设置连系梁外,还须设圈梁。圈梁的作用是将墙体与厂房的排架柱、抗风柱等箍在一起,加强厂房的整体刚度及墙身的稳定性。

圈梁应根据厂房的高度、荷载、地基情况以及抗震要求等设置,通常设在柱顶、吊车梁、窗过梁等处。圈梁通常采用现浇钢筋混凝土形式,并与柱内预埋钢筋整浇成一体,如图 12.38 所示。

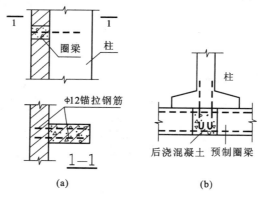

图 12.38　圈梁与柱子的连接

（a）现浇圈梁；（b）预制圈梁

12.3　单层工业厂房的构造

12.3.1　砖外墙

排架式单层工业厂房的外墙属于围护结构,是承重墙,由于墙体高度和跨度都较大,因此墙身应有足够的刚度与稳定性。

单层工业厂房的外墙按材料分有砖墙、板材墙、开敞式外墙等。下面主要介绍砖墙构造。

1. 墙与柱的相对位置

排架结构厂房的外墙砌筑在基础梁上,墙体全部荷载由基础梁承担,如图 12.39 所示。外墙与柱的相对位置有两种：一种是墙体在柱的外侧，如图 12.40(a)所示，这种方案构造简单，施工方便，热工性能好，基础梁和连系梁便于标准化，是普遍采用的一种方式；另一种是墙体在柱的中间，如图 12.40(b)、(c)所示，这种方案可加强柱子和墙体的刚度，有利于抗震，但砌筑时砍砖多，施工较麻烦，基础梁和连系梁的长度难以标准化。

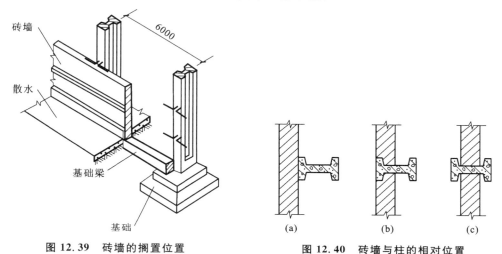

图 12.39 砖墙的搁置位置   图 12.40 砖墙与柱的相对位置

2. 墙与柱的连接

在预制柱时，沿柱高每隔 500~600 mm 伸出两根 φ6 钢筋，砌墙时把伸出的钢筋砌在墙缝里，便于柱子与墙体的可靠连接，如图 12.41 所示。

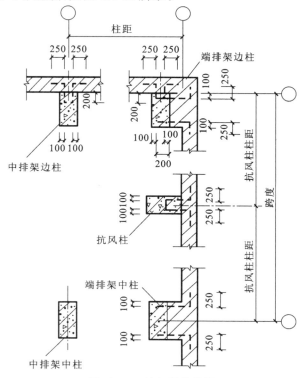

图 12.41 墙与柱的连接

3. 女儿墙与屋面板的连接

当外墙檐口设有女儿墙时,应保证其整体刚度,在女儿墙和屋面板之间采用钢筋拉结,如图 12.42 所示。在屋面板的横缝内设置钢筋与女儿墙内的钢筋和屋面板纵向板缝内的钢筋拉结,形成工字形拉结筋,板缝内用细石混凝土浇缝。

4. 山墙与屋面板的连接

山墙除与抗风柱及端柱用钢筋拉结外,在非地震区,一般应在山墙上部沿屋面设置两根 Φ8 钢筋于墙中,并与屋面板缝内嵌入的一根 Φ12、长 1000 mm 的钢筋拉结,如图 12.43 所示。

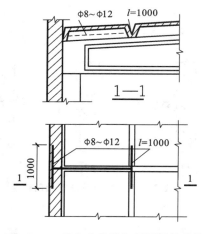

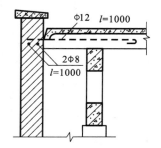

图 12.42　纵向女儿墙与屋面板的连接　　　　图 12.43　山墙与屋面板的连接

12.3.2　天窗

在大跨度或多跨度的单层厂房中,为满足采光和通风的要求,常在厂房屋顶上设置天窗。天窗的种类很多,常见的有矩形天窗、下沉式天窗、平天窗等。

1. 矩形天窗

矩形天窗由天窗架、天窗屋面板、天窗扇、天窗侧板、天窗端壁等组成,如图 12.44 所示。

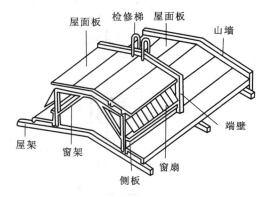

图 12.44　矩形天窗的组成

天窗架是天窗的承重构件,它支承在屋架或屋面梁上,通过预埋铁件与屋架预埋件焊接。天窗架承受天窗的全部荷载,并将荷载传给屋架。天窗架的材料通常与屋顶承重结构的材料相同。常见的钢筋混凝土天窗架的形式如图 12.45 所示。

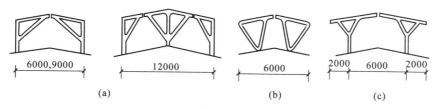

图 12.45　钢筋混凝土天窗架的形式

（a）门形天窗架；（b）W 形天窗架；（c）Y 形天窗架

天窗屋面板一般由大型屋面板和 F 形檐口板组成，其构造与厂房屋顶相同，板的四角与屋架上弦焊接。

天窗扇有木制和钢制两种。为便于开启，宜使用上悬窗。上悬式钢天窗扇由开启扇和固定扇等若干单元组成，可以布置成通长天窗扇和分段天窗扇，如图 12.46 所示。

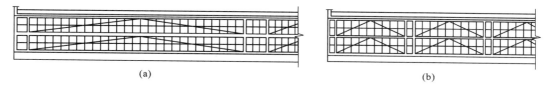

图 12.46　上悬式钢天窗扇

（a）通长天窗扇；（b）分段天窗扇

天窗侧板是天窗扇下的围护墙体，它的主要作用是防止雨水溅入室内，如图 12.47 所示。

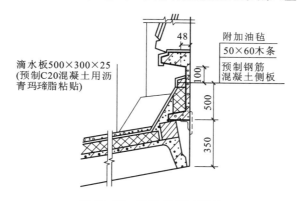

图 12.47　天窗侧板示意图

天窗端壁即天窗端部的山墙，它代表天窗架支承屋面板，兼起承重和围护作用。天窗端壁常采用预制钢筋混凝土端壁板。根据天窗宽度不同，常见的形式有两块或三块组合而成，如图 12.48 所示。

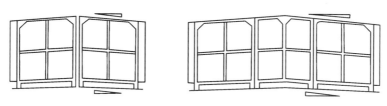

图 12.48　钢筋混凝土天窗端壁立面

2.下沉式天窗

下沉式天窗是把部分屋面板铺设在屋架下弦上,利用屋面板之间的高差进行采光和通风。这种天窗与矩形天窗相比,省去了天窗架和天窗侧板,减轻了屋面重量,通风效果良好,但其构造较复杂,屋面防水、排水困难,屋面清扫不方便,所以较少采用。

下沉式天窗可分为横向下沉式天窗、纵向下沉式天窗和井式天窗三种类型,如图 12.49 所示。

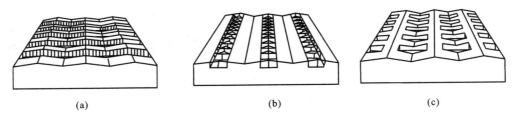

图 12.49　下沉式天窗的类型

(a) 横向下沉式天窗;(b) 纵向下沉式天窗;(c) 井式天窗

横向下沉式天窗是将一个柱距的屋面板全部下沉,在屋顶上形成每隔一个或几个柱距的凹槽。这种天窗采光通风效果好,对于东西朝向的厂房可改善朝向条件,防水、排水也容易解决。但由于部分屋面板下沉,使屋面刚度降低,需增设屋架支撑系统,构造较复杂,一般用于热加工车间。

纵向下沉式天窗是将屋架上弦的部分屋面板沿厂房纵向下沉。这种天窗的通风效果较好,但下沉屋面板的构造较复杂,防水、排水比较困难,目前较少采用。

井式天窗是将一个柱距内的部分屋面板下沉,在屋面上形成若干井状天窗。这种天窗布置灵活,综合了横向和纵向下沉式天窗的特点。

3.平天窗

平天窗是利用屋顶水平面进行采光。这种天窗采光效率高,构造简单,施工较方便,造价较低。平天窗有采光板、采光罩和采光带三种类型。

采光板是在屋面板的孔洞上安装平板透光材料,有小孔采光板和大孔采光板。如图12.50所示。

采光罩是在屋面板的孔洞上安装弧形透光材料,如图 12.51 所示。

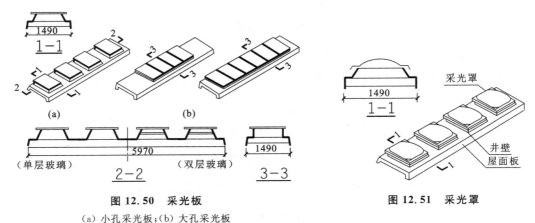

图 12.50　采光板

(a) 小孔采光板;(b) 大孔采光板

图 12.51　采光罩

采光带是留出部分屋面铺设透光材料，可布置成横向采光带和纵向采光带，如图 12.52 所示。

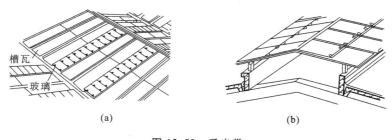

图 12.52　采光带
（a）横向采光带；（b）纵向采光带

12.3.3　屋面

单层工业厂房的屋面直接承受风、雨、雪、热、寒等的影响。由于单层工业厂房屋面面积较大，集水量多，因此必须处理好屋面的排水和防水问题。

1. 屋面排水

单层厂房的屋面排水方式分外排水和内排水两大类。

（1）外排水

外排水方式构造简单，造价低，是优先选用的一种方式。外排水又可分为无组织排水和有组织排水两种。

无组织排水又称自由落水，即屋面的雨水经屋檐直接自由落到地面。为防止下落的雨水侵蚀墙面和门窗，檐口做成挑檐，如图 12.53 所示。无组织排水适用于单跨双坡且檐口高度较小的厂房。

有组织排水是将屋面雨水有组织地排入檐沟，经雨水管排到地面或室外下水系统，如图 12.54 所示。

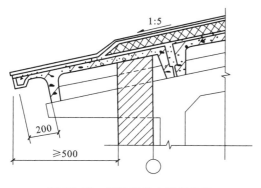

图 12.53　无组织排水檐口构造

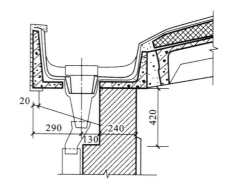

图 12.54　有组织排水檐口构造

（2）内排水

多跨厂房的中间天沟常采用有组织内排水，雨水通过天沟和雨水口流入厂房内设置的落水管排入下水管道，如图 12.55 所示。

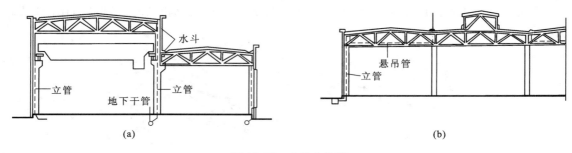

图 12.55　内排水构造

（a）立管内排水；（b）屋架悬吊管内排水

2. 屋面防水

单层厂房屋面防水可分为卷材防水、刚性防水和构件自防水。

（1）卷材防水屋面　其构造层次与民用建筑基本相同，仅在屋面基层上有所不同。为保证其防水性能，屋面基层必须保证一定的刚度和不易变形的要求。在大型屋面板短边端肋相接处的缝隙，一般用 C20 细石混凝土灌缝嵌填密实，以防拉裂，如图 12.56 所示。

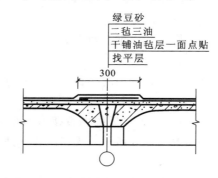

图 12.56　大型屋面板卷材防水层端肋接缝

因为卷材具有一定的弹性与韧性，因此常用于有振动要求的厂房里面。

（2）刚性防水屋面　一般采用在大型屋面板上现浇一层细石混凝土的防水做法，细石混凝土的厚度为 30～60 mm，内配 $\phi4@200$ mm 双向钢筋网片，其构造与民用建筑相同。

（3）构件自防水屋面　它是利用屋面构件自身的混凝土密实性能，同时在板面涂刷防水剂以达到防水的作用，如自防水屋面板、F 形屋面板等。也可利用构件自身的性能进行防水，如金属压型屋面板。

12.3.4　地面

工业建筑的地面必须满足生产和使用的要求，充分利用地方材料和工业废料，做到技术先进、经济合理。

1. 地面的组成

单层工业厂房的地面与民用建筑的构造层次基本相同，一般由面层、垫层和基层组成。当基本构造层次不能满足使用要求时，可增设其他构造层，如结合层、隔离层、找平层等，如图 12.57 所示。

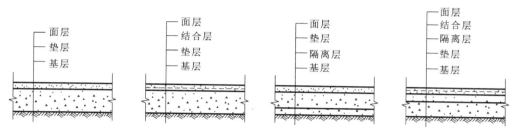

图 12.57　厂房地面组成

（1）面层　面层是直接承受各种物理、化学作用的表面层，如碾压、冲击、磨损、酸碱腐蚀等。地面设计除满足上述要求外，还要满足生产工艺的特殊要求，如防水、防爆、防尘、防火等。面层的厚度和做法可根据《建筑地面设计规范》(GB 50037—2013)确定。

（2）垫层　垫层是承受并传递地面荷载至基层的构造层。根据材料性质的不同，垫层可分为刚性垫层和柔性垫层两大类。刚性垫层是指用混凝土、沥青混凝土、钢筋混凝土等做成的垫层，它具有整体性好、不透水、强度大等特点，适用于直接安装中小型设备、受较大集中荷载且要求变形小的地面，以及有侵蚀性介质或大量水作用或面层构造要求为刚性垫层的地面。柔性垫层由松散材料（如砂、碎石、矿渣、三合土等）组成，无整体刚度，受力后易产生塑性变形，适用于有重大冲击、剧烈振动作用或储放笨重材料的地面。

（3）基层　基层是地面的最下层，是经过处理的地基层，最常用的是夯实后的素土。

（4）结合层　结合层是块状材料面层与下一构造层之间的连接层，起结合作用。常用的结合层材料有水泥砂浆、沥青胶泥、水玻璃胶泥等。

（5）找平层　找平层是在垫层上起找平、找坡或加强作用的构造层。常用材料为 1∶3 水泥砂浆或 C7.5、C10 混凝土。

（6）隔离层　隔离层是防止地面上各种液体或地下水、潮气透过地面的隔绝层。常用材料为沥青卷材制品。

2. 地面的细部构造

（1）坡道　厂房的室内外地面高差一般为 150 mm。为了便于各种车辆通行，在大门外侧须设置坡道。坡道宽度应比门洞宽 1000 mm 以上，坡度一般为 5%～15%。坡度大于 10%时，其表面应做齿槽防滑。在坡道与大门连接处应设置变形缝，缝内灌热沥青。如图 12.58所示。

（2）地面变形缝　在下列情况下应设置变形缝：大面积刚性垫层的地面，一般应设置变形缝，地面变形缝的位置应与建筑物的变形缝位置一致；在一般地面与振动大的设备基础之间应设变形缝；地面上局部地段的堆放荷载与相邻地段的荷载相差很大时应设变形缝。变形缝应贯穿地面各构造层，并用沥青类材料填充，如图 12.59 所示。

（3）地沟　厂房内有些生产管道如电缆、采暖、压缩空气、蒸汽管道等常需设置在地沟内。地沟常见做法有两种：砖砌地沟和混凝土地沟。地沟一般由底板、沟壁和沟盖板三部分组成。砖砌地沟的底板一般用 C10 混凝土浇筑，厚度为 80～100 mm。沟壁常用砖砌，厚度一般为120～490 mm，上部设混凝土垫块，以支承预制钢筋混凝土盖板。为了防潮，沟壁外侧应刷冷底子油一道、热沥青两道，沟壁内侧抹 20 mm 厚 1∶2 防水水泥砂浆。如图 12.60 所示。

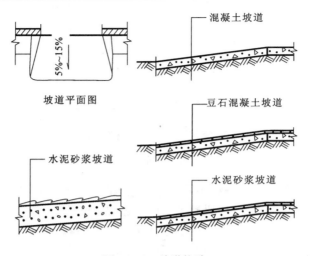

图 12.58　坡道构造

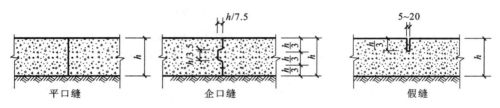

图 12.59　变形缝构造

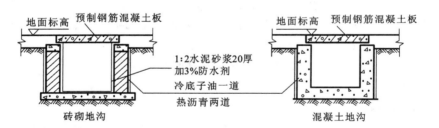

图 12.60　地沟构造

第三篇　建筑工程图识读

单元 13　建筑工程图

1. 掌握房屋建筑制图国家标准；
2. 熟悉建筑总平面图的图示内容；
3. 掌握建筑平面图、立面图、剖面图、详图的图示内容和识读方法，能识读一套完整的建筑施工图。

13.1　概　　述

建筑工程图是建筑设计人员将一幢拟建房屋按照设计的要求以及国家标准的规定，用正投影的方式详细、准确地将房屋的构造用图形表达出来的一套图纸，它是建造房屋的依据。

13.1.1　建筑工程图的分类

一套完整的建筑工程图应包括以下图纸：

1. 建筑施工图（简称建施）

建筑施工图主要表示建筑物的外部形状、内部布置、装饰、构造、施工要求等，包括首页图、建筑总平面图、建筑平面图、立面图、剖面图和建筑详图（楼梯、墙身、门窗详图）。

2. 结构施工图（简称结施）

结构施工图主要表示建筑物承重结构构件的布置和构造情况，包括基础结构图、楼（屋）盖结构图、构件详图等。

3. 设备施工图（简称设施）

设备施工图主要表示房屋各专用管线和设备布置及构造等情况，包括给排水施工图、采暖通风施工图、电气照明（设备）施工图等。

一套完整的建筑工程图按图纸目录、设计总说明、建施图、结施图、设施图的顺序编排。一般是全局性图纸在前，表明局部的图纸在后；先施工的在前，后施工的在后；重要图纸在前，次要图纸在后。

13.1.2　房屋建筑工程图中常用符号

房屋建筑工程图中常用符号必须符合我国现行的建筑制图国家标准《房屋建筑制图统一标准》(GB/T 50001—2017)、《建筑制图标准》(GB/T 50104—2010)、《总图制图标准》

(GB/T 50103—2010)等的规定。

1.定位轴线

（1）作用

定位轴线是确定房屋承重墙、柱、梁等主要承重构件位置及尺寸的基准线。对于非承重的分隔墙及次要的承重构件等,可以用附加定位轴线表示其位置。

（2）表示方法

定位轴线用细单点长画线表示,轴线端部用细实线画直径为 8～10 mm 的圆圈并加以编号。圆心应在定位轴线的延长线或延长线的折线上。横向编号应用阿拉伯数字从左至右顺序编写,竖向编号应用大写拉丁字母从下至上顺序编写,如图 13.1 所示。不得用 I、O、Z 编号,以免与数字 1、0、2 混淆。

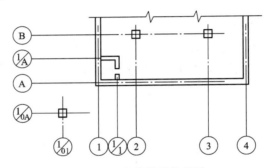

图 13.1　定位轴线的编号

附加定位轴线的编号采用分数表示,其中分母表示前一轴线的编号,分子表示附加轴线的编号,如图 13.2 所示。

 表示2号轴线之后附加的第一根轴线　　 表示1号轴线之前附加的第一根轴线

 表示C号轴线之后附加的第三根轴线　　 表示A号轴线之前附加的第三根轴线

图 13.2　附加轴线的编号

在详图中,若一个详图适合于几根轴线时,应同时将各有关轴线的编号注明,如图 13.3 所示。通用详图中的定位轴线应只画圆,不注写轴线编号。

用于2根轴线时　　　用于3根或3根　　　用于3根以上连续
　　　　　　　　　　以上轴线时　　　　编号的轴线时

图 13.3　详图的轴线编号

2.索引符号和详图符号

建筑工程图中某一局部或构件无法表达清楚时,需要另用较大比例绘制详图。对需用详图表达部分应标注索引符号,并在所绘详图处标注详图符号。

索引符号和详图符号的绘制与编号方法见表 13.1。

表 13.1　索引符号和详图符号

名称	表示方法	备注
详图索引符号	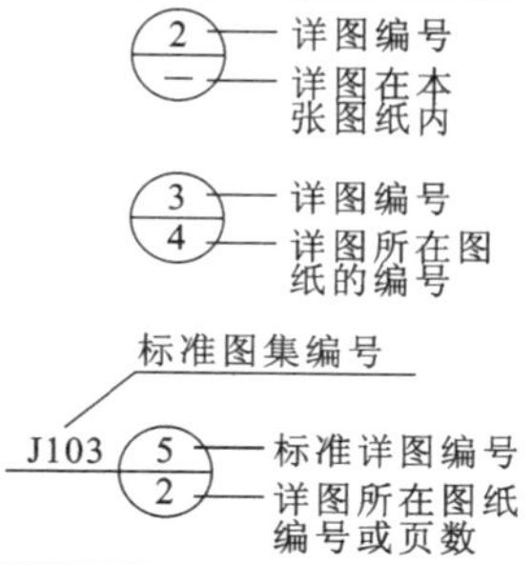 ②── 详图编号 　　── 详图在本 　　　张图纸内 ③── 详图编号 ④── 详图所在图 　　　纸的编号 标准图集编号 J103 ⑤── 标准详图编号 　　② 详图所在图纸 　　　编号或页数	索引符号由直径为 8～10 mm 的圆和水平直径组成 圆及水平直径均用细实线绘制
剖面详图索引符号	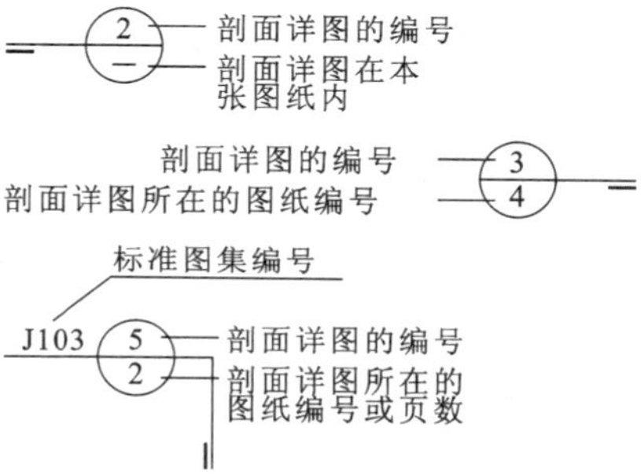 ②── 剖面详图的编号 　　── 剖面详图在本 　　　张图纸内 剖面详图的编号 ③ 剖面详图所在的图纸编号 ④ 标准图集编号 J103 ⑤── 剖面详图的编号 　　② 剖面详图所在的 　　　图纸编号或页数	圆圈及直径画法同上,粗短线代表剖切位置线,引出线所在的一侧为剖视方向
详图符号	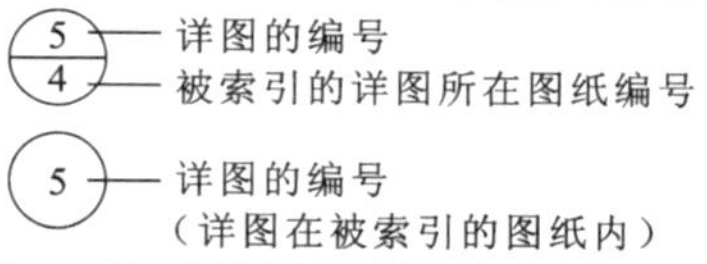 ⑤── 详图的编号 ④── 被索引的详图所在图纸编号 ⑤── 详图的编号 （详图在被索引的图纸内）	圆圈直径为 14 mm 的粗实线

3. 标高

标高是标注建筑物高度方向的一种尺寸形式。以米为单位,注写到小数点后第三位。在总平面图中,可注写到小数点后第二位。

（1）标高符号

标高符号是高度约 3 mm 的等腰直角三角形,用细实线画出。立面图、剖面图中标高符号的尖端应指至被标注高度的位置,尖端宜向下,也可向上。引线表示被标注的高度。标高数字应注写在标高符号的上侧或下侧。

零点标高注写成±0.000,低于零点的负数标高前应加注"－"号,高于零点的正数标高前不注"＋",如图 13.4(a)、(b)、(c)所示。

在图样的同一位置需表示几个不同的标高时,标高数字可按图 13.4(d)所示的形式注写。

平面图标高及总平面图室内地坪标高不加引线,如图 13.4(e)所示。

总平面图的室外地坪标高符号宜用涂黑的三角形表示,如图 13.4(f)所示。

当标注位置不够时,可按图 13.4(g)所示形式绘制。

（2）标高的分类

① 按标高基准面的选定可分为绝对标高和相对标高。

绝对标高是以我国青岛附近黄海的平均海平面定为绝对标高的零点,其他各地标高都以

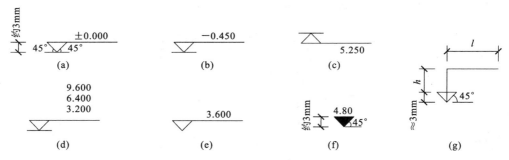

图 13.4　标高符号

（a）零点标高；（b）负数标高；（c）正数标高；（d）同一位置注写多个标高数字；

（e）平面图、总平面图室内地坪标高；（f）总平面图室外地坪标高；（g）标注位置不够时标高符号

l—取适当长度注写标高数字；h—根据需要取适当高度

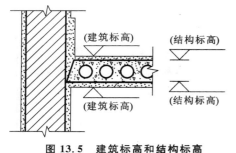

图 13.5　建筑标高和结构标高

它作为基准。在一套建筑工程图中，一般只有总平面图中的标高为绝对标高。

凡标高的基准面（即零点标高±0.000）是根据工程需要而各自选定的标高称为相对标高。通常把新建建筑物的底层室内主要地面作为相对标高的零点。

② 按标高所注的部位可分为建筑标高和结构标高，如图 13.5 所示。

建筑标高是指标注在建筑物装饰面层处的标高。

结构标高是指标注在建筑物结构部位处的标高。

4.引出线

在建筑工程图中，某些部位需要用文字说明或详图索引符号时，常用引出线标注从该部位引出。

引出线应用细实线绘制，宜采用水平方向的直线，与水平方向成 30°、45°、60°、90° 的直线，或经上述角度再折为水平线。文字说明宜注写在水平线的上方或端部。索引详图的引出线应与水平直径相连接。如图 13.6 所示。

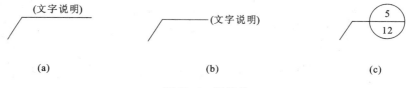

图 13.6　引出线

同时引出几个相同部分的引出线宜相互平行，如图 13.7（a）、（c）所示，也可画成集中于一点的放射线，如图 13.7（b）所示。

多层构造共用引出线时，应通过被引出的各层，并用圆点示意对应各层次。文字说明宜注写在水平线的上方或端部，文字说明顺序应与构造层次相一致，如图 13.8 所示。

5.图形折断符号

在工程图中，为了省略不需要表明的部分，可采用折断符号将图形断开，如图 13.9 所示。

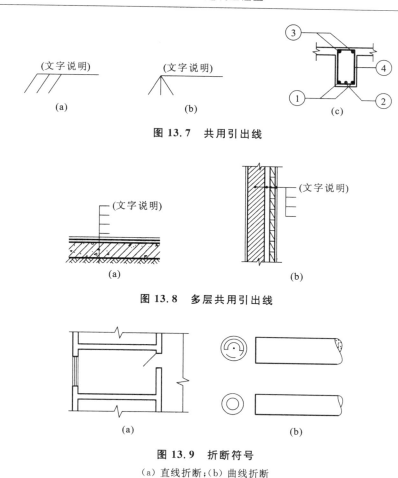

图 13.7　共用引出线

图 13.8　多层共用引出线

图 13.9　折断符号
(a) 直线折断;(b) 曲线折断

6.对称符号

对于图纸中完全对称的图形,可以只画出该图形的一半,并画出对称符号。对称符号由对称线和两端的两对平行线组成。对称线用细单点长画线绘制,平行线用细实线绘制,其长度为 6～10 mm,每对的间距为 2～3 mm;对称线垂直平分两对平行线,两端超出平行线宜为 2～3 mm,如图 13.10 所示。

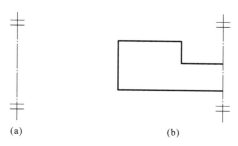

图 13.10　对称符号

7.连接符号

对于较长的构件,如果沿长度方向的形状相同或按照一定的规律变化时,可断开省略绘制,在断开处两侧以折断线表示,两部位相距过远时,注写大写拉丁字母表示连接编号。两个被连接的图样必须用相同的字母编号,如图 13.11 所示。

8. 指北针

为了指明建筑物的朝向,在总平面图及底层平面图上画有指北针。指北针常采用直径为 24 mm 的细实线圆绘制,指针尾部宽度为 3 mm,针尖注明"北"或"N"字,且把指针涂成黑色,如图 13.12 所示。需用较大直径绘制指北针时,指针尾部宽度宜为圆直径的八分之一。

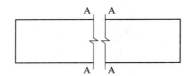

图 13.11　连接符号

A—连接编号

图 13.12　指北针

9. 图例

为了绘图简便,表达清楚,国家标准规定了一系列的图形符号代表建筑材料、建筑构造及配件等,这种图形符号就是图例。如表 13.2～表 13.4 所示。

表 13.2　常用建筑材料图例(摘自 GB/T 50001—2017)

序号	名　称	图　　例	备　　注
1	自然土壤		包括各种自然土壤
2	夯实土壤		—
3	砂、灰土		—
4	砂砾石、碎砖三合土		—
5	石材		—
6	毛石		—
7	普通砖		包括实心砖、多孔砖、砌块等砌体。断面较窄不易绘出图例线时,可涂红,并在图纸备注中加注说明,画出该材料图例
8	耐火砖		包括耐酸砖等砌体
9	空心砖		指非承重砖砌体
10	饰面砖		包括铺地砖、陶瓷锦砖、人造大理石等
11	焦渣、矿渣		包括与水泥、石灰等混合而成的材料

序号	名称	图　例	备　注
12	混凝土	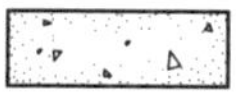	1. 本图例指能承重的混凝土及钢筋混凝土； 2. 包括各种强度等级、骨料、添加剂的混凝土；
13	钢筋混凝土	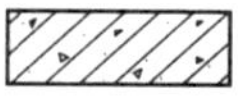	3. 在剖面图上画出钢筋时，不画图例线； 4. 断面图形小，不易画出图例线时，可涂黑
14	多孔材料	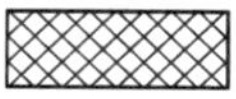	包括水泥珍珠岩、沥青珍珠岩、泡沫混凝土、非承重加气混凝土、软木、蛭石制品等
15	纤维材料		包括矿棉、岩棉、玻璃棉、麻丝、木丝板、纤维板等
16	泡沫塑料材料	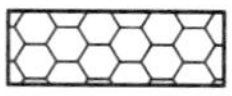	包括聚苯乙烯、聚乙烯、聚氨酯等多孔聚合物类材料
17	木材		1. 上图为横断面，左上图为垫木、木砖或木龙骨； 2. 下图为纵断面
18	胶合板		应注明为×层胶合板
19	石膏板	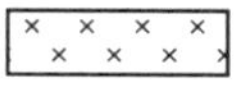	包括圆孔和方孔石膏板、防水石膏板、硅钙板、防火板等
20	金属	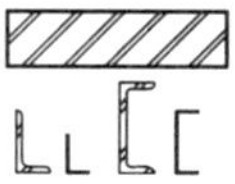	1. 包括各种金属； 2. 图形小时，可涂黑
21	网状材料		1. 包括金属、塑料网状材料； 2. 应注明具体材料名称
22	液体	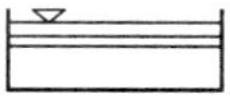	应注明具体液体名称
23	玻璃		包括平板玻璃、磨砂玻璃、夹丝玻璃、钢化玻璃、中空玻璃、夹层玻璃、镀膜玻璃等
24	橡胶		—
25	塑料		包括各种软、硬塑料及有机玻璃等
26	防水材料		构造层次多或比例大时，采用上图例
27	粉刷		本图例采用较稀的点

注：序号 1、2、5、7、8、13、14、16、17、18 图例中的斜线、短斜线、交叉斜线等均为 45°。

表 13.3　建筑构造及配件图例(摘自 GB/T 50104—2010)

序号	名称	图　　例	备　　注
1	墙体	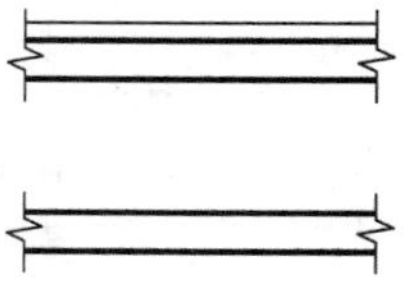	1. 上图为外墙,下图为内墙; 2. 外墙细线表示有保温层或有幕墙; 3. 应加注文字或涂色或图案填充表示各种材料的墙体; 4. 在各层平面图中防火墙宜着重以特殊图案填充表示
2	隔断		1. 加注文字或涂色或图案填充表示各种材料的轻质隔断; 2. 适用于到顶与不到顶隔断
3	玻璃幕墙		幕墙龙骨是否表示由项目设计决定
4	栏杆		—
5	楼梯	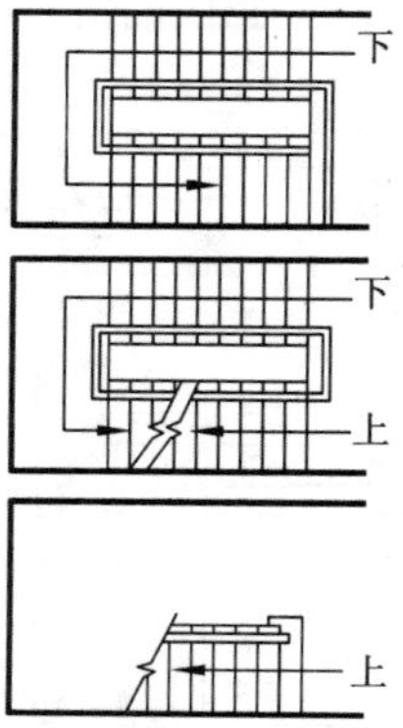	1. 上图为顶层楼梯平面,中图为中间层楼梯平面,下图为底层楼梯平面; 2. 需设置靠墙扶手或中间扶手时,应在图中表示
6	坡道	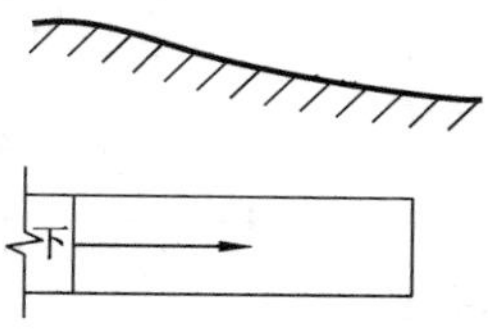	长坡道
		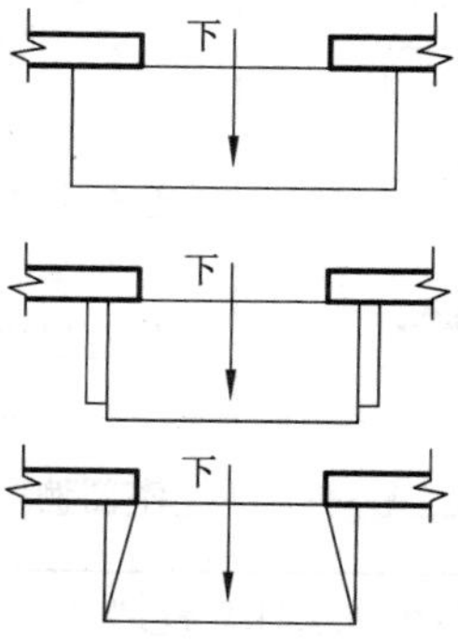	上图为两侧垂直的门口坡道,中图为有挡墙的门口坡道,下图为两侧找坡的门口坡道

续表 13.3

序号	名称	图　例	备　注
7	台阶		—
8	烟道		1. 阴影部分亦可填充灰度或涂色代替； 2. 烟道、风道与墙体为相同材料,其相接处墙身线应连通； 3. 烟道、风道根据需要增加不同材料的内衬
9	风道		
10	新建的墙和窗		—
11	空门洞		h 为门洞高度

续表 13.3

序号	名 称	图 例	备 注
12	单面开启单扇门（包括平开或单面弹簧）		
	双面开启单扇门（包括双面平开或双面弹簧）	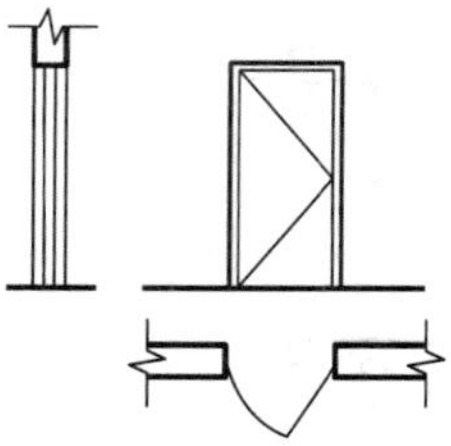	1. 门的名称代号用 M 表示。 2. 平面图中,下为外,上为内。门开启线为 90°、60°或 45°,开启弧线宜绘出。 3. 立面图中,开启线实线为外开,虚线为内开。开启线交角的一侧为安装合页一侧。开启线在建筑立面图中可不表示,在立面大样图中可根据需要绘出。 4. 剖面图中,左为外,右为内。 5. 附加纱扇应以文字说明,在平、立、剖面图中均不表示。 6. 立面形式应按实际情况绘制
	双层单扇平开门		
13	单面开启双扇门（包括平开或单面弹簧）		
	双面开启双扇门（包括双面平开或双面弹簧）		
	双层双扇平开门		

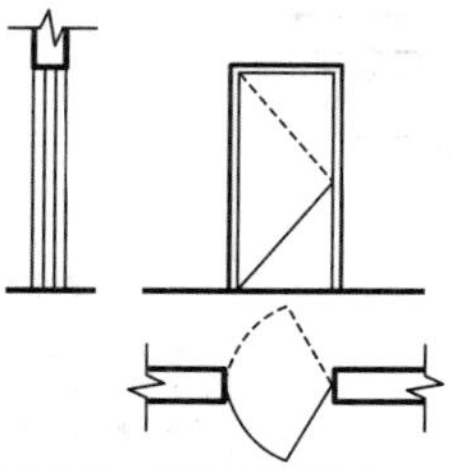

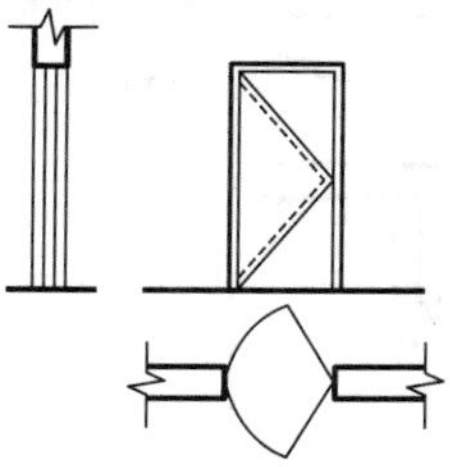

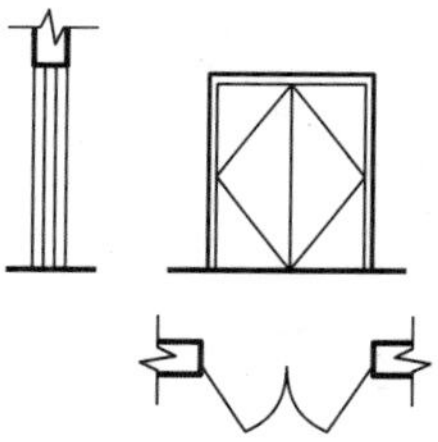

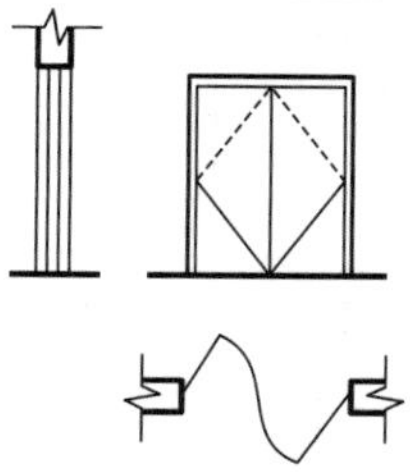

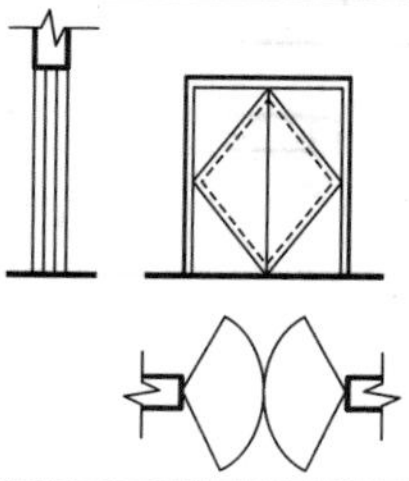

续表 13.3

序号	名称	图　例	备　注
14	墙洞外单扇推拉门	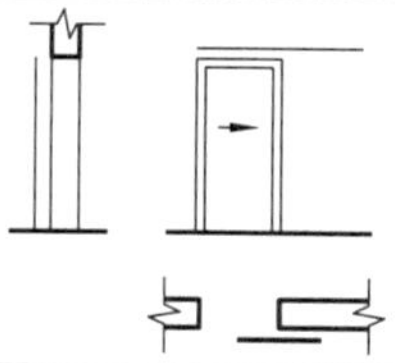	1. 门的名称代号用 M 表示； 2. 平面图中，下为外，上为内； 3. 剖面图中，左为外，右为内； 4. 立面形式应按实际情况绘制
	墙洞外双扇推拉门	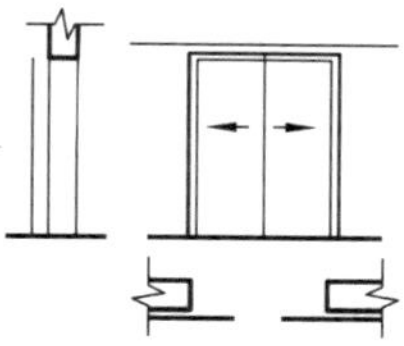	
	墙中单扇推拉门	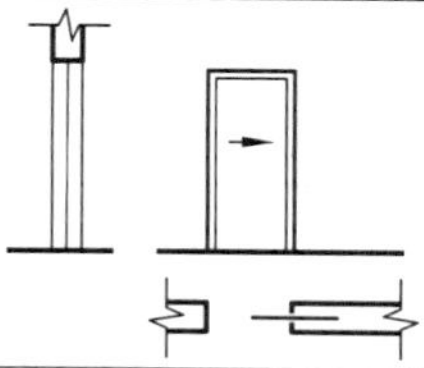	1. 门的名称代号用 M 表示； 2. 立面形式应按实际情况绘制
	墙中双扇推拉门	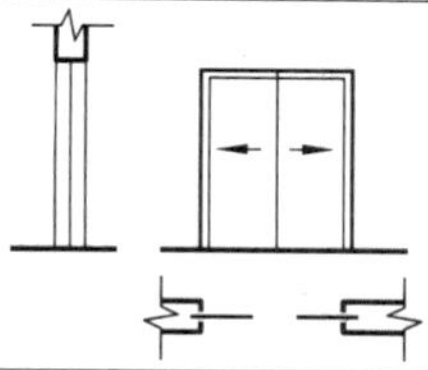	
15	固定窗	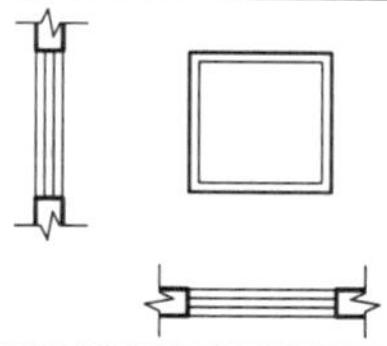	1. 窗的名称代号用 C 表示。 2. 平面图中，下为外，上为内。 3. 立面图中，开启线实线为外开，虚线为内开。开启线交角的一侧为安装合页一侧。开启线在建筑立面图中可不表示，在门窗立面大样图中需绘出。 4. 剖面图中，左为外、右为内。虚线仅表示开启方向，项目设计不表示。 5. 附加纱窗应以文字说明，在平、立、剖面图中均不表示。 6. 立面形式应按实际情况绘制
16	上悬窗	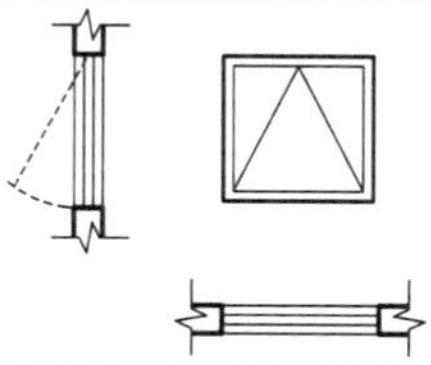	
	中悬窗	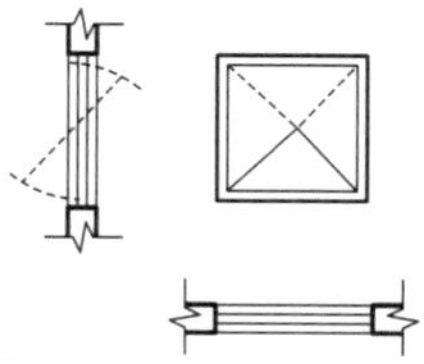	
17	下悬窗	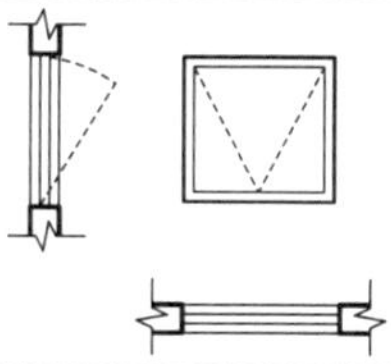	

续表 13.3

序号	名称	图 例	备 注
18	立转窗		
19	内开平开内倾窗		
20	单层外开平开窗	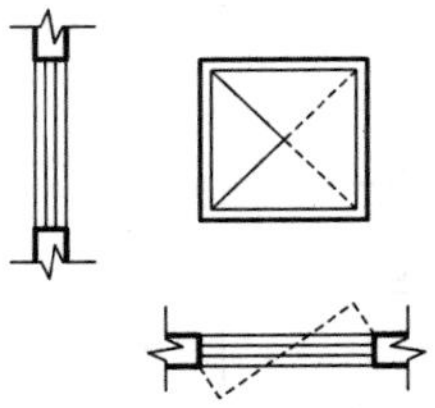	1. 窗的名称代号用 C 表示。 2. 平面图中,下为外,上为内。 3. 立面图中,开启线实线为外开,虚线为内开。开启线交角的一侧为安装合页一侧。开启线在建筑立面图中可不表示,在门窗立面大样图中需绘出。 4. 剖面图中,左为外,右为内。虚线仅表示开启方向,项目设计不表示。 5. 附加纱窗应以文字说明,在平、立、剖面图中均不表示。 6. 立面形式应按实际情况绘制
20	单层内开平开窗		
21	双层内外开平开窗		

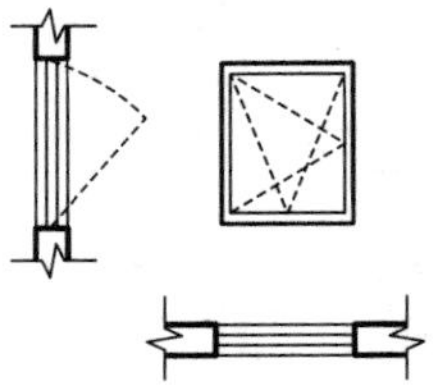

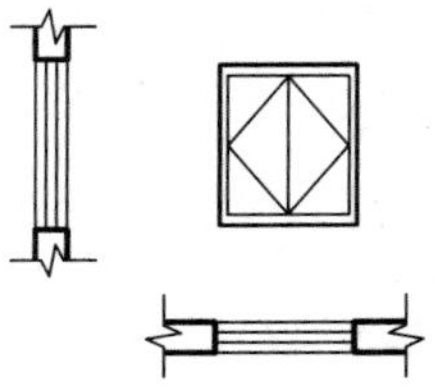

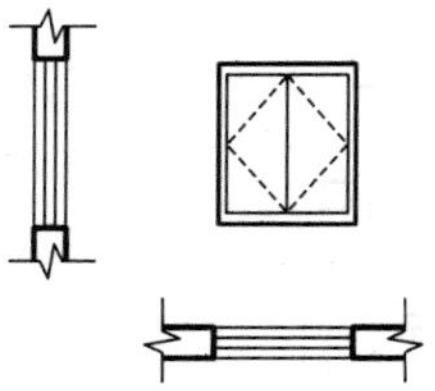

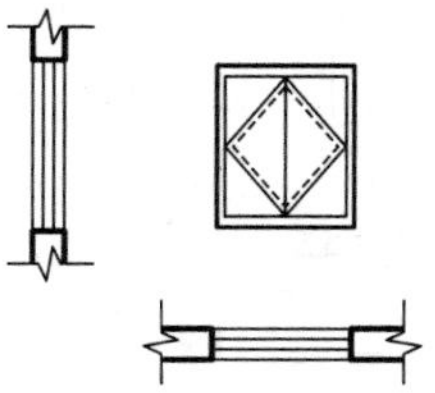

序号	名　称	图　　例	备　　注
22	单层推拉窗		1. 窗的名称代号用 C 表示 2. 立面形式应按实际情况绘制
	双层推拉窗		
23	上推窗		

表 13.4　总平面图图例（摘自 GB/T 50103—2010）

序号	名　称	图　　例	备　　注
1	新建建筑物	$X=$　$Y=$　① 12F/2D　$H=59.00\text{m}$	新建建筑物以粗实线表示与室外地坪相接处±0.00 外墙定位轮廓线。 　建筑物一般以±0.00 高度处的外墙定位轴线交叉点坐标定位。轴线用细实线表示，并标明轴线号。 　根据不同设计阶段标注建筑编号，地上、地下层数，建筑高度，建筑出入口位置（两种表示方法均可，但同一图纸采用一种表示方法）。 　地下建筑物以粗虚线表示其轮廓。 　建筑上部（±0.00 以上）外挑建筑用细实线表示。 　建筑物上部连廊用细虚线表示并标注位置
2	原有建筑物		用细实线表示

续表 13.4

序号	名称	图　例	备　注
3	计划扩建的预留地或建筑物		用中粗虚线表示
4	拆除的建筑物		用细实线表示
5	铺砌场地		—
6	围墙及大门		—
7	台阶及无障碍坡道	1. 　　2.	1. 表示台阶(级数仅为示意); 2. 表示无障碍坡道
8	坐标	1. $X=105.00$ $Y=425.00$ 　 2. $A=105.00$ $B=425.00$	1. 表示地形测量坐标系; 2. 表示自设坐标系,坐标数字平行于建筑标注
9	填挖边坡		—
10	室内地坪标高	$\dfrac{151.00}{(\pm 0.00)}$	数字平行于建筑物书写
11	室外地坪标高	▼143.00	室外标高也可采用等高线
12	盲道		—
13	地下车库入口		机动车停车场
14	地面露天停车场		—

序号	名称	图　　例	备　　注
15	原有道路		—
16	计划扩建的道路		—

13.1.3　建筑施工图识读

1.施工图识读方法

（1）总揽全局。识读施工图前,先阅读建筑施工图,建立起建筑物的轮廓概念,了解和明确建筑施工图平面、立面、剖面的情况。在此基础上,阅读结构施工图目录,对图样数量和类型做到心中有数。阅读结构设计说明,了解工程概况及所采用的标准图集等。粗读结构平面图,了解构件类型、数量和位置。

（2）循序渐进。根据投影关系、构造特点和图纸顺序,从前往后、从上往下、从左往右、由外向内、由大到小、由粗到细反复阅读。

（3）相互对照。识读施工图时,应当图样与说明对照看,建施图、结施图、设施图对照看,基本图与详图对照看。

（4）重点细读。以不同工种身份,有重点地细读施工图,掌握施工必需的重要信息。

2.施工图识读步骤

识读施工图的一般顺序如下:

（1）阅读图纸目录

根据目录对照检查全套图纸是否齐全,标准图和重复利用的旧图是否配齐,图纸有无缺损。

（2）阅读设计总说明

了解本工程的名称、建筑规模、建筑面积、工程性质以及采用的材料和特殊要求等,对本工程有一个完整的概念。

（3）通读图纸

按建施图、结施图、设施图的顺序对图纸进行初步阅读,也可根据技术分工的不同进行分读。读图时,按照先整体后局部、先文字说明后图样、先图形后尺寸的顺序进行。

（4）精读图纸

在对图纸分类的基础上,对图纸及该图的剖面图、详图进行对照,精细阅读,对图样上的每个线面、每个尺寸都务必认清看懂,并掌握它与其他图的关系。

13.2　首　页　图

首页图是建筑施工图的第一页,它的内容通常包括工程说明、设计指标表、室内装修表、门窗表以及本套建筑施工图中选用的"标准图集"等内容,是识读建筑施工图时首要必读的图纸。图 13.13、图 13.14 所示分别是某小区住宅楼图纸目录和设计总说明。

工 程 总 称	武汉市经济技术开发区建设总公司	设 计 号	
	东方花园D组团	子项工程号	
		图 别 建施	
项 目	75#、76#、79#楼	日 期	

图 纸 目 录

图纸编号	图 纸 名 称	图幅	备 注
总建施-1	总平面图		
建施-1	建筑设计说明、门窗表		
建施-2	一层平面图		
建施-3	二至四层平面图		
建施-4	五层平面图		
建施-5	五层阁楼平面图		
建施-6	屋顶平面图		
建施-7	①~⑦立面图		
建施-8	⑦~①立面图		
建施-9	Ⓓ~Ⓐ立面图，A—A剖面图		
建施-10	楼梯详图		
建施-11	大样图(1)		
建施-12	大样图(2)		
图集编号	98Z J001——建筑构造用料做法		
	98Z J401——楼梯栏杆		
	98Z J501——内墙装修及配件		
	98Z J901——室外装修及配件		

图 13.13 图纸目录

建筑设计说明

一、总则

1.总平面尺寸及标高以米为单位，其余以毫米为单位。

2.平、立、剖面图及大样图内的标高均为建筑标高。

3.本工程室内外高差550，室内±0.000相当绝对标高，详见建施-1。

4.墙体断面除注明者以外一律用200厚加气混凝土砌块。

5.墙体在标高−0.060处做1∶2水泥砂浆加5%防水剂防潮层，厚20。

6.本工程总建筑面积1320m²。

二、屋面

1.露台屋面做法详见98Z J001-77-屋4。

2.坡屋面做法详见98Z J211-22-②。

三、外墙面

1.外墙立面分格及各部分颜色详见各立面图标注。

2.外墙之墙、柱、梁相接处增设钢板网防裂带，搭接宽度300。

3.混合砂浆收光，做法详见98Z J001-41-外墙3刷外墙涂料。

4.面层材料选用法国多伦斯涂料达卡尔型涂料，选用斯比蒙特型打底，施工工序为一底二面。

5.窗台及窗沿、雨篷线脚压顶、阳台扶手、腰线和檐口线脚均涂蓝色涂料。其余墙面均涂浅黄色涂料。

四、室内楼地面

1.一层卧室、客厅、餐厅地面做架空板，做法同楼面，详见98Z J001-14-楼5。且在外墙每进深及开间均设一个通风铸铁隔栅，尺寸为600×150，洞底距室外地面150，详见88Z J901-8-A。

2.一层厨房和卫生间楼面做法详见98Z J001-11-地52。

3.阳台、厨房及卫生间楼面做法详见98Z J001-14-楼5。其中细石混凝土掺入水泥用量3%的JJ91硅质密实剂。

4.楼梯间楼地面做法详见98Z J001-15-楼10。

5.厨房和卫生间周边墙脚处(门洞口除外)设150高同墙宽C20素混凝土防水带。

五、室内墙面

1.卧室、客厅做混合砂浆粉底，做法详见98Z J001-30-内墙4。面刮106涂料所配腻子两遍。

2.厨房和卫生间墙面粉20厚1∶3水泥砂浆搓毛。

3.楼梯间做混合砂浆粉底，面罩白色乳胶漆二度。

4.所有房间、走道墙垛及墙体阳角处均做1800高水泥砂浆护角。

5.卧室、客厅及梯间做踢脚线，高150随地面一起做。

6.卧室、客厅踢脚线平墙面，梯间踢脚线凸出墙面10。

7.梯间踢脚线及梯裙做调和漆，详见98Z J001-60-涂20。

六、天棚

做法详见98Z J001-47-顶3、-62-涂30。

七、楼梯、阳台

1.楼梯栏杆做法选用98Z J401-8-Ⓨ，楼梯扶手选用木扶手，详见98Z J401-27-7。

2.阳台户与户之间隔墙为125厚加气块。

3.阳台及客厅小挑台详见建施-8。

4.相联阳台间防盗墙详见建施-附Ⓑ⑧。

5.所有客厅小挑台为有组织排水，水落管为白色ø75PVC管。

八、门窗

1.除阳台门为塑钢门框外均为夹板门，详见本页门窗表。

2.所有窗均为塑钢窗，5厚白玻。

3.屋顶窗采用威卢克斯屋顶窗，窗洞口形状应为内窗口的上面与地面平行、下面与地面垂直。窗户安装详见厂家提供安装详图进行施工。

九、油漆

1.全部外露铁件需刷防锈漆打底，面涂墨绿色调和漆二度。

2.木制品醇酸调和漆两道，室内门为浅黄色，楼梯扶手为清漆。

3.梯间踢脚线及梯裙做灰色调和漆二度。

十、防盗设施

1.底层外窗做铁栅栏，每单元入口处设电子对讲防盗门，并且每家进户门设防盗门。

2.顶层阳台均做扇形钢尖刺防攀爬及翻入。

3.凡连接露台窗须设防盗铁栅栏，门设防盗铁栅门。式样由甲方定。产品必须具有公安部门签发证。

十一、其他

1.建筑物室外周边散水宽700，做法详见98Z J001-47-散1。

2.水落管下端接入排水管道井，水落管为白色ø100PVC管。

3.预留各种孔洞，避免事后打凿。预留煤气管道孔ø70，管道中心距墙边90，位置详见建施平面图。

4.外墙全部水平凸线，均需做滴水线。凹槽内刷黑色调和漆二度。

5.厨房、卫生间和阳台地面标高必须低于室内地面20。

6.各部位饰面材料色板需会同建设单位、设计单位、施工单位共同商定。

7.厨房、卫生间采用变压式排气道，根据住宅厨房、卫生间排风道建筑设计图集BK-95-01，采用型号为PWRH6-7，层高3m。

8.本说明未详尽之处，另见大样附注。

9.本图未尽事宜按国家现行有关规范、规程施工及验收。

门窗表

编号	洞口尺寸 宽×高	对详图号	数量	备注
M-1	1000×2100		10	双钢彩板防盗门
M-2	900×2100	88ZJ601-M21-0921	36	夹板门
M-3	800×2100	88ZJ601-M25-0821	22	夹板门
SGM-1	1500×2400		12	塑钢门(挂纱)
SGM-2	2400×2400		8	塑钢门(挂纱)
C-1	(450+1030+450)×1950	凸窗	10	塑钢窗(挂纱)
C-1a	(450+1030+450)×1500	凸窗	10	塑钢窗(挂纱)
C-2	1800×1500		10	塑钢窗(挂纱)
C-3	1200×1500		10	塑钢窗(挂纱)
C-4	2400×1500		2	塑钢窗(挂纱)
C-5	600×600		10	塑钢窗(挂纱)
C-6	1500×1200		3	塑钢窗
C-6a	1500×950		1	塑钢窗
C-6b	600×1200		2	塑钢窗
C-7	1800×1050		2	
C-8	1500×1450		2	
C-9	1200×748		4	

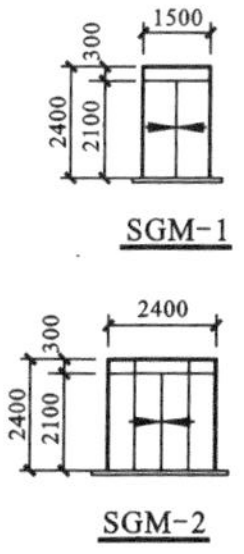

注：窗制作尺寸应放样并核实无误后方可加工。

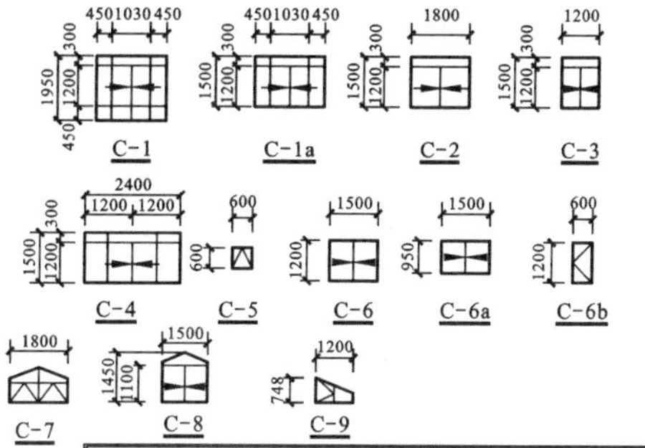

武汉市××设计院		工程总称	
		项　目	D组团 75#、76#、79#楼
审　定	建筑设计说明 门窗表	设计号	2000512
校　对		图　别	建施
主持设计		图　号	1
设　计		日　期	2001.4

图 13.14　建筑设计说明及门窗表

13.3　建筑总平面图

13.3.1　总平面图的形成和作用

总平面图是拟建房屋及其周围环境的水平投影图,简称总平面图,主要反映拟建建筑的平面形状、位置、朝向及与原有建筑物的关系、周围道路、绿化布置及地形地貌等内容。总平面图可作为拟建房屋定位、施工放线、土方施工以及施工总平面布置的依据。

13.3.2　总平面图识读实例

下面以图 13.15 所示某小区总平面图为例,说明总平面图的识读步骤。

1.看图名、比例和图例及有关文字说明

总平面图由于包括的区域范围大,所以绘制时选用较小比例,常用的比例有 1:500、1:1000、1:2000 等。总平面图中标注的尺寸一律以米为单位。

总平面图的常用图例见表 13.4。

从图 13.15 可以看出,该图为某小区住宅总平面图,比例为 1:500。由图下方的文字可知,(A)为六层两梯间住宅,(B)为五层一梯间住宅。

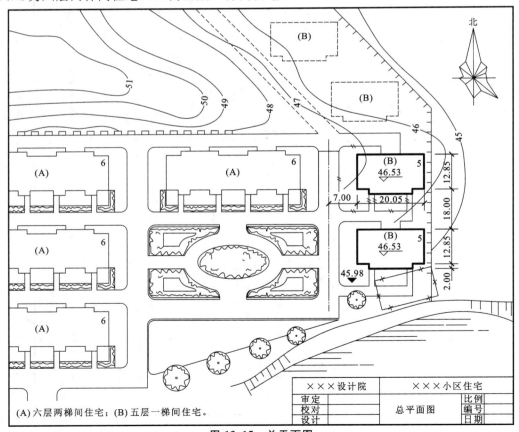

图 13.15　总平面图

2.了解工程性质、周围环境情况及地势高低

拟建房屋为右侧粗实线绘制的编号为(B)的两栋五层建筑,其南面有一栋拆除的建筑,北面有两栋计划扩建的建筑,西面编号为(A)的四栋 6 层建筑为原有建筑,小区周围有围墙围护。由图中等高线可知,该地势西高东低。

3.了解拟建建筑的平面位置和定位依据

拟建建筑的定位方法有两种:一种是相对尺寸定位,即标注拟建建筑与原有建筑或道路中心线的距离;另一种是坐标定位,即标注房屋墙角的坐标。由图可知,拟建建筑采用相对尺寸定位,距原有道路中心线 7 m。

4.了解拟建房屋的朝向和主导风向

总平面图中一般要画出指北针或风向频率玫瑰图,以表示建筑物的朝向及当地的常年风向频率。由该图的风向频率玫瑰图可知,该小区建筑为南北朝向,当地常年主导风向为北风。

5.了解新建房屋的室内外标高

拟建建筑的首层室内地面的绝对标高为 46.53 m,室外地面绝对标高为 45.98 m,室内外地面高差 0.55 m。

6.了解道路交通及绿化布置情况

图中房屋之间有原有道路,北面有一条计划扩建的道路,小区中央有花坛和草坪。

13.4　建筑平面图

13.4.1　建筑平面图的形成和作用

假想用一个水平的剖切平面沿房屋窗台以上的部位剖开,移去上部后向下投影所得的水平投影图,称为建筑平面图,简称平面图。如图 13.16 所示。

建筑平面图实质上是房屋各层的水平剖面图。

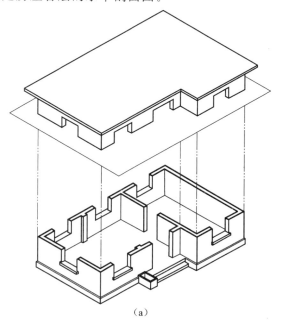

(a)

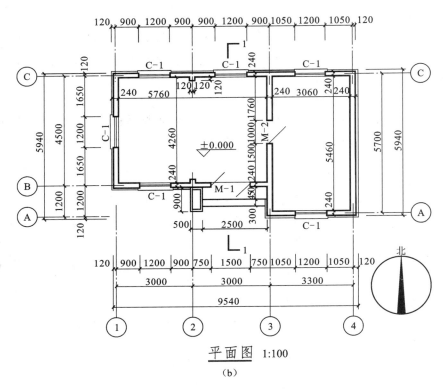

平面图 1:100

(b)

图 13.16 平面图的形成

建筑平面图反映建筑物的平面形状、大小、房间布置、墙（或柱）的位置、厚度和材料、门窗的位置和类型等情况，是建筑施工放线、砌墙、安装门窗、室内装修、编制预算的依据。

平面图虽然是房屋的水平剖面图，但按习惯不必标注其剖切位置，也不称为剖面图。

13.4.2 建筑平面图的图示内容

1.图名、比例和图例

建筑平面图的图名一般按其所表示的层数来称呼，如底层平面图、二层平面图、顶层平面图等。对于平面布置相同的楼层可用一个平面图来表达，这就是标准层平面图。除此之外还有屋顶平面图，它是屋顶面的水平投影图。

建筑平面图常用比例是 1:100、1:200。

建筑平面图常用图例见表 13.3。

2.定位轴线

建筑平面图中凡是承重的墙、柱、梁等构件都必须标注定位轴线，以确定其位置和房间的大小，并按顺序予以编号。

3.图线

凡被剖切到的墙、柱断面轮廓线用粗实线画出，钢筋混凝土材料可涂黑；没有剖到的可见轮廓线，如墙身、窗台、台阶、散水、楼梯段、扶手等用中粗实线画出；尺寸线、尺寸界线、引出线、图例线、索引符号、标高符号等用中实线画出，轴线用细单点长画线画出。

4. 朝向和平面布置

根据底层平面图上的指北针符号可知道建筑物的朝向。

平面图可以反映出建筑物的平面形状和房间布置、楼梯的平面位置，以及墙、柱等承重构件的组成和材料等情况。除此之外，在底层平面图中还能看到建筑物的出入口、室外台阶、散水、明沟、雨水管等的布置及尺寸。在二层平面图中能看到底层出入口的雨篷等。

5. 门窗的位置和编号

在建筑平面图中，反映了门窗的位置、洞口宽度及与轴线的关系。国标规定门的名称代号用 M 表示，窗的名称代号用 C 表示，并加以编号。每套图纸一般都有门窗汇总表，反映门窗的规格、型号、数量和所选用的标准图集。

6. 尺寸标注

建筑平面图的尺寸标注有外部尺寸和内部尺寸两种。

（1）外部尺寸　外部尺寸一般分三道标注：最里面一道为细部尺寸，即建筑构配件的详细尺寸，如门窗洞口、墙垛、墙厚等尺寸；中间一道为轴线尺寸，即定位轴线间的距离，即房间的"开间"和"进深"尺寸；最外一道是总尺寸，即建筑的外轮廓尺寸。

（2）内部尺寸　一般标注室内的门窗洞口、柱、墙厚和固定设备的大小与位置。

7. 标高

在建筑平面图中，对于竖向高度不同的部位，如室内外地面、楼面、屋面、楼梯平台、室外台阶、阳台等处，应分别标注标高。建筑平面图中的标高一般都是相对标高，以首层室内主要地面为相对零点标高±0.000。

8. 剖切符号与索引符号

一般在底层平面图中应标注剖面图的剖切符号，并注出编号。凡套用标准图集或另有详图表示的构配件、节点，均需画出详图索引符号，以便对照阅读。

13.4.3　建筑平面图识读实例

现以某小区住宅楼为例，说明建筑平面图的主要内容及识读步骤。

1. 了解图名、比例、文字说明

图 13.17 是某小区住宅的一层平面图，比例为 1∶100。该图的右下角有文字说明，注明了偏离轴线的距离、未标注尺寸的门洞位置及墙体厚度等情况。

2. 了解定位轴线及编号

从图 13.17 中可看到该住宅为框架结构，钢筋混凝土柱承重，横向轴线共 7 根，纵向轴线共 4 根，在②～③、⑤～⑥轴线间分别有附加轴线①/2和①/5，表示两卧室之间隔墙的定位轴线。

3. 了解建筑物的朝向

从图中指北针可知，该建筑物的朝向是坐北略偏东朝南略偏西。

4. 了解建筑物的平面布置

该住宅平面组合为一梯两户，外门入口设置在北面，位于轴线③～⑤之间，楼梯间位于轴线③～⑤/ⓒ～ⓓ之间。每户有三室二厅，一厨二卫；南面有带弧形扶手的阳台，阳台有宽度为 1000 mm 的开口，以三级台阶通往室外用围墙围起来的地面（一楼住户的花园）。

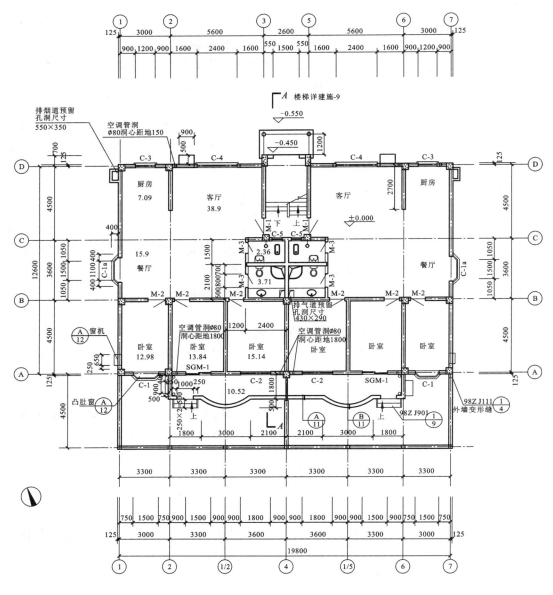

一层平面图 1:100

图 13.17　一层平面图

5. 了解门窗的布置、编号

在"建筑设计说明"中有门窗明细表，注明门窗的编号、洞口尺寸、数量、型号和采用图集号等。如 C-1 和 C-1a 为凸窗（也称凸肚窗、飘窗），从图中可知，分别为卧室和餐厅的窗，其平面形状均为梯形，均挑出外墙 400 mm，但 C-1 是从窗台处外挑 400 mm，C-1a 是从地面处挑出 400 mm。

6. 了解建筑的平面尺寸

该一层平面图的外部尺寸在上下、左右均标注。下方和右方都标有三道尺寸线:最内侧的一道尺寸是门窗洞口定位尺寸,如最左边卧室的窗 C-1,洞口宽度为 1.5 m,窗洞边距离轴线①和②均为 0.75 m;中间一道为轴线间尺寸,如最左边的卧室开间为 3 m、进深为 4.5 m;最外侧的一道为建筑物两端轴线间的总距离,分别为 19.800 m 和 12.600 m。由于外墙外缘至轴线的距离均为 0.125 m,故总长为 20.05 m,总宽为 12.85 m。此外,图中还标注了各个房间的建筑面积。

7. 了解标高

从一层平面图可知,底层室内主要地面标高为 ±0.000,室外地面标高为 −0.550 m,门厅地面及楼梯间地面标高为 −0.450 m。在"建筑设计说明"第十一条中还注明了"厨房、卫生间和阳台地面标高必须低于室内地面 20"。

8. 了解其他细部构造

从图 13.17 中可以看到卫生间的布置情况、厨房排烟道和卫生间排气道的位置及尺寸、房屋外部的围墙等。"建筑设计说明"第十一条中注明了散水的做法为"建筑物室外周边散水宽700、做法详见 98Z J001-47-散 1"。

9. 了解剖切位置和索引符号

一层平面图中,在③、④轴线间注写 A—A 剖切符号,其投射方向为从左向右投射。可知该剖面剖切到了门楼、楼梯间、卫生间、卧室及阳台。

图中在卧室的凸窗 C-1 和窗机、阳台扶手、阳台台阶、外墙变形缝处有详图索引符号,以表明这些部位的详图所在位置。

图 13.18、图 13.19、图 13.20 所示为该住宅建筑的二至四层平面图、五层平面图、五层阁楼平面图,它们与一层平面图的不同之处是:

(1)标高不同,二至四层楼面标高分别为 3.000 m、6.000 m、9.000 m,五层楼面标高为12.000 m,五层阁楼标高为 15.000 m(五层为复式楼,上面有一层阁楼);从二至四层平面图上可以看到门楼的顶面为两坡屋面。

(2)一层客厅外没有小挑台,二至五层客厅外均带小挑台。

(3)一层阳台有开口,通往室外地面,其他层没有开口。

(4)楼梯的表示方法不相同。

(5)五层阁楼的房间布置与一至五层不同,并能看到一部分屋面及排水方向和檐沟等。

图 13.21 是屋顶平面图,从此图中可以看到房屋的排水组织设计(屋面为四坡,坡度大小为 21°),出屋面的排烟道、排气道、老虎窗、阁楼层的露台、楼梯间上方的造型、檐沟和雨水口等,以及详图索引号、标高、尺寸等。

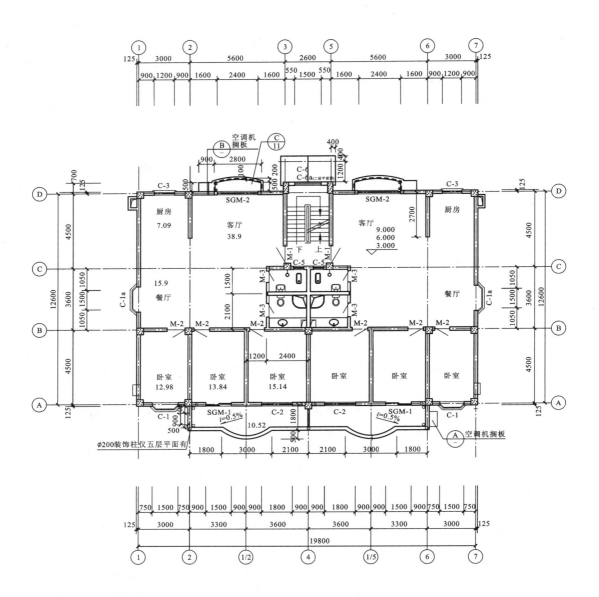

二至四层平面图 1:100

图 13.18　标准层平面图

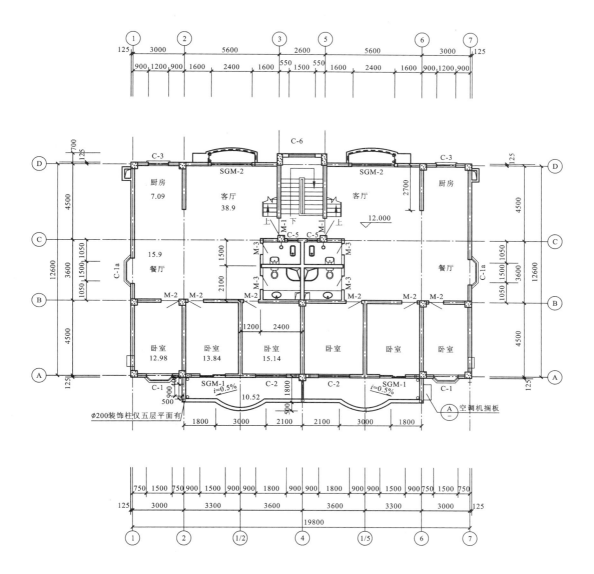

五层平面图 1：100

图 13.19　五层平面图

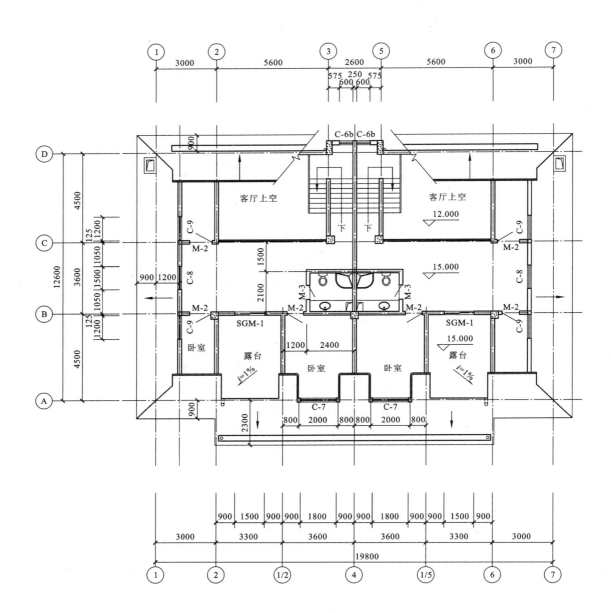

五层阁楼平面图 1:100

图 13.20　五层阁楼平面图

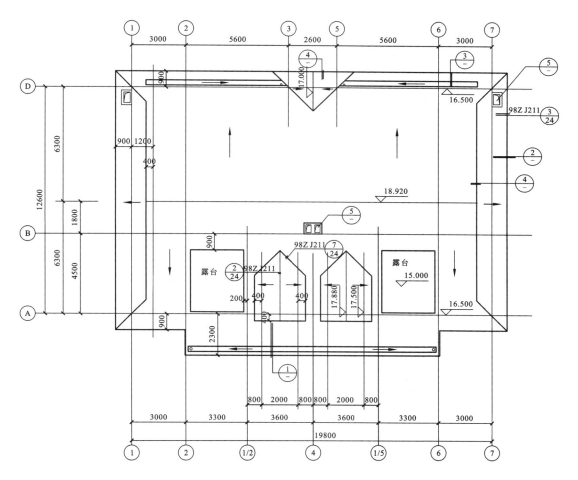

屛顶平面图 1:100

注：屋面坡度21°。

图 13.21　屋顶平面图

13.5　建筑立面图

13.5.1　建筑立面图的形成和作用

建筑立面图是将建筑物外墙面向与其平行的投影面所作的正投影图，简称立面图，如图13.22所示。

建筑立面图主要反映建筑物的体型和外貌，如建筑物的高度、层数、屋顶、门窗的形式和位置、墙面的材料和装修做法等，是建筑立面设计效果的重要图样，是外墙面装修、工程概预算等的重要依据。

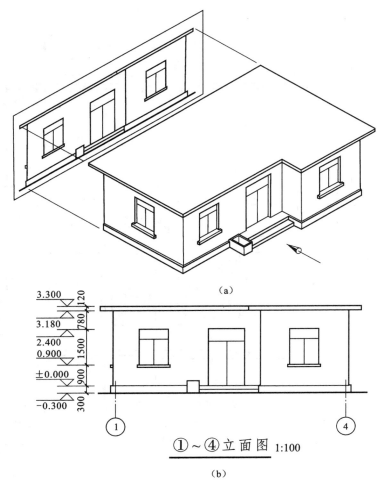

（a）

①～④立面图 1:100

（b）

图 13.22　立面图的形成

13.5.2　建筑立面图的命名方式

建筑立面图的命名方式有三种：一是按建筑物的朝向命名，如南立面图、东立面图、西立面图、北立面图；二是根据建筑物两端的定位轴线编号命名，如①～⑧立面图，Ⓐ～Ⓔ立面图等；三是把反映建筑物主要出入口或能够显著反映建筑物主要外貌特征的立面图称为正立面图，相应地把其余各立面称为背立面图和侧立面图等。

13.5.3　建筑立面图的图示内容

1.图名、比例、图例

建筑立面图应按上述介绍的命名方式确定图名。

通常情况下，建筑立面图的绘制比例与建筑平面图相同，常用 1:50、1:100、1:200 的比例绘制。

建筑立面图常用图例见表 13.3。

2.图线

在建筑立面图中,为使图面清晰,便于识读,常常采用各种线型绘制。

(1) 特粗实线:室外地坪线。

(2) 粗实线:建筑物的外轮廓线。

(3) 中粗实线:外轮廓线之间的主要轮廓线,如门窗洞口、阳台、窗台、雨篷、台阶、檐口等。

(4) 中实线:门窗扇及其分格线、墙面分格线、雨水管、阳台栏杆、标高以及引出线、尺寸线、尺寸界线等。

3.定位轴线

建筑立面图中通常只标注建筑物两端的定位轴线及其编号,以便与平面图对照,其编号应与平面图一致。

4.外墙面装修做法

立面装修做法一般用带有引出线的文字加以说明,具体做法需查阅设计说明或相应的标准图集。

5.外墙面上的门窗

在建筑立面图上反映出外墙上的门窗位置、高度、数量及立面形式,有的还有窗户的开启方向,细实线表示外开,细虚线表示内开。

6.标高

在建筑立面图上沿高度方向标注标高,宜标注在室内外地面、各层楼面、屋面、台阶、门窗洞口、雨篷、阳台、檐口、屋脊等处。

7.尺寸标注

在建筑立面图中,一般沿高度方向标注三道尺寸:里面尺寸是门窗洞高、窗下墙高、室内外地面高差等;中间尺寸为层高;外面尺寸为建筑物总高度。

8.索引符号

详图索引符号的要求同建筑平面图。

13.5.4　建筑立面图识读实例

以图 13.23 所示的立面图为例,说明建筑立面图的主要内容及识读步骤。

1.了解图名和比例

该图的图名为"①～⑦立面图",两端的定位轴线为①和⑦,比例是 1:100。

2.了解房屋的立面造型

从图 13.23 中可以看出,该住宅为五层(其中五楼为复式楼)坡屋顶左右对称式立面造型。每层都设有阳台,阳台的中间部分为弧形,设置栏杆围护,其余部分为栏板墙围护,每层两户用分户墙分隔阳台,一层阳台有开口和台阶通向室外地面;该立面的窗户共有 C-1 和 C-2 两种类型,还能看见窗 C-1a 的侧面;在二楼楼面高度处有一道腰线装饰外墙;五层的阳台角落处设有两根带柱帽的小圆柱;坡屋顶上有五层阁楼的两个老虎窗和通往露台的两个塑钢门 SGM-1。

3.外墙面的装修做法

勒脚部分为剁斧石饰面,窗台及窗沿、阳台扶手、腰线和檐口线脚均涂蓝色涂料,其余墙面均涂淡黄色涂料(见"建筑设计说明"第三条)。

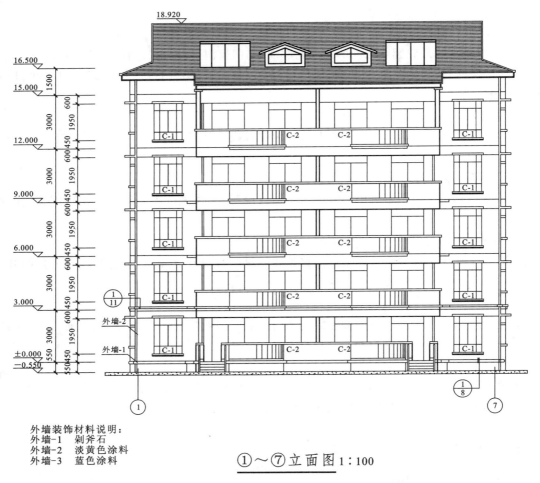

外墙装饰材料说明:
外墙-1　剁斧石
外墙-2　淡黄色涂料
外墙-3　蓝色涂料

①～⑦立面图 1:100

图 13.23　①～⑦立面图

4. 标高

从图中所注标高可知,该住宅室外地面标高为 -0.550 m,一层室内地面标高为 ±0.000, 各层楼面标高分别为 3.000 m、6.000 m、9.000 m、12.000 m、15.000 m,16.500 m 是轴线①和⑦正上方屋面的标高,18.920 m 为屋脊处标高。

5. 尺寸

该立面图左侧沿高度方向标注了两道尺寸线,里面一道是细部尺寸,室内外地面的高差为 0.55 m,凸窗 C-1 的窗台高 0.45 m,窗洞高 1.95 m,窗洞顶至上一层楼面的距离为 0.6 m;外面一道是房屋层高,每层层高为 3 m。

6.详图索引符号

该立面图在腰线和勒脚处各有一个详图索引符号,腰线剖面详图参照建施-11 的详图 1,勒脚剖面详图参照建施-8 的详图 1。

图 13.24 和图 13.25 分别为该住宅建筑的⑦~①立面图和⑪~Ⓐ立面图,识读方法同上。

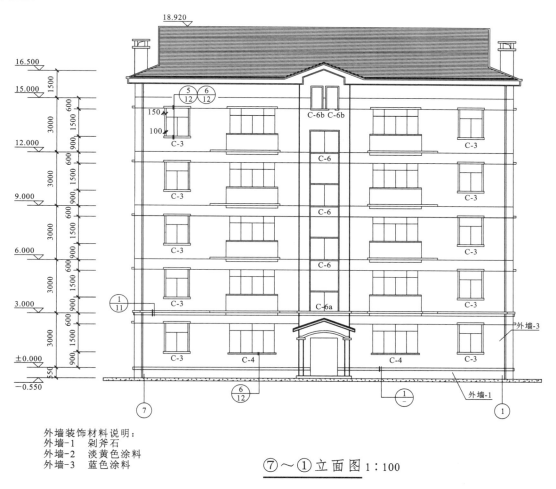

外墙装饰材料说明:
外墙-1　剁斧石
外墙-2　淡黄色涂料
外墙-3　蓝色涂料

⑦~①立面图 1:100

图 13.24　⑦~①立面图

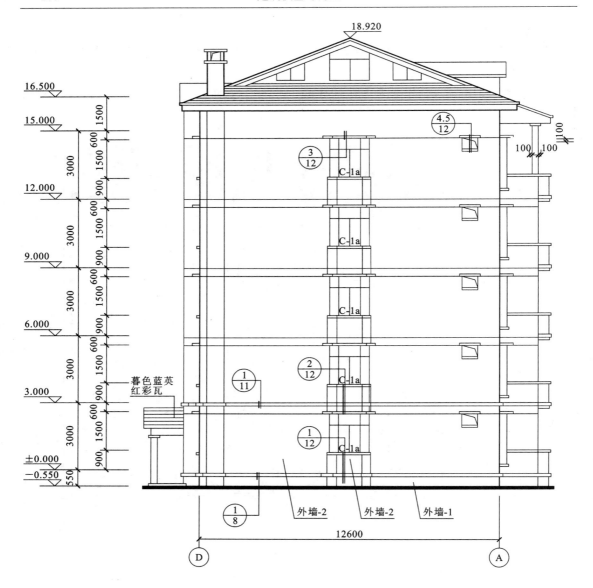

外墙装饰材料说明：
外墙-1　　剁斧石
外墙-2　　淡黄色涂料
外墙-3　　蓝色涂料

Ⓓ～Ⓐ立面图 1：100

图 13.25　Ⓓ～Ⓐ立面图

13.6　建筑剖面图

13.6.1　建筑剖面图的形成和作用

建筑剖面图是假想用一个或多个垂直于外墙轴线的铅垂剖切平面把房屋剖开，移去靠近观察者的部分，对留下部分所作的正投影图，简称剖面。如图 13.26 所示。

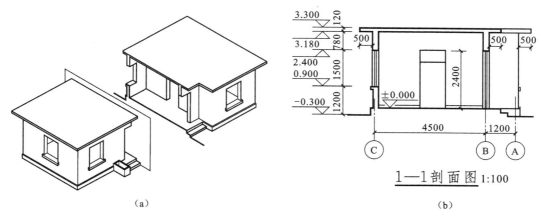

（a）　　　　　　　　　　　　　　　　　　（b）

图 13.26　剖面图的形成

建筑剖面图主要用来表达建筑内部垂直方向的高度、楼层分层情况、简要的结构形式和构造方式。它与建筑平面图、立面图相配合，是建筑施工图中不可缺少的重要图样之一。

13.6.2　建筑剖面图的图示内容

1.图名、比例和图例

建筑剖面图的图名与一层平面图中标注的剖切符号编号相对应，如 1—1 剖面图、A—A 剖面图等。

建筑剖面图的比例应与建筑平面图、建筑立面图一致。

建筑剖面图的常用图例见表 13.2。

2.定位轴线

建筑剖面图中要标注被剖切到的墙（柱）的定位轴线及其编号，并标注其轴线间的距离，以便与平面图对照。

3.图线

（1）特粗实线：室内外地坪线。

（2）粗实线：被剖切到的墙身、楼板、屋面板、楼梯段、楼梯平台等构件轮廓线。

（3）中粗实线：没有剖切到但投影可见的墙体、门窗洞、楼梯段、楼梯平台、栏杆扶手的轮廓线。

（4）中实线：门窗扇、墙面分格线、雨水管、引出线、尺寸线、尺寸界线、索引符号、标高符号等。

（5）被剖切到的钢筋混凝土构件，其断面可涂黑表示。

4.楼地面、屋顶各层的构造做法

一般可用多层构造引出线指向所说明的部位，按照其多层构造的层次顺序逐层用文字说明，或在设计总说明中注明。

5.尺寸标注

在建筑剖面图中应标注竖直方向的尺寸，和建筑立面图相同，一般标注三道尺寸。此外，还应标注室内的局部尺寸，如内墙上的门窗洞口高度、窗台高度等。

6.标高

标高一般标注在室内外地坪、楼地面、平台、阳台、门、窗、屋面板、屋面檐口、屋脊、女儿墙顶等处。

7. 详图索引符号

剖面图中需要绘制详图的部位应注写索引符号,以便查阅其他图纸或标准图集。

13.6.3　建筑剖面图识读实例

以图 13.27 所示的剖面图为例,说明建筑剖面图的识读步骤。

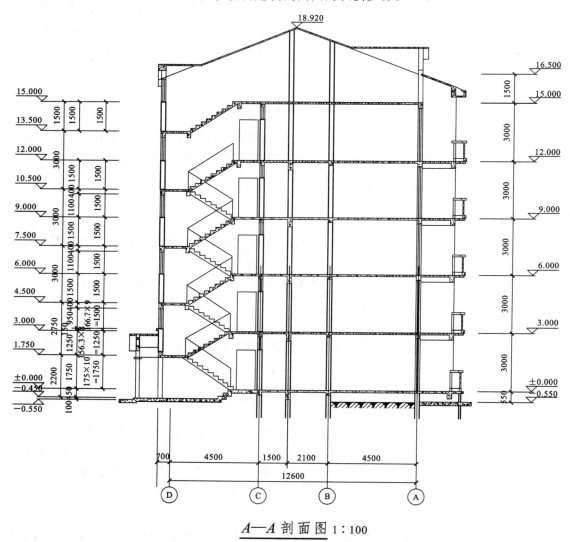

$$A—A\ 剖面图\ 1:100$$

图 13.27　A—A 剖面图

1. 了解图名和比例

该图图名为 A—A 剖面图,将图名与底层平面图的剖切符号相对照,可知 A—A 剖面图是过③、④轴线之间剖切后从左向右投影得到的横剖面图,该图剖到了门楼、出入口大门、楼梯间、两个卫生间、卧室以及阳台。比例与建筑平面图和立面图一致,为 1:100。

2. 了解内部构造

由图 13.27 可知,被剖切到的钢筋混凝土构件均涂黑,有坡屋面、檐沟、各层楼板及框架梁、楼梯段、休息平台、平台梁、门楼顶面及梁等。楼梯为双跑平行楼梯,结构形式为板式,底层为不等跑梯段,其余各层为等跑梯段。室外地面到门厅地面有一级台阶,门楼地面到一层地面有三级台阶。楼梯间处的门为入户门 M-1。轴线Ⓑ到Ⓒ之间为两个卫生间,用隔墙分隔。轴线Ⓑ到Ⓐ之间为卧室,Ⓐ外侧为阳台。

3. 了解标高

在 A—A 剖面图中,左侧和右侧沿高度方向标注房屋主要部位的标高,室外地坪标高 −0.550 m,门楼地面标高 −0.450 m,首层室内主要地面标高±0.000,各层楼面标高 3.000～15.000 m,楼梯各层休息平台标高 1.750 m、4.500 m、7.500 m、10.500 m、13.500 m,轴线Ⓐ、Ⓓ正上方屋面处标高 16.500 m,屋脊处标高 18.920 m。

4. 了解尺寸标注

在 A—A 剖面图中,左侧和右侧沿高度方向标注了尺寸。右侧有一道尺寸,室内外地面高差为 0.55 m,房屋层高为 3 m。左侧有三道尺寸线,里面一道标注了每个梯段的踏步高、级数和梯段的垂直投影高,如第一梯段每个踏步高为 175 mm,有 10 级,垂直投影高为 1750 mm,第二个梯段踏步高为 156.3 mm,有 8 级,垂直投影高为 1250 mm,其余各梯段踏步高均为 166.7 mm,级数 9 级,垂直投影高为 1500 mm;中间一道尺寸最下方的 100 mm 为室外地面与门楼地面的高差,550 mm 为室内外地面高差,1750 mm、1250 mm、1500 mm 分别为各梯段垂直投影高;最外面一道尺寸 2200 mm 为楼梯一层休息平台面到一层楼梯间地面的距离,2750 mm、3000 mm 分别为楼梯休息平台面之间的垂直距离。

5. 了解屋面、楼面、地面、墙面的构造层次及做法

参照"建筑设计说明"第二、三、四、五、六条可知,屋面、楼面、地面、墙面的构造层次及做法全部选用标准图集。

13.7　建　筑　详　图

13.7.1　建筑详图的形成

由于画平、立、剖面图时所用的比例较小,房屋上许多细部的构造无法表示清楚,为了满足施工的需要,必须分别将这些部位的形状、尺寸、材料、做法等用较大的比例详细绘制出来,这种图样称为建筑详图,简称详图。

13.7.2　建筑详图的特点及作用

建筑详图比例较大(如 1:60、1:50、1:20 等),图示内容详尽清楚,尺寸标注齐全,文字说明详细。

建筑详图是建筑细部的施工图,是对建筑平、立、剖面图等基本图样的深化和补充,是建筑工程细部施工、建筑构配件制作及编制预算的依据。

13.7.3　建筑详图的种类

建筑详图可分为节点构造详图和构配件详图两类。凡表达房屋某一局部构造做法和材料组成的详图称为节点构造详图,如檐口、窗台、勒脚、明沟等;凡表明构配件本身构造的详图称为构件详图或配件详图(如门、窗、楼梯、雨水管等)。

对于套用标准图或通用图的建筑构配件和节点,只需注明所套用图集的名称、型号或页次(索引符号),可不必另画详图。

对于节点构造详图,应在基本图样中的有关部位标注索引符号,还应注出详图符号或名称,以便对照查阅。而对于构配件详图,可不注索引符号,只在详图上写明该构配件的名称或型号即可。

13.7.4　外墙剖面详图

外墙剖面详图实际上是建筑剖面图中外墙部分的局部放大图,它主要表达了建筑物的外墙与屋面、楼面、地面的构造连接情况以及檐口、门窗顶、窗台、勒脚、散水、明沟等节点的构造做法。

外墙详图一般用较大的比例(如 1:20)绘制,为节省图幅,常采用折断画法,往往在窗洞口的中间处断开,成为几个节点的组合;如果多层房屋中各层的构造一样时,可只画底层、顶层和一个中间层的节点。

外墙剖面详图上标注尺寸和标高与建筑剖面图基本相同,线型也与剖面图一样,剖到的轮廓线用粗实线,因为采用了较大的比例,还应用中实线画出粉刷层,断面轮廓线内应画上材料图例。

以图 13.28 为例说明外墙剖面详图的主要内容。

(1)了解详图的图名、比例。图名为墙身节点详图,比例为 1:20。

(2)了解墙身的轴线编号、墙身与定位轴线的关系。墙身轴线编号为Ⓐ,墙厚为 240 mm,轴线居中。

(3)了解屋面、楼面、地面的构造层次和做法。屋面为材料找坡,坡度为 3%,柔性防水。屋面、楼面、地面的构造做法均在图中用多层构造引出线及文字表达。

(4)了解檐口构造。钢筋混凝土挑檐沟与屋顶圈梁、屋面板一起整浇,檐沟壁高 400 mm,厚 60 mm,外挑 600 mm。

(5)了解各层梁、板、窗台的位置及其与墙身的关系。楼层圈梁外挑 120 mm 形成窗楣,厚度为 100 mm,与现浇钢筋混凝土楼板一起整浇;窗台为钢筋混凝土材料,外挑 120 mm,厚度 100 mm,形成悬挑窗台。地圈梁上表面位于室内地面以下 60 mm 处,宽 240 mm,高 240 mm。

(6)了解勒脚、散水、明沟、防潮层的做法。该图明沟的构造做法用多层构造引出线及文字表达。地圈梁兼做防潮层。

(7)了解内、外墙的装修做法。该图中内、外墙的装修做法用多层构造引出线及文字表达。踢脚为 25 mm 厚 1:2.5 水泥砂浆,高 150 mm。

(8)了解各部位的标高、高度方向的尺寸和墙身细部尺寸。

该图共有四层,室外地面标高为-0.300 m、首层室内地面标高为±0.000,一层窗台标高为 0.900 m、一层窗顶标高为 2.700 m,二、三层窗顶标高分别为 5.700 m、8.700 m,二~四层楼面标高分别为 3.000 m、6.000 m、9.000 m,二~四层窗台标高分别为 3.900 m、6.900 m、9.900 m,四层窗顶标高为 11.700 m,屋面标高为 12.000 m,檐沟顶面标高为 12.290 m。

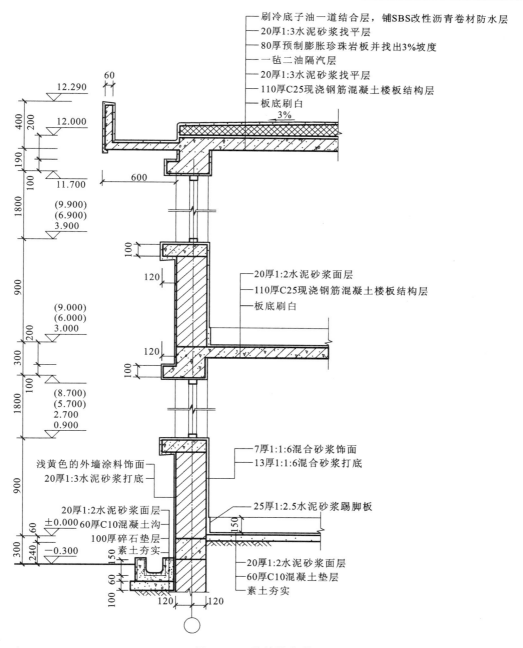

图 13.28　外墙墙身详图

13.7.5　楼梯详图

楼梯详图一般包括楼梯平面图、剖面图及踏步、栏杆、扶手等节点详图。

1. 楼梯平面图

（1）楼梯平面图的形成

除顶层外，楼梯平面图通常是从该层上行第一梯段（尽量剖切到楼梯间的门窗）水平剖切得到的投影图。

通常楼梯平面图应绘制三张,即一层平面图、中间层(或标准层)平面图和顶层平面图。一层平面图的剖切位置在第一跑楼梯段上,因此在一层平面图中只绘制半个梯段,梯段断开处画 45° 折断线。中间层平面图的剖切位置在某楼层向上的楼梯段上,所以在中间层平面图上既有向上的梯段又有向下的梯段,在向上梯段断开处画 45°折断线。顶层平面图的剖切位置在顶层楼面一定高度处,没有剖切到楼梯段,因此在顶层平面图中只有向下的梯段,其平面图中没有折断线。

(2)楼梯平面图识读实例

以图 13.29 为例识读楼梯一层平面图。

① 图名与比例。图名为一层平面图,比例为 1:50。

② 轴线编号、开间及进深尺寸。该楼梯平面形式为双跑平行楼梯,位于横向轴线③~⑤、纵向轴线ⓒ~Ⓓ之间,其开间为 2600 mm,进深为 5100 mm(轴线Ⓓ外侧的墙为 200 mm 厚,进深为 5200-100=5100)。

③ 楼地面及休息平台标高。室外地面标高为 -0.550 m,门楼地面标高为 -0.450 m,室内地面标高为 ±0.000。

④ 尺寸。楼梯段宽度为 1.150 m,第一楼梯段水平投影长度为 2.34 m,踏面宽 0.260 m,有 10 级,第一级踏步边缘到轴线ⓒ的距离为 1.410 m,最上面一级踏步边缘到 1/D 墙面外缘的距离为 1.450 m,1/D 墙面外缘到门楼小圆柱中心的距离为 1.200 m。

⑤ 楼梯走向。被折断的梯段用 45°的折断线表示,并用长箭头加注"上"或"下"表示楼梯走向。在 ±0.000 地面处,下三级台阶到楼梯地面 -0.450 m,向上到一层休息平台。

⑥ 楼梯剖面图的剖切符号。剖切符号标注在楼梯底层平面图中。一层平面图中有两组剖切符号,A—A 为楼梯剖面图,1—1 为门楼剖面图。

楼梯其他层平面图识读方法同一层平面图,见图 13.29。

2.楼梯剖面图

(1)楼梯剖面图的形成

楼梯剖面图是指用一个竖直剖切平面通过各层的一个梯段和门窗洞口垂直剖切,向另一个未剖到的梯段方向投影所得到的剖面图。

(2)楼梯剖面图识读实例

图 13.30 所示为五楼通往阁楼的室内楼梯剖面图(整栋住宅的楼梯剖面图见前面的 A—A 剖面图)。涂黑的部分为剖切到的钢筋混凝土梁、休息平台、楼梯段、楼板,未剖切到的可见部分有入户门、楼梯栏板等。

① 图名与比例。图名为 2—2 剖面图,剖切符号在楼梯五层平面图中,比例为 1:50。

② 轴线编号与进深尺寸。轴线编号为ⓒ、Ⓓ,进深尺寸为 4.5 m。

③ 楼梯的结构形式。该楼梯结构形式为钢筋混凝土板式楼梯。

④ 楼地面、休息平台等处标高。五楼楼面标高为 12.000 m,楼梯休息平台标高为 13.500 m,阁楼楼面标高为 15.000 m。

⑤ 尺寸标注。水平尺寸有两道,里面一道分别为细部尺寸,楼层平台宽 1.550 m,楼梯段水平投影长 1.750 m,踏面宽 0.250 m,有 7 个踏面(踏面数=级数-1),休息平台宽 1.200 m,外面一道轴线尺寸为楼梯的进深 4.5 m。竖直尺寸有一道,反映楼梯段的垂直投影高。每个梯段都是 8 级,踢面高 187.5 mm,垂直投影高为 1.5 m。

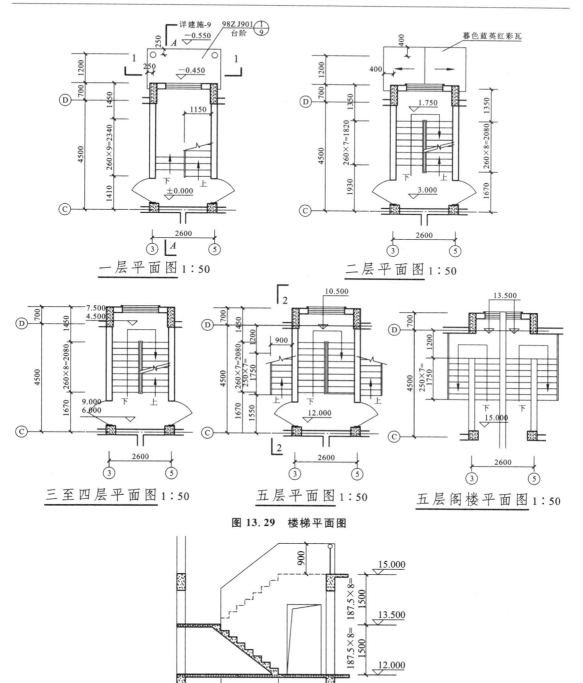

图 13.29　楼梯平面图

图 13.30　楼梯剖面图

3.楼梯节点详图

楼梯节点详图一般包括踏步、扶手、栏杆详图和梯段与平台处的节点构造详图。依据所画内容的不同,详图可采用不同的比例,以反映它们的断面形式、细部尺寸、所用材料、构件连接及面层装修做法等,如图 13.31 所示。

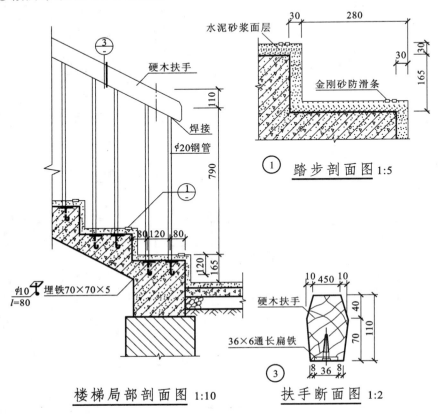

图 13.31　楼梯节点详图

13.7.6　门窗详图

门窗详图是用来表示门窗的外形尺寸、开启方式和方向、各个节点构造、安装位置、用料等情况的图纸。门窗详图一般由立面图、节点剖面图、五金材料表及文字说明等组成。若采用标准图时,只需在门窗统计表中注明该详图所在标准图集中的编号,不必另画详图。如果没有标准图时,或采用非标准门窗,则要画出门窗详图。

参照"建筑设计说明"中的门窗表可知,除了 M-1 为防盗门,M-2、M-3 选用标准图集外,其余的门窗均绘出了门窗立面详图,立面上开启线为实线表示外开,虚线表示内开,开启线交角的一侧为安装合页一侧。图中窗扇上标有箭头的为左右推拉窗,如 SGM-1、SGM-2、C-1、C-1a 为推拉式塑钢窗等;C-5、C-7 为外开上悬窗;C-6b、C-9 为外开平开窗。图中均标注了门窗的定位尺寸。

参 考 文 献

［1］　孙鲁,甘佩兰.建筑构造.北京:高等教育出版社,2000.

［2］　赵研.建筑识图与构造.北京:中国建筑工业出版社,2003.

［3］　吴舒琛.建筑识图与构造.北京:高等教育出版社,2006.

［4］　钟芳林,侯元恒.建筑构造.北京:科学出版社,2004.

［5］　杨维菊.建筑构造设计.北京:中国建筑工业出版社,2005.

［6］　李必瑜,魏宏杨.建筑构造.北京:中国建筑工业出版社,2004.

［7］　高远,张艳芳.建筑构造与识图.北京:中国建筑工业出版社,2004.

［8］　同济大学,西安建筑科技大学,东南大学,重庆大学.房屋建筑学.北京:中国建筑工业出版社,2005.

［9］　房屋建筑制图统一标准(GB/T 50001—2017).北京:中国建筑工业出版社,2018.

［10］　中华人民共和国住房和城乡建设部.总图制图标准(GB/T 50103—2010).北京:中国计划出版社,2011.

［11］　中华人民共和国住房和城乡建设部.建筑制图标准(GB/T 50104—2010).北京:中国计划出版社,2011.

［12］　朱玉萍,顾秋娟.土木工程识图.上海:华东师范大学出版社,2010.

［13］　吴运华,高远.建筑制图与识图.武汉:武汉理工大学出版社,2004.

［14］　张小平.建筑识图与房屋构造.武汉:武汉理工大学出版社,2005.

［15］　冯美宇.房屋建筑学.2版.武汉:武汉理工大学出版社,2004.

［16］　中华人民共和国住房和城乡建设部,国家质量监督检验检疫总局.建筑模数协调标准(GB/T 50002—2013).北京:中国建筑工业出版社,2014.

［17］　中华人民共和国公安部.建筑设计防火规范(GB 50016—2014).北京:中国计划出版社,2015.

［18］　肖明和,刘振霞.装配式建筑概论.北京:中国建筑工业出版社,2019.

［19］　中华人民共和国住房和城乡建设部.装配式建筑发展行业管理与政策指南.北京:中国建筑工业出版社,2018.

［20］　中华人民共和国住房和城乡建设部.装配式混凝土结构技术规程(JGJ 1—2014).北京:中国建筑工业出版社,2014.

［21］　中华人民共和国住房和城乡建设部.种植屋面工程技术规程(JGJ 155—2013).北京:中国建筑工业出版社,2013.